수산경영학

최 정 윤

도서출판 해 암

머 리 말

수산경영학은 수산업활동을 주체적으로 담당해 나가는 수산경영체를 연구대상으로 하여 그의 특성과 경영합리화 문제를 연구하는 학문이다. 일반경영학에서 다룰 수 없는 어업제도와 자원이용실태, 수산물 생산의 자연적 계절주기 및 수산물 상품상의 특성 등을 중요한 경영문제로 하여 이를 현대경영관리론의 관점에서 분석, 고찰함으로써 수산경영체의 합리적인 발전 논리를 찾고자 하는 것이 수산경영학 연구의 임무이다.

오늘날과 같은 엄격한 수산현실에 비추어 수산경영체가 어업생산과 시장조건에 스스로 대처 하는데 필요한 유용한 경영지침을 제공하고, 수산경영현상에 관해 올바른 이해와 인식의 폭을 넓일 수 있는 전문 서적의 개발은 이미 오래전부터 절실히 요청되고 있었으나 이러한 것을 실천에 옮긴다는 것은 쉽지 않다. 그것은 국내외적으로 관련연구정보가 부족한데다가 도서시장의 한정성이라는 것도 있기 때문이다. 이러한 제약위에서 이 책의 발간을 결심하고, 지금까지의 강의 내용과 초기의 수산경영학을 골격으로 하여 현대경영학의 이론을 체계적으로 도입하는데 노력하는 한편, 당면하고 있는 일상적인 수산경영 문제와 현실을 과학적으로 규명하여 이를 되도록 쉽게 설명하고자 하였다. 그리고 가능한 풍부한 자료와 사례를 통하여 수산경영을 폭넓게 이해하도록 노력 하였다.

책은 모두 10개장으로 구성되어 있다. 제1장에서 제4장까지는 수산경영의 기초로서 수산경영의 구조와 연구방법론을 이해하게 하였고, 제5장과 제6장에서는 수산경영의 형태와 수역별 어업경영의 실태를 파악하도록 하였으며, 제7장에서 제10장까지는 어업생산관리론을 비롯한 수산경영학의 부문관리론을 다루었다.

앞으로 가급적 빠른 기간내에 양식경영 문제를 더 보완하고 수산경영환경을 추가하여 보다 완비된 수산경영학 제 2판을 발간할 계획이다. 끝으로 이 책의 발간은 청은수산(주) 성낙곤 사장의 수산경영학 교재 개발비 지원에 의해 진행되고 있다는 것을 밝혀두며, 원고정리에 수고한 학부조교 박상봉, 이창수, 학부 3년생 최진철군 등에게 고마움을 전한다. 그리고, 무엇보다 회사이익을 생각하지 않고 하나의 사명감으로 선뜻 출판을 맡아주신 도서출판 해암에 대해 감사드리는 바이다.

저자

차 례

Ⅰ. 수산업과 수산경영

1. 수산업의 범위

1) 수산업의 뜻

수산업은 생업이나 사업의 목적을 위하여 수계(水界)로 부터 수산물을 생산하고 판매하는 산업 활동을 말한다. 여기에는 어선과 어망 등 생산수단을 이용하여 생업이나 사업을 목적으로 수계로부터 어패류를 포획·채취하는 어업과 이러한 어패류를 수계에서 인위적으로 육성시켜 이것을 지속적으로 생산하는 수산양식업이 있다. 우리가 보통 말하는 수산업은 이 두 부문을 가리키며, 다 같이 수계로부터의 수산물 생산활동을 전문적으로 담당하고 있는 산업부문이다.

일반적으로 상업적 수산업(commercial fisheries)이라고 할 때에는 해양이나 내수면에서 성립되고 있는 위의 어업과 양식업을 가리키는 것으로, 이러한 상업적 수산업이 지속적으로 성립, 발전하기 위해서는 수산물을 원료로 하여 수산 가공식품을 생산하는 수산물가공업, 그리고 수산물을 유통시키고 상품화해 나가는 수산물 유통업의 존재가 불가피하다. 따라서 현대의 수산업에 대해서는 어업, 양식업, 수산물가공업 및 수산물 유통업까지를 포함한 4개 분야로 구성되는 복합적 산업으로 이해할 필요가 수 있다.

이상의 설명을 요약하여 전체 수산업의 구성을 다시 정리하면 <그림 Ⅰ-1>과 같다.

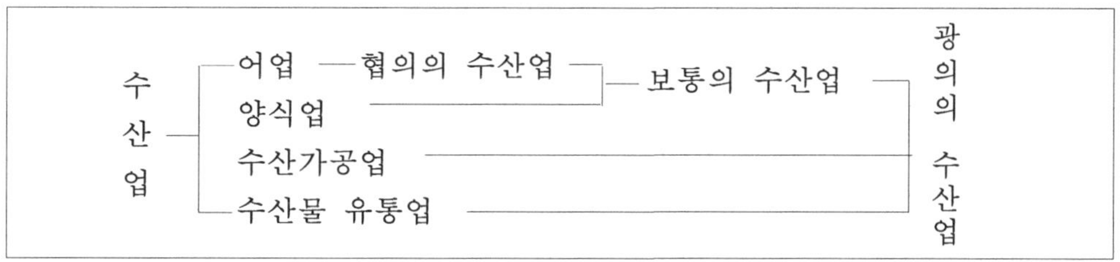

<그림 Ⅰ-1> 수산업의 구성

<그림Ⅰ-1>에서 수산업을 어업과 양식업의 두 부문으로 한정하는 경우에는 수산물가공업이나 수산물 유통업과 같은 것은 여기에서 제외된다. 굳이 말한다면 이러한 분야는 수

산 관련산업 이라고 할 수 있을 것이다. 그렇지만 현대의 수산업은 단순히 어업과 양식업에만 한정하지 않고, 그의 부가가치 증대의 연장선상에 있는 직접적 관련부문으로서, 수산물 가공업과 수산물 유통업까지도 수산업에 포함시킨 확대 개념으로 인식해 갈 필요가 있다. 이러한 의미에서 우리나라 수산업법은 위의 네 부문 모두를 수산업의 범주에 넣고 있으며, 수산정책에서도 이와 같은 4대 분야를 대상으로 하여 정책을 펴 나가고 있다.

수산업법 제2조[1]를 보면 「수산업이라 함은 어업, 어획물 운반업 및 수산물가공업을 말하며, 어업이라 함은 수산 동식물을 포획·채취 또는 양식하는 사업을, 어획물 운반업이라 함은 어장으로부터 양육지까지 어획물 또는 그 제품을 운반하는 사업을, 수산물가공업이라 함은 수산 동식물을 직접 원료 또는 재료로 하여 식료, 사료, 비료, 호료, 유지 또는 가죽을 제조 또는 가공하는 사업」으로 각각 정의하고 있다.

이와 같이 수산업은 기본적으로는 어업과 수산 양식업으로 구성되는 산업이지만 수산물의 상품가치 증대의 차원에서 수산업법에서는 수산 가공업과 수산물 유통업까지 수산업의 범주에 포함시켜 수산물 생산활동의 연장선상에서 다루어 나가도록 하고 있다. 또 수산정책의 면에서도 수산업은 어업, 수산 양식업, 수산물가공업 및 수산물 유통업의 4가지 분야로 구성되는 산업으로 규정하고 있다[2]. 따라서 수산경영학의 연구대상도 이 4대 부문을 구성하는 독립된 단위 수산사업을 그 대상으로 하여 다루어 나가는 것이 현실적으로 타당하다 할 것이다.

2) 수산업의 범위

(1) 어업

어업(漁業)은 수계에서 자연적으로 번식 성장하는 수산 동식물을 생업이나 사업목적을 위해 채취 또는 포획하는 생산활동을 말한다.

어업은 어장과 수산자원을 기초조건으로 하며, 어선과 어구를 기본적인 생산수단으로 하여 성립되는 산업으로서, 수산업의 가장 중심을 이루는 부문이다. 그러므로 어업은 동일한 수산물을 생산한다 하더라도 생산방법상 수산 동식물을 인위적으로 번식, 성장시켜 생산하는 수산 양식업과는 엄격히 구별된다. 그러나 최근 수산정책으로 장려하고 있는 일

1) 수산업법 제2조(1999. 4. 15 개정)의 내용은 수산업의 정의를 비롯해서 어장과 수역의 구분, 어업권, 입어, 어업인, 바닷가 및 유어(遊漁)등에 대해 법률적으로 정의해 두고 있다.

2) 수산업 범위의 이상과 같은 확대 규정은 대표적 어업선진국인 노르웨이에서는 이미 오래 되었으며, E.U. 수산국에서도 일반화 되고 있다(David Symes, Fisheries Dependent Regions; coping the Problem, Fishing News Books, 1999, pp.3-5참조).

본의 재배어업(栽培漁業), 우리나라의 수산 목장화사업(牧場化事業)과 같이 것이 상업적으로 발전해 나갈 경우 이러한 부분을 수산업의 어느 업종으로 분류 인식해 나갈 것인가 하는 문제가 제기된다. 일본에서는 이 분야를 재배어업이라는 독립적 어업부문으로 인식하는 경향이 지배적이므로 우리나라에서도 이러한 구분을 참고하여 수산목장화 사업을 구체화 해 나가야 할 것 이다.

어업의 종류는 첫째, 어구, 어법을 기준으로 둘째, 어업이 성립되는 수역을 기준으로 셋째, 생산 대상이 되는 수산자원을 기준으로, 넷째, 어업의 경영방식을 기준으로 여러 형태의 어업으로 나누어 이해할 수 있다.

이러한 업업성립의 대상이 되는 수산자원은 제각기 서식 환경에 자율적으로 적응하는 능력을 가지고 있으므로 자연계 법칙 안에서 이것을 적절하게 관리하면서 어획을 해 나가게 되면 어업은 인류를 위한 유익한 식량산업으로서 지속적인 유지가 가능하다. 이점에서 수산자원의 적절한 관리와 이용은 지속적 어업성립에 있어서 대단히 중요한 과제가 되고 있다.

(2) 수산양식업

수산양식업은 간단히 양식업(養殖業)으로 표현하기도 하는데, 수산자원을 수계에서 인위적으로 육성시켜 이것을 생업이나 사업을 목적으로 수확 채취하는 수산물 생산활동을 말한다.

양식업은 양식방법과 그의 생산과정을 기준으로 하여 소극적 양식과 적극적 양식으로 우선 구분할 수 있다. 소극적 양식(non-positive culture)이란 수산자원의 서식환경 조건을 인위적으로 조성하여 그의 생육과 번식 및 성장을 보호하고 촉진함으로써 생산목적을 달성해 나가는 양식방법이며, 일반적으로 말하는 증식(增殖)행위는 여기에 속한다. 이러한 소극적 양식법에는 수하식, 살포식, 투석식, 지주식 양식 등이 있으며, 대부분 천연종묘에 의한 조방적 양식이거나 저밀도 무급이 수산양식업이 여기에 해당한다.

적극적양식(positive culture)은 인공종묘(人工種苗)를 일정한 장소나 시설에 넣어 계획적, 인위적으로 먹이를 주면서 수산생물을 육성시켜 생산하는 양식 방법을 말하며, 이러한 단계로까지 발전하는 양식을 현대적 양식이라고도 한다. 여기에 속하는 양식방법으로는 가두리식, 순환여과식 및 육상수조식 양식 등이 있다. 수산양식업이 이와 같이 인공종묘에 의한 대량양식 또는 고밀도 집약적 급이 양식의 단계로까지 발전하면 거의 모든 양식공정이 인위적 통제하에 놓이게 되므로 수산물의 계획적 생산은 얼마든지 가능해진다. 이러한 단계까지 양식업발전 수준이 진보하게 되면, 이 단계를 완전양식(完全養殖)이라 한다. 육상의 수산물 양식은 종묘의 생산에서부터 성어로 육성하기까지의 전과정을 인위적으로 통제할 수 있기 때문에 완전양식의 대표적인 형태라 할 수 있다.

수산양식에 있어서 종묘를 투입하고 먹이를 주어 양식하는 과정은 마치 농업의 농산물 생산과정과 유사한 점이 많다. 물론, 양식업은 해양환경의 변화에 곧장 영향을 받으며, 양식대상 품목과 장소가 한정되어 있는 등 농업보다 자연의 제약을 많이 받고 있지만, 최근에는 이러한 자연제약을 극복하기 위하여 해상 양식의 단계를 뛰어넘어 육상에서도 수산물을 양식하는 시설형 양식으로까지 발달하고 있으므로 여러면에서 농업과 유사한 점이 많은 것은 사실이다.

(3) 수산물가공업

수산물가공업(水産物加工業)은 어획물이나 양식 수산물을 저장하거나 이를 원료 또는 재료로 하여 새로운 수산식품으로 제조, 가공해 나가는 산업이다.

어업과 양식업을 수산업의 1차 산업이라 한다면 이것은 수산업의 2차 산업에 해당한다. 수산물 가공업의 기능은 첫째, 수산물의 부가가치를 높이고 둘째, 유통범위를 한층 넓히며 셋째, 수산물공급의 계절성과 가격의 급격한 등락을 방지하는 가격 완충역할(緩衝役割, price buffering system)을 겸하는 데 있다.

수산물 가공업의 중요성은 바로 이러한 점에 있으며, 이 때문에 수산업의 한 범주에서

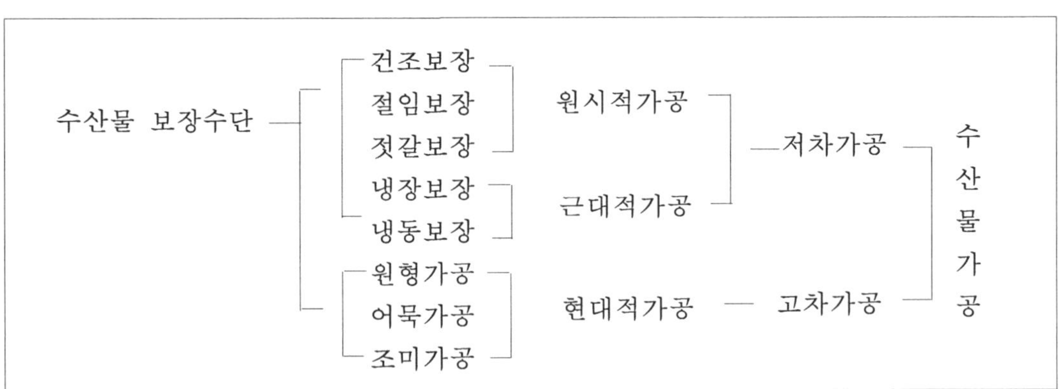

<그림 Ⅰ-2> 수산물의 보장수단과 가공단계

취급되고 있는 것이다[3]. 이러한 수산물 가공업은 수산물 보장수단을 중심으로 <그림 Ⅰ-2>와 같이 다시 여러 형태로 나눌 수 있는데, 과거의 수산물가공업은 생선을 그대로 보관저장하는 저차가공의 단계에 서 오늘날은 여러 형태의 가공식품을 위시하여 공용품, 의약용품 동 기능성 상품까지 생산하는 고차가공단계로까지 발전하고 있다.

(4) 수산물 유통업

수산물 유통업이란 상업자본이 수산물 생산자의 생산물 운반과 판매의 두 과정을 생산자를 대리하여 독립적으로 수행하는 사업을 말한다. 그러므로 엄격히 말해 수산물 유통업은 수산물을 대상으로 하는 상업적 활동이며, 수산물 생산활동인 어업 및 양식업과는 대립적 관계에 있는 산업분야라 할 수 있다.

그러나 수산업이 성립되는 장소가 육지와 멀리 떨어진 해상이라는 점과 어업생산의 특징이 일정한 어기를 중심으로 회유하는 수산자원을 집중적으로 포획 채취하는 계절성을 무시할 수 없다는 점을 고려할 때 수산물 운반과정은 어로성과를 위해 필요불가결한 과정이라 하지 않을 수 없다.

마찬가지로 양육이후의 수산물 상품화과정 역시 수산물의 부가가치 증대와 생산촉진에 있어서 대단히 중요한 수산업 관련활동이다.

따라서 수산물 해상 운반업을 포함한 수산물 유통업은 수산업의 지속적 성립과 발전에 있어서 상호 보완적이며, 밀접불가분의 관계를 갖는활동이므로 이를 수산업의 한 범주로

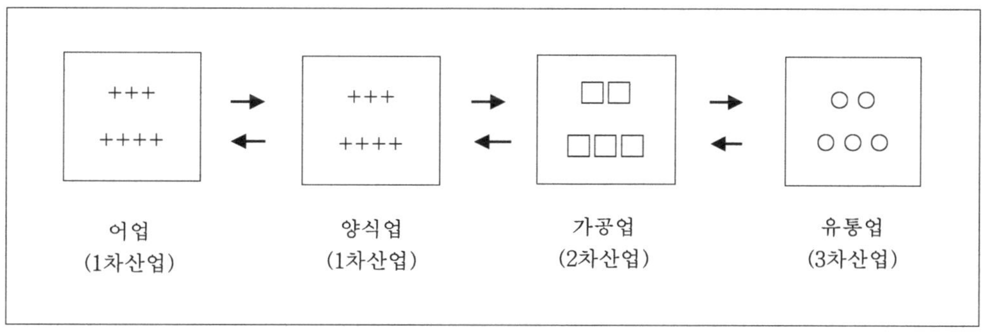

<그림 Ⅰ-3> 복합산업으로서의 수산업의 구성

3) 수산업법제2조, 제47조~제51조에 걸쳐 수산제조 가공업의 범위와 허가에 관한 사항을 규정하고 있으며, 일본에서는 어업근대화 조성법과 수협법에서 각각 수산가공업을 수산업의 종류로 규정하고 있다.

취급하여 인식해 나가는 것이다. 우리나라 수산업법 제2조는 이러한 관점에서 수산물 운반업을 수산업의 한 구성부분으로 규정하고 있으며, 동법 제46조와 제47조를 통해 이의 사업 범위와 사업허가 기준을 명시하고 있다. 아울러 수산정책에 있어서도 육상의 수산물 유통활동까지 정책대상에 포함시키고 있다.

이상과 같이 수산업은 그 자체 내에서 1차 산업에 해당하는 어업과 수산 양식업, 2차 산업에 해당하는 수산물가공업, 그리고 3차 산업에 해당하는 수산물 운반·유통업까지 포함한 복합적 산업(complexity industries) 으로 성립되고 있는 것을 알 수 있다.

이러한 다면적 산업특성을 지닌 것이 현대의 수산업이다. 여기에는 실제로 그의 개별 경영에 있어서도 그 안에 어가어업과 같은 소규모 영세경영으로부터 근해와 원양을 대상으로 하는 많은 자본과 시설을 요구하는 대규모 기업적 어업경영형태 등 여러 복잡한 유형의 어업경영이 존재한다.

어업, 양식업, 수산가공업 및 수산물 유통업을 포함한 수산업의 복합적 산업체계와 그 상호관계를 그림으로 나타내면 <그림 Ⅰ-3>과 같다.

2. 수산업의 발달

1) 수산업의 역사

(1) 원시시대의 수산업

수산업은 농업과 함께 인간의 양대 식량획득활동의 하나이다.

따라서 수산업은 문명이 미발달한 수렵경제시대(狩獵經濟時代)에 있어서는 유일한 식량 획득수단이었을 뿐만 아니라 현대 문명사회에 있어서도 식량산업으로서 그의 중요성에는 변함이 없다. 그렇기 때문에 수산업의 역사는 인류의 오랜 역사와 그 과정을 같이 하는 것이며, 이 점에서 수산업의 역사를 원시시대의 수산업, 중세기의 수산업, 근대의 수산업, 그리고 현대의 수산업으로 나누어 그의 발달과정을 이해할 필요가 있다.

수산업 역사의 제1단계는 원시 시대의 수산업이다.[4] 여기서 말하는 원시시대(原始時代)란 인류 최초의 단계에 해당하는 사회적 기간을 가리키며, 역사적으로는 구석기시대로부터 고대까지를 지칭한다. 이 시대의 수산업은 시냇가나 바닷가에서 유영력이 약한 어패류를 대상으로 맨손으로 이것을 체포하거나, 나무나 돌창, 낚시 등을 이용한 그야말로 유치

4) 谷川英一外 3人, 新編水産學通論, 恒星社厚生閣 (日本), 1977, pp.3-4 참조.

한 어로방법에 의해 이루져 왔다고 할 수 있다.

그렇기 때문에 당시의 수산업은 그의 활동영역이 연안이나 간석지, 강과 하천의 범위를 벗어나지 못하였다. 더욱이 오늘날과 같은 증양식활동은 성립되지 않았으며, 그와 같은 필요성도 느끼지 못한 단계였다고 볼 수 있다. 그러나 인류의 정착생활이 아직 발달하지 못한 당시의 채집경제사회(採集經濟社會)에서는 인류의 생활과 식량확보에 있어서 수산업에 대한 의존은 거의 절대적이었다고 할 수 있다.

고대의 유적이나 원시패총에서는 낚시에 동물의 뼈나 뿔 또는 패각 등을 사용했다는 흔적을 많이 볼 수 있는데, 이것은 고대시대의 어업이 낚시어법 외에 작살(fishspear)어법과 같은것도 널리 사용되고 있었다는 것을 말해 주는 것이다. 이러한 유적들은 우리나라에 있어서도 여러 곳에서 발견되고 있다.[5] 서양에서는 4-5세기경에 와서 조선기술이 발달하여 훨씬 안정적인 어로행위를 해 나갈 수 있었는데, 청어, 대구, 고등어, 고래 등은 당시 중요한 어획물이 되고 있었다.[6] 선박을 이용한 고대 노르웨이 바이킹(viking) 어법은 고대 사회 말기에 이르러 절정을 이루었으며, 중세기의 어로행위를 한층 넓히는 중요한 계기가 되었다.[7]

(2) 중세기의 수산업

수산업역사의 제2단계는 중세기이다. 서양사에서 말하는 중세기(中世紀)는 원시고대사회를 지난 15-16세기까지의 근대사회성립기까지를 지칭하는 것으로, 이러한 중세기를 맞이하면서 인류의 생활 수단은 상당수준으로 발달하였다. 예를 들어 천문학, 항해술, 지리학 등의 진보가 그것이며, 이러한 과학적 지식에 힘입어 어로행위 역시 고도로, 그리고 광범위한 범위에서 행해질 수가 있었다.

중세기의 어장은 연안으로부터 점차 근해수역으로까지 뻗어나가게 되었으며, 능률적인 어구 어법의 개발로 어획량의 증대도 함께 이루어져 수산물의 유통업은 물론, 초보적인 저장 가공기술의 태동까지 가져오는 계기가 되었다.

중세기까지만 하여도 다른 근대산업은 아직 미숙한 단계에 있었으므로 유럽 각국은 어

---

5) 한국의 대표적 고대 유적은 충남 공주군 장기면 석장리 주거지 유적과 부산시 영도구 동삼동패총, 경남 김해시 수가리 패총 등을 들수 있다(수우회, 현대한국수산사, 1987, pp.5-10).

6) 장수호, 어장관리, 태화출판사, 1994, pp.45-48.

7) 노르웨이 바이킹(viking)은 원래 노르만인(북게르만계 민족)의 고국땅인 스칸디나비아 덴마크에 걸쳐 있는 협강(峽江), 즉 vike에서 유래한 말로써, 협강을 거슬러 온 자를 viking이라 했다. 이것이 오늘날 항해기술이 뛰어난 해적민족을 나타내는 말로 대신해 쓰여지고 있다. 따라서 바이킹 어법은 고대 노르만인들이 소형선박을 이용하여 협강에서 행한 어업을 말한다(동아세계백과사전, 1986, p.205 참조).

장확보를 위해 전쟁까지 불사할 정도로 어업은 중요한 국부의 원천이 되고 있었다. 북해어장을 둘러싼 17세기 초 영국과 네덜란드간 연어어업분쟁은 이 같은 사실을 뒷받침하는 것으로, 이것은 어업이익을 둘러싼 최초의 국제어업분쟁의 사례가 되기도 하였다.[8)]

중세기의 대표적 어업국으로서는 영국, 독일, 네덜란드, 스페인 등을 들 수 있다. 바이킹의 후예에 의해 재건된 영국은 농업과 축산업 발달의 불리성을 어업을 통해 극복하고자 하였다. 한편, 당시의 영국 수산업은 해군력 강화의 수단으로도 국가적 장려의 대상이 되었다. 테임즈강 도처에는 함정어구의 하나인 어전(fishwein)과 통발(fishtrap)어업이 성행했는데, 여기에서 주로 어획되는 어종은 뱀장어(eel), 농어(pearch) 등이었다.[9)]

영국은 1400년경에 이미 뉴펀드랜드 연안으로까지 청어어획을 위한 선단 출어를 개시한바 있고, 1600년경에는 청어어업의 급속한 성장과 함께 북해어장 전체를 그들의 지배하에 두어 이용해 나갔다. 18세기에 이르러서 영국은 약 3천어척의 어선을 확보하고 있었으며, 이후 영국의 수산업은 경이적인 발달을 보여 유럽에 있어서 지배적인 어업국의 위치를 차지하고 있었다. 이 무렵 영국은 수산업중심지를 런던에서 동부해안에 위치한 헐(Hull)지방으로 옮겨갔다.[10)]

(3) 근대의 수산업

18세기에 이르러서 수산업은 동력선의 등장과 함께 어구와 어법에 있어서 보다 능률적인 발달을 보였다. 그로 인해 조업범위를 더욱 확대해 나간 것은 말할 필요도 없다. 기계공업의 발달을 계기로 일어난 산업혁명과 함께 17-18세기의 수산업은 인류의 중요한 식량공급원으로서 뿐만 아니라 상품산업으로서도 새로운 가치를 평가받기 시작했다. 그리하여 수산물의 거래량과 유통 범위가 보다 넓어지고, 아울러 수산기업의 발달을 가져왔다.

이 무렵 스페인은 무적함대를 앞세우고 세계제패를 선언하였으며, 포르투칼은 인도양주권을 주장하고 나서는 등 유럽열강은 다투어 제해권(制海權)확보를 위한 해양력 증강에 몰두하는데, 여기에 어업은 각국의 해양력 강화의 중요한 수단이 되었다. 그로티우스(Hugo Grotius, 1583~1645)의 "자유해양론"과 이러한 해양자유이용사상에 기초한 공해(公海)개념이 확립된 것은 이 시기이다. 이른바「바다를 지배하는 자는 세계를 지배한다, Who rule the waves rules the world」라는 말은 이시대의 해양지배사상을 단적으로 표

---

8) Hirioshi Kusihara, International Fishery Disputes(최정윤 역, 국제어업분쟁에 관하여, 해외수산정보, 제2권 제2호, 수협중앙회, 1975. 2.).

9) 장수호, 앞책, pp.40-52.

10) 앞책. p.52.

현한 것이라 할것이다.[11]

(4) 현대의 수산업

19세기 이후 현재에 이르는 기간에는 이미 고도로 진보된 과학기술이 수산업에 널리 적용되고 있었다. 이 시기에 있어서 대부분의 어선은 동력화되고 대형화되어 어업생산력의 비약적인 증강과 함께 어장의 외연적 확장이 크게 일어났다.

현대에 들어와서 어업진흥에 가장 적극적인 관심을 기울인 나라는 일본이다. 일본은 소위 1867년의 명치유신(明治維新)이라고 하는 근대화추진기를 거치면서 어구어법, 수산제조, 수산양식 등 모든 면에 걸쳐 서구 수산기술을 과감하게 도입하는 적극적인 정책을 펴나갔다. 서구로부터 조선기술과 편망기계가 도입되었으며, 1878년부터는 전 어업에 면망이 보급되기 시작하였고, 노르웨이식 포경어업이 도입되었다. 그리고 1887년에는 러시아령 캄차카 연안까지 어선을 진출시켰으며, 1895년에는 미국으로부터 선망어법을 도입하였다. 이어 1905년에 일본은 덴마크식 기선저인망어법을, 1908년에는 노르웨이식 트롤어업에까지 각각 착수하였다. 이렇게 하여 일본은 1900년부터 이미 어선 동력화 사업을 본격적으로 추진해 나가기 시작한 것이다.

日本은 이 시기에 어업조사, 교육 및 제도면 에서의 근대화도 동시에 추진해 나갔는데, 1886년에 어업조합준칙 시행, 1895년부터 수산고교 설립, 1897년부터 오늘날 수산전문대학에 해당하는 관립수산강습소(현 동경수대의 전신)를 각각 설립 운영하였다. 같은 해에 원양어업장려법을 제정 시행했으며, 1899년부터는 지방자치단체에까지 수산시험장(水産試驗場)을 설치해 나갔다. 그리하여 1910년대에 이르러 일본에서는 포경어업을 위시한 거대 수산회사가 설립되는 등 수산업의 활동무대를 세계로 넓혀 나갔다.

한편, 19세기에는 수산물의 동결(凍結)이용과 선상냉장에 성공을 거두어 수산물의 상품성 증진과 장거리 수송에 혁신을 가져왔다. 최초의 수산물 동결이용 기술은 미국에서 일러났으며(1861년 E. PiPear), 선상냉동기 발명은 프랑스에서 일어났다(1886년 Charles Tellers). 그리고 어류에 대한 최초의 선상동결은 영국인 C. 페트리 (C. Petrie, 1890)로 알려진다.

이러한 과정을 통해 현대 초기에 이르러 이미 세계 수산업은 개별경영간에 과도한 생산경쟁을 초래하게 되고, 어종에 따라서는 남획의 징후가 일어나기 시작했다. 자본주의경

11) 최정윤외 7인, 동북아의 수산업과 지역어업협력문제, 태화출판사, 2000, pp.11-13.

제의 발달과 어로기술의 혁신 및 인구의 폭발적인 증가는 어획노력의 계속적 강화를 요구하게 되었고, 결국 무진장이라는 어류자원은 한계에 직면하게 된 것이다.

이러한 모순을 조정하고, 국가 간 또는 어업 생산자들 사이에 빈발하는 어장 분쟁을 막기 위하여 연안국들은 자국의 수산업 사정에 기초하여 수산제도를 수립하였으며, 한편으로는 새로운 국제해양질서의 확립을 필요로 하게 되었는데, 그의 최종결실을 본 것이 1994년에 발효된 유엔해양법협약, 일명 국제해양법이다.

이로부터 수산업은 공해상의 자유조업 원칙에 제한을 받기 시작했으며, UN이 국제해양관리의 주체로 등장하는 시대를 맞이하게 된 것이다. 이에 따라 세계 연안국들은 자국의 해양관할권 확대를 목적으로 하는 200해리 배타적 경제수역을 다투어 선포하게 되고, 그 영향으로 우리나라와 같은 원양어업국이 받는 타격은 말할 수 없는 것이 되었다.

2) 우리나라의 수산업

(1) 우리나라 수산업의 역사

우리민족이 대륙북방으로부터 동진하여 한반도에 정착한 시기는 대략 원시시대의 마지막 단계에 해당하는 신석기시대로 규정되며, 그 시기를 BC57년에서 AD935년으로 추정한다. 따라서 이 시기는 우리나라 수산업 역사의 출발점이 되는 시대이기도 하다.[12)]

신석기시대를 기점으로 하여 발달해 온 우리나라 수산업의 역사를 보다 정확히 이해하기 위해서는 우리나라 역사 발전과 경제성장 과정에 맞추어 다음과 같이 단계를 구분하여 이해하는 방법을 택할 수 있다.

① 원시시대의 어업:삼국시대 이전의 어업

② 삼국시대의 어업: 신라, 고구려 및 백제시대의 어업

③ 고려시대의 어업: 서기 938년~1392년의 어업

④ 조선시대의 어업: 서기 1392년~1910년의 어업

⑤ 일제시대의 어업: 서기 1910년~1945년의 어업

⑥ 8·15 이후 현대의 어업

가. 해방이후 60년대 초까지의 수산업

나. 60년대 이후 고도성장기의 수산업

다. 80년대 이후 현재에 이르는 전환기 수산업

---

12) 박구병, 한국어업기술사; 한국문화사 대계 III,1968, pp.70-76.

위의 6단계 한국 수산업 발달사 가운데서 여기서는 현대 한국수산업이해의 직접적인 배경이 되는 뒤의 두 단계만을 중심으로 하여 우리나라의 수산업 발달과정을 간략히 살피기로 한다.

(2) 일제시대의 수산업

세계의 어업이 이미 어선 동력화와 면망의 보급 등으로 근대화를 활발히 추진해 나가는 시기에 우리나라는 여전히 원시적 단계의 유치한 어업기술에서 벗어나지 못하고 있었다. 이러한 과정에서 우리나라 수산업은 다시 19세기 중반까지 약 반세기동안 일제 강점기에 편입되므로 인하여 자주적으로 수산업이 발달 할 수 있는 기회를 잃고 말았다.

일제시대에 있어서 우리나라의 수산업은 규모가 크고 경제적으로 가치가 높은 유리한 어업과 영세규모의 재래식 연안어업으로 크게 나누어져 있었다. 이 가운데서 전자는 주로 일본인이 독점하는 바가 되었고, 우리나라 어민들은 모두 후자에 해당하는 영세한 연안어업에 종사하고 있었다. 당시 수산인구는 1911년의 182,219명에서 1942년에는 319,628명으로 증가 하였으나 어업성과의 경제적 이익은 대부분 일본인이 차지하고 있었다.

이처럼 일제시대 전 기간에 걸쳐 우리나라 수산업은 일본인들의 지배하에 있었기 때문에 우리 국민의 어업이 이들과 경합적 위치로 성장하는 것은 불가능하였으며, 정책적으로도 이러한 것은 억제되어 왔다.[13] 따라서 당시 한국인이 근대적 수산기술과 기업적 경영을 필요로 하는 근해어업과 중소어업에 진출하는 것은 불가능한 일이었다.

(3) 해방이후 60년대까지의 수산업

우리나라의 수산업은 광복을 맞이하면서 비로소 자주적인 발전의 길을 찾을 수 있었으나 50년대에 일어난 한국 동란과 미증유의 자연재해로 인하여 또다시 커다란 타격을 받는 결과가 되었다.

1950년에 일어난 6.25 동란은 인구의 사회적 이동과 국토양단에 따른 해역의 남북 분할, 어업시설의 대대적인 파괴를 초래했다. 이어 1959년 사라호 태풍은 남아있던 시설과 어선 거의를 파손시킨 미증유의 자연재해를 가져와 수산업은 연속적으로 시련기에 직면하게

13) 이러한 것은 타 산업의 경우에도 다를 바가 없었다.

되었다. 이로 인하여 국민에 대한 수산물 공급 계획은 큰 차질을 빚게 되고, 어업질서까지 극도로 문란한 결과가 초래되었다. 여기에는 일제시대의 조선어업령(朝鮮漁業令)이 8년간이나 효력을 잃지 않고 그대로 준용되어 온데도 문제가 있었다. 일제시대의 수산관계 법률을 대체한 자주적인 "수산업법"이 제정 시행된 시기는 1953년 9월이다.

(4) 고도 성장기의 수산업

장기적 정체상태에 있었던 우리나라 수산업 생산활동이 제자리에 들어서기 시작한 것은 60년대 이후부터이다. 이른바 경제개발 5개년 계획이라고 하는 계획경제의 단계적인 실시와 함께 1965년 한일어업협정 체결로 수산업 부문에는 재정투자와 융자규모가 확대되기 시작한 것이다. 1962년에는 4월 1일을 기해 수산업협동조합이 제정 시행되는 것과 때를 같이하여 전국적으로 수협 계통직이 완성을 보였으며, 1966년에는 수산정책을 전담하는 수산청의 창설로 수산업은 투자효율을 한층 높여나갔다. 이후 한국 수산업은 90년대 초 까지에 이르는 고도 성장기간을 거치면서 눈부신 발전을 가져왔으며, 이 과정에 양식업의 발달과 원양어업의 새로운 등장으로 생산구조도 크게 개선되어 나갔다.

이렇게 하여 우리나라 수산업은 국민경제 발전에 커다란 견인차(牽引車)역할을 하게 되는데, 그것은 첫째 수산물의 공급량 확대이며, 다음은 어촌의 고용과 소득을 창출하는 것이고, 셋째는 외화획득 산업으로서의 역할이었으며, 넷째는 조선, 기관, 어망, 기타 수산자재생산 등 관련 산업의 발달을 촉진 시킨 점이다.

이 기간에 있어서 연·근해어업은 시설투자의 대폭적인 확대에 힘입어 무동력선이 동력선으로, 소형어선은 대형화되는 등 어업의 현대화가 빠른 속도로 진행되어 나갔다.

양식업은 과거의 원시적인 양식법으로 부터 인공채묘를 이용한 대량생산체제로 전환되었고, 50년대 말 인도양진출에서 시작된 원양어업은 5대양 전역으로 뻗어 나간 것 등이 특징이었다.

이와 같이 60년대 초부터 근해화 되기 시작한 우리나라 수산업은 90년대까지에 이르는 약 30여년 간에 걸쳐 전 부문에서 투자확대, 시설의 근대화, 수산기술의 과학화와 조업어장의 외연적 확대 등이 일어났으며, 그 결과로 연안어업, 근해어업, 원양어업 및 수산 양식업의 4대 생산부문은 물론, 내수면 어업과 수산제조업 분야에 있어서도 고도의 성장을 이룩하였다. 그러나 이러한 수산업의 고도성장과 투자확대는 어떤 의미에서는 오늘날 한국수산업이 안고 있는 구조적인 모순과 전반적인 문제를 누적시킨 요인이 되기도 하였다.

(5) 전환기의 수산업

우리나라 수산업의 발전조건은 90년대를 맞이하면서 종전과는 아주 다른 새로운 제약과 도전을 받게 되었다. 그리고 이러한 제약과 도전은 수산개별경영 자체로서는 아무런 대응도 할 수 없는 국제해양질서의 재편과 세계경제환경의 변화라고 하는 거대한 양상으로 나타났다.

그 대표적인 것을 들면 첫째, 1993년에 타결된 UR협상과 이에 따라 1994년 4월에 탄생된 WTO체제의 출범이다. 이로 인해 수산물 시장의 전면개방이 불가피해졌으며, 그 영향으로 수입 수산물이 매년 급증하여 어민들은 생산의욕을 잃게 되었다. 둘째는 1994년 11월 유엔해양법 발효와 이에 따른 EEZ체제의 강화이다. 특히, 유엔해양법 발효로 우리나라는 원양어장 확보의 어려움은 물론, 주변 근해어장에 대해서도 한일, 한중 어업협정의 체결이 강요되면서 조업지가 크게 줄어들었다. 그리하여 많은 근해어업들이 쓰러지게 되고, 일부 남은 어업들도 이제는 주년조업(周年操業)이 힘들게 된 것이다. 곧, 심각한 어장문제와 함께 생산기반 자체가 무너지게 된 것이다. 셋째는 1996년의 OECD가입과 함께 문제가

<표 Ⅰ-1> 우리나라의 수산업 성장추세

(단위 : 천M/T, 백만원)

연 도	연안	근해	원양	양식	내수면	계
1965	364	119	78	74	0.3	635.3
1970	440	286	89	119	0.4	934.4
1975	680	529	565	351	9	2,134
1980	521	851	418	540	39	2,369
1985	837	658	767	787	53	3,102
1990	798	744	925	773	35	3,275
1995	572	852	897	997	29	3,348
1998	536	772	723	777	27	2,835
구성비(%)	18.9	27.2	25.5	27.4	1.0	100.0
금 액*	2,293,627		1,155,812	949,502	143,562	4,542,513

* : 1998년의 생산금액임

자료: 수산청, 수산행정기본자료, 1999. 10.

되고 있는 것은 정부의 수산업보호지원시책의 후퇴와 수산보조금 철폐의 국제적 압박이다.

이러한 전환의 시대(turning point)를 맞이하면서 우리나라 수산업은 최근 성장속도가 전반적으로 둔화되고, 장기적으로 정체국면에서 벗어나지 못하는 상황이 되고 있다. 1960년대부터 최근 1998년에 이르는 38년간의 우리나라 수산업의 부문별 성장추이를 보면 <표 Ⅰ-1>과 같다.

3. 수산물 생산

1) 수산자원의 종류와 이용

우리나라는 국토면적에 비해 해안선이 길고 삼면이 바다로 둘러싸여 있어 예로부터 수산업이 발달하였으며, 연안에서는 이러한 수산업활동을 중요한 생업이나 사업수단으로 삼고 있는 국민들이 많이 분포해 있다. 이러한 것은 우리나라 주변수역에 광범위하게 발달해 있는 대륙붕과 간석지의 영향이 크며, 한류와 난류, 두 해류의 흐름으로 경제가치가 높은 많은 수산자원이 서식하고 있는 때문이다.

우리나라 수역에 분포하고 있는 수산자원은 어류 약 400여종, 연체류 약 100여종, 갑각류 약 300어종, 해조류 약 400여 어종으로, 이것을 모두 합치면 동·서·남해에 분포, 서식하고 있는 수산자원의 종류는 총 1,200여종에 달한다.

최근 수산통계에 의하면 이와 같은 서식어종 가운데서 어류는 가자미외 60종, 갑각류는 큰 새우외 12종, 연체류는 전복외 23종, 해조류는 다시마외 13종, 그리고 기타 수산동물은 해삼외 5종으로, 총 113종인 것으로 밝혀진다. 그리하여 우리나라는 이러한 수산자원을 매년 약 3백만톤 정도 생산하고 있는 셈이며, 이것을 금액으로 환산하면 약 4조5천425억원에 달하는 경제가치가 된다.

이러한 거대한 경제적 가치를 매년 바다로부터 창출하고 있는 경제 주체가 바로 수산경영체이다. 이 가운데서 자원이용률(생산어종수/부존어종수)이 가장 높은 종류는 연체류이며, 생산 비중(자원별생산량/총생산량)이 가장 높은 종류는 어류이다. 어류자원이 높은 생산비중을 갖는 이유는 이 부문에 대한 생산기술의 발달과 함께 그만큼 상품가치도 높다는 뜻이다. 그러나 현재 이용자원의 총 수는 분포어종의 6.6%에 불과하므로 아직도 우리나라 주변수역에는 90%이상의 수산자원 미 이용자원으로 남아있는 셈이다.

<표 Ⅰ-2> 우리나라의 수산자원별 생산량 추이

(단위 : 천 M/T)

	계	어류	연체류	갑각류	해조류	기타
1970	935,462	595,877	1,880,830	16,364	116,655	17,636
1975	2,134,979	1,455,470	370,631	50,099	246,778	12,001
1980	2,410,346	1,479,879	523,777	53,209	317,189	18,292
1985	3,102,605	1,838,060	707,762	78,806	443,596	34,381
1990	3,274,506	1,887,867	783,652	118,822	442,208	41,957
1995	3,348,184	1,694,827	826,853	120,055	671,472	35,027
1998	2,824,415	1,578,392	632,432	107,440	481,769	34,382
구성비	100.0	55.9	22.2	3.8	16.9	1.2

이와 같이 우리가 현재 이용하고 있는 수산자원의 종류는 분포수에 비하여 극히 일부에 지나지 않으므로 앞으로 자원개발의 여지는 대단히 크다고 볼 수 있다. 이를 위해서는 과학기술의 뒷받침이 있어야 할 것은 말할 것도 없지만, 무엇보다 수산물 생산주체인 수산경영체의 개발과 그의 건전한 육성이 중요한 과제가 아닐 수 없다. 수산물 생산 실적을 좀더 자세하게 살펴보기 위해서는 우리나라의 어업을 크게 연·근해, 원양 및 내수면 어업과 수산양식으로 구분하여 파악할 필요가 있다.

<표 Ⅰ-2>에 의하여 어종별 생산실태와 그의 추이를 보면, 1998년의 총 생산량 2,834천톤 가운데서 첫째, 55.8%인 절반이상은 어류생산량으로 구성되어 있고, 두번째는 전체 생산량의 약 22%를 점하는 것은 연체류이며, 세번째가 약 17%를 점하는 해조류이다. 한편, 어류 가운데서 최다 어획어종은 멸치류, 고등어, 갈치, 전갱이, 정어리, 참조기의 순이며, 연체류에서는 굴, 오징어, 홍합, 우렁쉥이, 피조개의 순이다. 해조류에서는 미역, 김, 톳의 순으로 생산실적을 올리고 있다. 그러나 90년대 이후부터는 모든 종류에 있어서 생산량이 감소하고 있으며, 특히 대중수요가 높은 어류와 연체류 생산량의 감소폭이 더 크다.

2) 세계의 어획량

세계의 어업생산량은 1930년대부터 1997년까지 약 70년간 그 안에 약간의 기복이 있기는 하나 꾸준히 증가해오고 있다. 1998년도 FAO통계에 의하면 1997년도의 세계어업총생산량(양식생산량 제외)은 93,329천톤에 달하는데, 이에 대한 주요 국가별 생산량 순위는 <표 Ⅰ-3>과 같다.

여기서 보면 중국이 세계 제1위이고, 제2위는 페루이며, 제3위는 칠레이다. 90년대 이전까지는 일본이 줄 곧 세계1위의 수산국 지위를 유지해 왔으나 현재는 제4위수산국으로 밀려났다. 우리나라는 1986년에 2,400천톤을 생산하여 세계 6위의 수산국으로까지 성장한 적이 있었으나 1997년 현재는 아일랜드에 이어 세계 제11위의 수산국으로 그 위치가 떨어진 상태에 있다.

<표 Ⅰ-3> 세계의 주요 국별 어업 생산량의 추이

(단위 : 천M/T)

	1983	1985	1988	1990	1991	1992	1997
세계생산량	77,497	86,378	99,086	97,556	97,052	98,113	93,329
중국	5,213	6,779	10,359	12,095	13,135	15,007	15,722
일본	11,256	11,464	11,985	10,2786,	9,268	8,499	5,811
페루	1,569	4,138	6,642	875	3,949	6,843	7,869
칠레	3,977	4,804	5,210	5,195	6,003	6,502	5,821
러시아	-	-	-	-	6,894	5,611	4,662
미국	4,319	4,951	5,956	5,870	5,489	5,603	5,010
인도	2,509	2,826	3,125	3,794	4,044	4,175	3,602
인도네시아	2,205	2,333	2,795	3,044	3,252	3,358	3,649
태국	2,260	2,225	2,642	2,786	2,968	2,855	2,912
한국	2,400	2,650	2,732	2,843	2,521	2,696	2,204
필리핀	1,976	1,856	2,010	2,209	2,312	2,272	1,806
덴마크	1,870	1,797	1,974	1,518	1,796	1,995	1,827
아일랜드	391	1,680	1,758	1,508	1,050	1,577	2,206
스페인	1,413	1,489	1,593	1,400	1,320	1,330	1,103
소계	41,358	49,292	58,781	59,212	64,001	68,324	64,195
(%)	(53.4)	(57.1)	(59.3)	(60.7)	(65.9)	(69.6)	(68.8)

주 : (1) 이상은 어류, 갑각류, 연체동물 통계(해조류 및 고래, 기타 수산생물 생산량은 제외되어 있음)이며, 양식생산량은 여기에서 제외되어 있음.
(2) ( )의 수치는 세계총생산량에 대한 주요14개국 생산량의 비율이다.
자료: FAO, Yearbook of Fishery Statistics, 각년도.

<표 Ⅰ-4>를 통해 세계 수산업의 어종별 생산동향을 보면 첫째, 1996년말 기준 해면어업 생산량이 전체의 92%로 거의 절대적이며, 내수면어업 생산량은 8%에 불과하다.

둘째, 어종별 생산량은 청어와 정어리 등을 포함한 부어류(浮魚類)의 연간 어획량이 전체의 46.5%로 가장 많고, 부어류 가운데서 꽁치류의 생산량은 매년 증가 추세에 있다.

셋째, 대구와 명태 등 저서어종의 총생산량은 19.3%이며, 저서어류 가운데서 단일어종으로서는 명태가 세계 최대의 생산실적을 가지고 있다. 그러나 최근 이의 생산량이 크게 감소하고 있는 것에 주목할 필요가 있는데, 이러한 것은 앞으로 우리나라의 원양어업 발전과도 밀접한 관계에 있다.

3) 세계의 양식생산량

세계의 양식업 생산량은 <그림 Ⅰ-4>에 의하면, 1997년말 현재 총 28,808천톤을 기록하고 있는데, 이것은 모두 어・패류 양식량을 뜻하며, 해조류 양식량은 여기에 포함

<표 Ⅰ-4>세계어업생산량의 종류별 추이

(단위 : 천M/T)

	1990	1993	1995	1996	구성비(%)
내수면어업	6,586	6,661	7,380	7,552	(8.0)
해면어업	79,292	80,618	85,621	87,073	(92.7)
계	85,880	87,279	93,001	94,625	(100.0)
담수어	7,030	7,086	7,692	7,712	(8.2)
저서어	18,527	16,703	18,362	18,237	(19.3)
부어류	40,549	41,154	42,963	43,938	(46.5)
갑각류	4,064	4,490	5,212	5,582	(5.7)
연체류	5,304	6,718	7,410	7,163	(7.6)
기타어종	10,406	11,128	11,362	11,993	(12.7)
계	85,880	87,279	93,001	94,625	(100.0)

자료: FAO, Yearbook, Fishery Statistics, 각 년도.

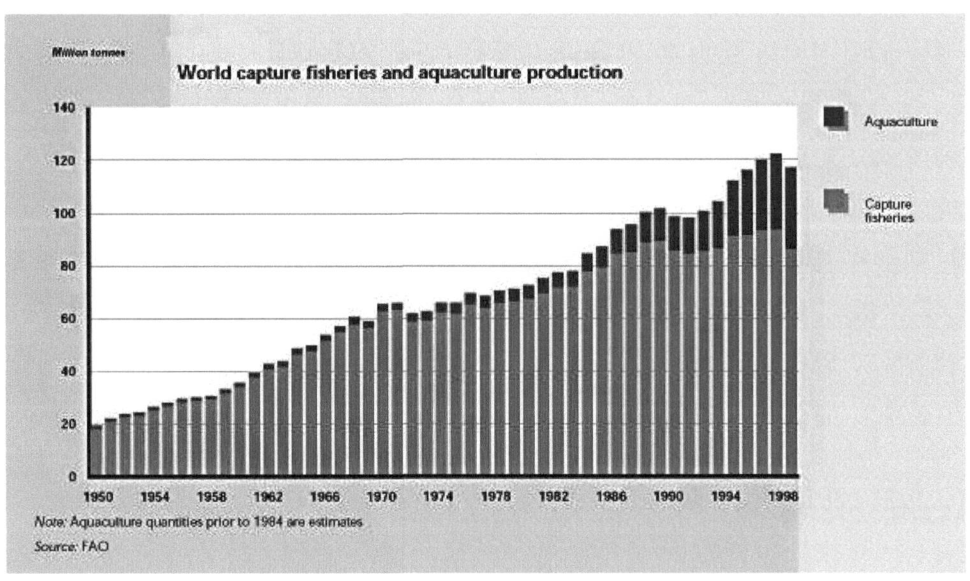

<그림 Ⅰ-4> 세계의 어획량과 양식량

되어 있지 않다.

총 양식생산량의 수면별 비중은 내수면 양식량이 전체의 약 60%를 점하며, 나머지 약 40%는 해면양식량이다.

중국은 양식업생산에 있어서도 현재 세계 총생산량의 약 67%를 점하여 제1위의 지위를 차지하고 있다. 다음은 인도, 일본, 인도네시아 및 태국의 순위로 세계 제5위 양식국이 정해지며, 우리나라는 1997년에 392천톤을 생산하여 미국에 이어 세계 제9위의 양식국 위치에 있다(FAO, Fisheries Department, 1998).

4. 수산업의 역활

1) 수산물의 수급 사정

수산물의 수급(需給)이란 연간 국내소비와 해외수출을 위해 필요로 하는 수산물의 총수요량과 여기에 대응하는 수산물의 총공급수량과의 관계를 말한다. 수산물의 총공급량은 총수입량에 의해 결정된다.

우리나라의 수산물 수급사정은 80년대 이전까지는 전체수요량을 총생산량으로 충족할 수 있을 정도로 자급도 수준을 높게 유지해 왔으나 90년대에 들어오면서 국내 생산량만 으로서는 수산물의 수급균형을 맞추어 나가는 것이 어렵게 되었다. 이것은 그만큼 수입수산물에 대한 의존도가 높아지고 있다는 것을 의미하는 것으로, 수산물의 공급조건이 수요증가를 뒷받침해주지 못하면, 결국 수산물 자급율(水産物 自給率)이 그만큼 낮아진다는 것을 말해주는 것이다.

수산물 자급률 저하의 주된 요인은 ① 200해리체제의 세계적 강화로 인한 원양어업 생산의 한계, ② 한·일, 한·중 어업협정으로 인한 근해어업의 위축, ③ 연근해 수산자원의 고갈과 연안 어장의 파괴, ④ 어업인구의 유출과 수산업 기피라는 사회적 현상 으로 인한 생산 감퇴를 들 수 있다.

최근 정부의 수산물 수급계획에 의하면 국내 소비량, 수출 수요량 및 재고량을 모두 고려한 총공급량으로 4,560천M/T(1999)을 책정하고 있다. 여기에 우리나라 생산량은 최대 350만M/T이 한계라 볼 수 있으므로 매년 약 1백만톤 이상의 수산물을 해외로부터 수입하지 않으면 안되게 되어 있다. 총생산량 가운데서 약 30%에 해당하는 1,230천M/T 가까운 수산물이 매년 해외로 수출되고 있지만, 한편으로는 연간 약 2,750천M/T 가까운 국내

<표 Ⅰ-5> 우리나라의 수산물 수급 및 이용 상황

(단위 : 천M/T)

		1970	1980	1990	1995	1999
공급	생 산 량	935	2,410	3,275	3,348	2,909
	수 입 량	-	41	380	948	1,332
	재 고 량	-	-	-	460	319
합 계		935	2,451	3,654	4,756	4,560
수요	국 내 소 비	776	1,663	2,596	3,215	2,746
	(선어용 %)	(68.0)	(48.8)	(18.6)	(25.5)	(26)
	(가공용 %)	(32.0)	(51.2)	(81.4)	(74.5)	(74)
	수 출 량	159	788	1,058	1,170	1,232
	이 월 량	-	-	-	371	582

주: 1) 선어용이란 활어, 선어, 냉장어로 이용되는 것이며, 가공용은 냉동용, 훈제염장, 통조림 등을 말한다.
2) 자급도 = 생산량/(국내소비량+수출수량)×100

자료 : 해양수산부, 수산업동향에 관한 연차보고서, 2000.

소비수요를 충족시키기 위해서는 총수요량에 대한 공급 부족분만큼은 결국 수입 수산물에 의해 충당되지 않을 수 없는 상황에 처해 있다. 이러한 수산물의 대외 의존도는 앞으로도 계속 높아질 전망이다(<표 Ⅰ-5> 참조).

2) 수산물 소비의 특징

우리 국민의 수산물 이용방법은 활어와 선어 중심이며, 이러한 이용방법이 우리 국민의 전통적인 식관습으로 정착된 것은 역사적으로 오래 된다.

그러나 최근 들어 이러한 식관습에 커다란 변화가 일어나고 있는 것을 볼 수 있는데, 1999년의 경우 총 2,746천톤의 내수용 수산물 가운데서 선어 이용률은 약26%이며, 약 74%가 가공수산물이라고 하는 점이다.

가공수산물이란 냉동·연제·훈제·염장 및 통조림 등의 형태로 수산물을 재처리, 가공한 것을 말한다. 대신에 선어수산물은 활어, 선어, 냉장어 등의 형태로 유통되는 수산물을 가리키는데, 가공 이용률이 선어 이용률을 앞지르기 시작한 것은 80년대 중반부터이다. 이는 우리의 식생활에 대한 변화와 함께 소비자들의 수산물 구입양상이 그만큼 달라졌다는 것을 말해주는 것이다.

최근의 관련통계에 의하면(한국농촌경제연구원, 식품 수급표) 우리나라 국민의 총 영양

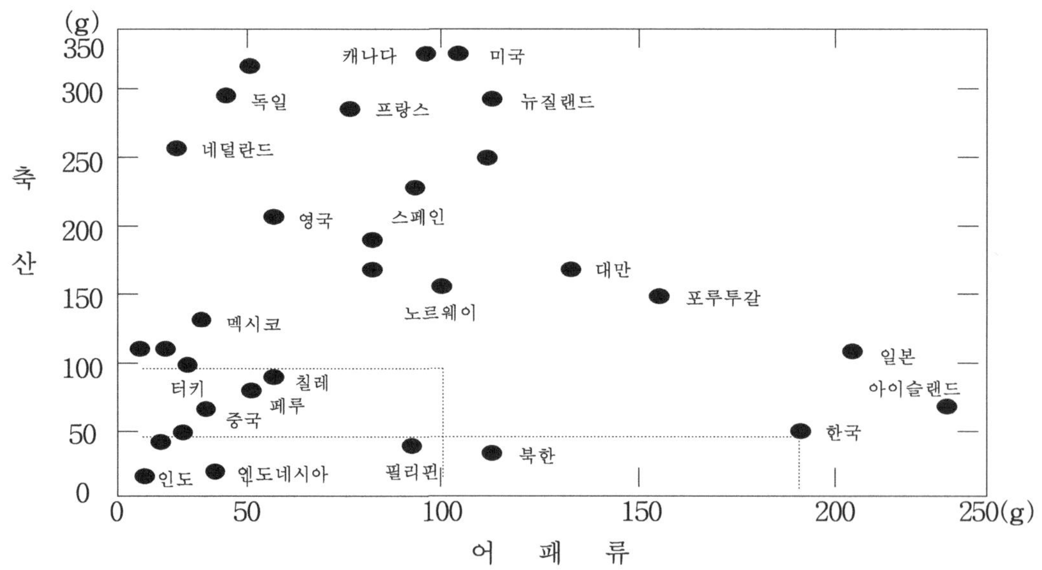

<그림 Ⅰ-5> 주요 국가별 1인 1일 동물성 식품 섭취량 비교(FAO, 1990)

섭취량 가운데서 동물성 단백질공급의 약 65%를 축산물이 담당하며, 나머지 약 34%는 수산물에 의존한다. 그러나 90년대 이전까지만 하여도 수산물이 동물성 단백질 공급량의 50%이상을 점해 왔다는 사실과, 앞으로 축산물 수입이 원활하지 못하거나, 우리나라 축산 산업의 조건 등을 감안하면 수산업은 우리 국민의 동물성 단백질 식량의 주된 공급원이라고 하는 중요성은 변함이 없을 것으로 생각된다.

<그림 Ⅰ-5>는 연간 1인당 동물성 식품 섭취량을 기준으로 세계의 주요국가별 식품 섭취패턴을 비교한 것이다. 여기에 의하면 우리나라와 같이 수산물 섭취량이 높은 어식형(魚食型) 국가가 있는가 하면, 이와는 달리 주로 육류에 의존하는 육식형(肉食型) 국가도 있다. 전자에는 한국, 아이슬랜드, 일본, 필리핀, 포르투갈 등이 포함되며, 후자에 속하는 나라는 미국, 캐나다, 그리고 유럽제국이다.

3) 수산업의 역할

(1) 수산업의 역할

경제가 발전해 나가면 국민경제에서 농·수산업과 같은 1차 산업의 비중은 점점 낮아지는 대신에, 2·3차 산업의 비중이 점차 증가하는 것이 일반적인 경향이다. 최근 우리나라 농·수산업의 쇠퇴는 바로 이러한 현상을 잘 반영해주고 있다. 그런데도 불구하고 수산업은 식량산업으로서, 연안지역의 경제활동, 국민에 대한 고용기회의 제공, 국가 해양력 강화 등 여러 가지 면에 영향을 미치고 있다. 그 가운데서 중요한 역할 몇 가지를 들면 다음과 같다.

첫째, 국민 총생산에 대한 기여이다. 우리나라 국민 총생산액은 1998년에 경상가격(經常價格)기준으로 444조3,665억원에 달하며, 1인당 국민소득은 9,431천원이다. 이것을 달러($)로 환산하면 GDP총액은 9,431억달러이며, 1인당으로는 6,742달러 수준이다. 여기에 수산업의 기여가치 총액은 약 2조4천억원으로서, 국민총생산액의 0.6%를 점하는 위치에 있다. 한편, 수산업이 농림수산 부문 전체 생산액 23조5,694억원에 대하서는 약 10.2%를 차지한다. 그러나 이러한 비중은 수산물 생산액 기준이며, 여기에는 수산제조업과 수산유통업과 같은 것은 제외되어 있다. 이것을 모두 포함하면 수산업의 국민경제적 비중은 현 생산액보다 2배이상 높게 나타날 것이다.

둘째, 연안지역 경제활동을 담당하고 있는 주된 산업 분야이다. 이를 통해 연안지역 주민에 대해 고용기회와 소득기반을 제공하며, 어가호당 소득은 1998년에 평균 16,794천원

수준으로, 이와 같은 어가소득을 얻는 인구수는 총 322천명에 달한다.

셋째, 국민에 대한 고용기회의 제공이다. 우리나라 인구는 1998년에 약 46,430천명이며, 이 가운데 수산업 취업자수는 173천명으로, 우리나라 총 취업자수의 약 1.1%를 점하고 있다. 이와 같이 수산업은 많은 국민의 취업처가 되고 있으며, 특히 연안과 도서지역 주민에 대해서는 그들에게 수산업 취업을 통해 정주동기(定住動機)를 부여함과 아울러 생업과 생활기반을 동시에 제공해 주는 유일한 산업이 되고 있는 것이다.

넷째, 수산물 수출을 통한 외화획득이다. 1998년에 수산물 수출실적은 1,492백만달러로서, 우리나라 총 수출액의 1.1%를 차지하고 있다.

다섯째, 가장 중요한 수산업의 존재는 식량산업으로서의 역할이다. 수산물은 국민의 동물성 단백질공급량의 약 50%를 담당한다.

여섯째, 수산업은 이같은 경제적 측면에서의 중요성만 있는 것이 아니다. 그의 존재 가치는 사회적, 공익적 측면에서도 평가되어야 할 것이다. 수산업은 산업구조에 다양성을 주고, 광활한 우리의 주변 바다를 지키는 해양력 강화의 기초가 되며, 연안지역 경제의 중추적 역할을 통해 국토의 균형개발에 기여하고 있다.

(2) 미래의 수산업

우리나라는 전통적으로 수산물에 대한 사회적 수요가 높은 국가이다. 그렇기 때문에 국민소득 수준이 상승함에 따라 수산물 소비량도 계속 늘어나는 추세를 보이는데, 그 가운데에서도 중·고급어에 대한 수산물 수요와 의약품 등 각종 기능물질 개발을 위한 원재료로서의 중요성은 앞으로 더 증대할 것으로 본다.

따라서 앞으로의 수산업은 환경변화와 국민소비구조의 변동추세에 대응하여 다음과 같은 점에 더 힘을 기울여 나가야 할 것으로 생각된다.

첫째, 우리나라 주변어장의 보호와 자원관리활동을 강화해 나가야 한다. 우리나라 주변어장이란 연안과 근해어장은 물론, 오래 전부터 근해 어장으로 이용해온 동중국 해역과 황해 및 동해의 전 해역까지가 그 범위에 포함된다. 이러한 주변어장에 대한 우리나라의 어업 의존도는 거의 절대적이므로 이들 수역에 대한 어장확보와 자원관리는 매우 중요한 정책과제이다.

둘째, 수산 양식업과 재배어업의 육성, 연안목장화사업 등과 같은 수산시책을 적극적으로 펼쳐 나가는 일이다. 과거와 같이 천연 수산자원에 의존하는 어업활동만으로서는 증가

추세에 있는 수산물 공급의 안정을 꾀해 나가기는 어려울 것으로 판단된다. 그러므로 앞으로는 수산업 생산구조를 기르는 어업으로 적극 전환하는 노력과 함께 해양의 기초 생산력을 인위적으로 조성해 나가는 방향으로 새롭게 편성해 나가야할 것이다.

셋째, 좁은 연·근해 어장에 의존하는 것만으로서는 미래의 수산물 수급문제 해결이 어려우므로 원양어업과 양식업을 지속적으로 발전시켜 나가야 할 것이다. 이를 위해서는 어업의 국제관계를 강화하고, 연안국과 수산합작사업 등을 확대하며, 새로운 어장과 자원개발에 더욱 힘써 나가야 할 것은 물론, 수산과학 연구와 기술개발에 대한 적극적인 투자가 요청된다.

넷째, 수산자원 뿐만 아니라 인력 및 에너지 등을 절약하는 자원 절약적 생력형어업(省力型漁業)과 자원관리형어업(資源管理型漁業), 및 친환경적 어업(親環境的 漁業)으로의 전환이 시급하다. 따라서 연료소비량과 인력을 최대한 줄이고, 환경과 자원보호 위에서 지속적으로 수산업이 존속·성장할 수 있는 방향으로 수산업 전 분야를 변화시켜 나가야 한다.

5. 수산경영의 의미

1) 수산경영의 개념

수산경영(Fisheries Business Management)은 수산경영체가 그의 경제목적을 위해서 수산경영자의 통일된 의사에 의해 수산업을 계획적으로, 또 계속해서 수행해 나가는 활동을 말한다. 수산경영체는 이러한 수산경영활동을 책임지고 추진해 나가는 사업조직을 말하며, 그 주체를 수산경영자라 한다.

수산경영자(水産經營者)가 어업과 양식업을 사업으로 발전시켜 나가기 위해서는 되도록 적은 노력으로 보다 많은 수산물을 생산하고, 또 효율적으로 이와 같은 생산물을 판매하도록 노력해야 한다.

이렇게 하기 위해서는 첫째, 막연하게 어업 생산에 임하고, 어획되는 대로 판매하는 무계획적인 수산경영으로서는 곤란하며, 미리 면밀한 계획을 세워서 먼저 연간 생산목표를 정하고, 여기에 기초하여 계절별, 어기별로 다시 생산 목표를 재설정해야 한다.

둘째, 필요한 수산경영요소를 합리적으로 결합하여 목표로 하는 어업생산량을 최대한 달성해 나가 수 있도록 해야 한다. 셋째, 가급적 가치가 높은 어종을 많이 생산하는 그와 같은 노력을 부단히 기울여 나가야 한다. 넷째, 생산비용을 절약하고 경영효율을 최대한 높이는 방향으로 수산경영방법을 항상 강구해 나가야 할 것이다. 그렇게 함으로써 결과적으로 어업경영수익을 최대화해 나갈 수가 있다. 따라서 합리적인 수산경영자는 어업자본, 노동, 수산기술, 정보 등의 수산경영요소를 효율적으로 조달하고 관리해 나가야 하며, 최종적으로 그의 활동실적이 계획대로 이루어졌는지, 또는 그렇지 않은지를 수시로 비교검토하여 다음 단계의 수산업활동에 이러한 경영결과를 활용할 수 있도록 해 나가야 할 것이다.

이러한 목적의식 하에서 계획적·합리적으로 수산업을 영위해 나가는 것이 바로 수산경영(Fisheries Business Management: FBM)이다.

2) 수산경영체

수산경영학(水産經營學)은 이와 같은 수산경영활동을 계속해 나가는 조직체로서의 수산경영체(水産經營体)에 대하여 그의 성격을 여러 측면에서 규명하고, 그가 전개해 나가는 경영활동에 대하여 유효한 실천원리를 연구하는 학문분야이다.

수산경영체의 목적은 수산업을 통해서 얻고자 하는 어업 수입을 최대화하는데 있다. 수산경영형태에 따라 어가의 경영목적과 수산기업의 경영목적은 일치하지 않으나 두 경영형태가 수산업의 경제주체로서 독립된 수산경영체로 존립해 나가는 점에 있어서는 다를 것이 없다. 수산경영학은 바로 이러한 독립된 수산경영체로 존재하는 어가 경영과 수산기업경영을 직접적인 연구대상으로 한다.

가족의 생계유지를 위해 어업소득을 목적으로 하는 수산경영체를 어가경영이라 하며, 어업에 투자한 자본증식을 위하여 최대의 어업이익을 목적으로 하는 수산경영체를 수산기업이라 한다. 전자는 가족 노동력이 중심이 되어 어가의 생계유지와 생활의 향상을 목적으로 수산업을 행해 나가는 수산경영체이며, 이를 다른 개념으로는 가족경영, 자영어업(自營漁業) 또는 어가어업 및 어가경영이라고도 한다. 그리고 후자는 영리목적을 위해 주로 타인노동을 고용하여 수산업을 영위해 나가는 수산경영체로서, 여기에는 소규모의 수산기업에서부터 거대규모의 수산회사까지 여러 유형의 수산경영체가 존재한다.

그러나 경영형태에 관계없이 모든 수산경영체는 수산업 활동에 필요한 여러 가지 경영요소의 원활한 조달과 이의 합리적 결합, 그리고 판매활동의 적극적 전개를 필요로 한다.

이 때 수산경영의 궁극적 목적인 어업소득 또는 어업이윤은 수산경영체의 존속과 성장을 위한 자본 재투자의 원천이 되며, 또한 그의 성공을 평가하는 가장 중요한 척도가 된다. 다시 말해 어가경영은 어가소득에 의해, 수산기업은 어업이익에 의해 각각 그의 성공여부가 평가되는 것이다.

3) 수산경영의 목적

(1) 경영의 목적

경영목적(objectives of business)이란 경영체(business organization)가 추구해 나가는 최종적인 방향과 그 존재가치를 말한다. 예를 들어, 경영조직이 궁극적으로 추구하는 것이 소득인가, 이익인가 하는 것 등이 그의 경영목적에 해당하는 개념이다.

어가경영이나 농가경영과 같은 자영사업체는 기본적으로 소득에 목표를 두며, 기업이라고 하는 경영조직(business organization)은 영리추구를 기본목적으로 하는 경영체이다. 따라서 동일한 경영체라 하더라도 조직의 성격과 존립 목적에 따라 그 쓰임새는 서로 다르며, 또 중요도에 있어서도 차이가 있다. 전자는 가족 노동력이 중심이 되어 가계운영에 필요한 화폐수입을 목적으로 하는 경영이므로 가족인건비 하나하나를 고려하지 않아도 되지만, 후자는 필요한 노동력 모두를 타인노동에 의존하므로 일정한 이익이 실현되지 않으면 더 이상 경영활동을 계속해 나갈 수 없는 것이다.

(2) 수산기업의 목적

수산기업의 궁극적 목적은 어업소득이 아닌 어업이익을 실현하는데 있다.

어업소득과 어업이익은 다 같이 수산업을 통해서 획득되는 경제가치이지만, 이것을 한편에서는 어업소득(fisheries income)이라 하고, 다른 한편에서는 어업이익(fisheries profit)이라는 개념을 갖게 된다. 양자의 본질적 차이는 생산액으로부터 경영비를 차감한 차액개념에 있는 것이 아니고, 그의 중간과정인 어업경비개념에 있다.

어가소득의 결정요소인 어업경비개념에는 연료비와 감가상각비 등 물적경비만 인정되고 인건비는 여기서 제외되는데 대하여, 수산기업의 어업경비개념에는 물적경비 외에 반드시 인건비가 포함된다. 이것이 양자의 근본적인 차이점이다.

수산경영이 어떠한 목적에 지배되든 관계없이 경영목적 그 자체가 갖는 기능은 동일하다. 즉 어업소득이나 어업이익이 갖는 기능은 첫째, 경영체의 유지 존속을 위한 최대자원이 되며 둘째, 경영체의 행동방향을 결정하고 셋째, 경영체가 수행하는 행동의 정당성(identity)을 규정하며 넷째, 경영체의 제자원을 통합, 조정하고 경영내의 업무활동과 질서를 이끌어내며 다섯째, 경영의 기본계획과 방침 및 전략결정의 전제조건(prerequisite)이 되며 여섯째, 경영체의 활동성과를 측정 및 비교 평가하는 중요한 기준(yardsticks)으로서의 역할이다.14)

(3) 어가경영의 목적

어가소득(fishing household income)은 어가라고 하는 어업경영단위가 각종 수산경제행위를 통해서 얻은 일정기간동안의 화폐가치액을 말한다.

여기서 일정한 기간이란 일반적으로 1년을 그 기준으로 삼는다. 그리고 어가 소득은 어가의 세대주와 전 가족의 어업활동 결과로서 획득한 가장 중요한 어가 경영성과인 것이다. 이러한 어가 소득은 다음과 같이 어가 경영이 생산한 수산물 총판매금액으로부터 물적경비(物的經費)를 공제한 어업소득과 어업외의 소득으로 구성된다.

여기서 물적경비만을 비용개념으로 본다는 것은 어가소득 계산에 있어서 가족노력비는 비용개념에 포함시키지 않는다는 것을 말한다. 물적경비의 내용은 연료대, 어구대, 선박과 각종 어업시설의 감가상각비 등의 경영비용을 말하며, 차입자금이자(금융비용)도 여기에 포함된다. 따라서 어가소득 개념에는 가족노동력의 대가인 인적경비는 비용개념이 아닌 소득의 한 부분으로 인식된다는 것을 유의 할 필요가 있다. 이러한 것이 바로 어가경영의 경제적 특질을 구성하는 한 요인이다.

◉ 어가소득의 구성:

어업소득=(어업생산량×판매단가)−(물적경비)

물적경비=연료비, 감가상각비, 타인자본이자, 임차료 및 기타 물적경비

어업외소득=겸업소득+어업외노임+이전수입

어가소득=어업소득+가족노동비+자기자본이자+어업외소득

어가경영이 소득을 경영목적으로 한다는 것은 바로 가족노동의 보수를 어가소득의 한 부문으로 규정한다는 뜻이며, 어가경영은 이러한 어가소득을 기본목표로 하여 그의 모든

14) 일반적으로 경영성과 개념에는 소득과 이익 외에도 당해 경영체가 획득한 부가가치액, 생산성 및 성장수준 등도 포함된다.

물적, 인적 자원을 최대한 활용한다는 특성을 지닌다. 우리나라의 대부분 수산경영이 어업이익 이전에 위에서 말하는 어가 소득의 유무, 그 다과에 대해 관심을 집중시키고 있는 것은 대부분 경영체의 어업생산활동이 가계운영(家計運營)으로부터 아직 확연히 분리되어 있지 못하고 있다는 증거이다. 이러한 것이 바로 우리나라 수산업의 현실이라 할 수 있다.

(4) 어업이익

수산경영의 궁극목표는 어업소득이 아니라 어업경영의 순수익인 어업이익에 두어져야 한다는 견해가 있다. 이때 어업이익이란 어업총수익으로부터 물적경비와 인적경비 모두를 합친 어업경비총액을 차감한 후에 얻는 경영성과 개념이다. 이 경우의 인적경비는 물론, 조세공과금까지 비용개념에 포함시킨다. F.J.Smith(1975)가 말하는 어업경영순수익(net-returns)은 여기서 말하는 어업이익과 같은 개념이다.

어업이익=총수익－(물적경비＋인적경비)－조세공과

위에서 물적경비는 어가소득개념의 비용구성 부분과 같은 내용이다. 그러나 인적경비는 타인노동과 자가노동의 노동력투입비용 전체를 모두 포함하는 개념이며, 조세공과금에는 어업허가세, 면허세, 재산세, 소득세 및 보험료까지 포함된다. 이러한 비용 항목 모두를 총어획금액으로부터 공제한 잔액이 어업이익을 구성하며, 이것은 어업경영순수익 또는 어업이윤(surplus)이라고 하는 개념으로도 이해되고 있다.

모든 수산경영은 가능한 한 어업이익 최대화의 방향에서 수산경영활동을 수행해 나가는 것이 원칙이며, 이러한 점에서 어업이익을 어가경영과 수산기업 할 것 없이 수산경영이 추구하는 궁극적 목표로 삼아야 한다는 것이다. 수산경영을 이러한 어업이익을 궁극적인 목적으로 하는 수산업 생산조직으로 규정하게 되면, 비록 소득은 발생하나 이익 실현이 없는 소득실현주체(어가경영) 내지는 그와 유사한 수산경영체(협동조합)와 같은 것은 더욱 적극적인 수산업 활동을 전개해 나가지 않으면 안되게 되어 있다.

3) 경영성과와 어업성과

(1) 경영성과

일반적으로 경영성과(business performance) 개념은 경영활동의 결과로서 얻은 경제적 가치개념을 말하며, 그것은 곧 소득, 이익 또는 부가가치액 가운데서 어느 하나 또는 이 모두를 합친 복합개념으로 표현된다.

그러나 소득 또는 이익은 기업경영에 참여한 경영자, 자본투자자 및 노동자의 3대집단이 동일하게 추구하는 공통목표(common goals)라고 보기는 어렵다.

그러므로 기업의 진정한 경영성과는 경영자, 투자자, 노동자의 3대 인적 요소에 의해 이룩한 공동노력의 결과물이라 볼 수 있는 기업 부가가치액으로 이해되어야 한다는 것이다. 이의 근거로서는 최근 기업의 성과배분제도가 생산성 향상의 결과에 대해 노동자의 배분참여를 강조하고 있고, 위의 3대 인적자원의 통합된 노력의 산물이 곧, 기업의 부가가치액이라 할 수 있으므로 이러한 점에서 부가가치액을 진정한 경영 성과개념(成果概念)으로 인식해야 한다는 것이 강조되고 있다.

전통적 경영성과는 자본의 보수인 이윤 즉, 수익성만을 규정하였다. 기업을 자본조직으로 규정하는 자본조직체관에 따를 때 기업경영성과란 바로 자본성과를 뜻하는 것이며, 그 내용은 감가상각비, 금융비용, 지대, 집세 및 순수익(이윤)으로 구성되는데, 이 가운데서 중심적인 성과부분은 순수익인 것이다.

기업을 노사공동체로 인식하는 조직관에서 볼 때는 기업의 경영성과를 자본의 조달과 운용의 결과로만 보지 않는다. 오히려 노동자들의 적극적인 참여와 동기유발의 결과에 따라서 창출된 생산성이 기업부가가치액을 높인다고 보기 때문에 노동성과도 기업성과 개념에 포함시켜야 한다는 것이 현대 경영학의 성과개념이다.

(2) 어업부가가치

어업부가가치(fishing business value added)는 수산기업이 선박과 어망을 준비하고 연료 등 원자재를 사용하여 선원들이 바다로부터 어획한 수산물을 판매함으로써 얻어진 어업이익을 포함한 추가적인 가치액을 말한다. 여기서 어업이익외의 추가적인 가치액이란 선원임금, 차입금이자, 판매경비, 감가상각비, 임차료, 지급이자 및 조세공과금 등을 모두 포함하는 경제적 가치액을 의미한다. 다시 말해 수산물판매금액으로부터 직접 생산에 투입된 원자재 비용을 공제한 나머지 금액 모두가 어업부가가치액을 구성하며, 이것이야 말로 어업 노사가 협동해서 이룩한 진정한 수산경영성과로 인식해야 한다는 것이다.

이와 같이 어업부가가치는 부가가치 일반의 인식에 기초하여 광의의 어업부가가치액과 협의의 어업 부가가치액으로 구분해 볼 수 있는데, 전자를 총부가가치액, 후자를 순부가가치액을 말하며, 각각의 계산내용은 각각 다음과 같다.

총부가가치 항목: 이익, 임금, 이자, 판매경비, 임차료, 조세공과금, 감가상각비
순부가가치 항목: 이익, 임금, 이자, 판매경비
광의의 어업부가가치액＝총부가치액=수산물판매금액－(자재비＋원료비＋연료비)
협의의 어업부가가치액＝광의의 부가가치액-(조세공과금＋감가상각비＋이자)

부가가치액에 대한 광의와 협의의 차이는 차감하는 비용부분의 차이에 있다. 전자는 원료비, 재료비 및 연료비 등 직접비만을 공제한다. 이러한 비용은 모두 외부기업이 이미 생산한 어망, 선구, 유류 등으로 구성된 요소비용(要素費用)의 사용가치이므로 수산기업이 직접 창출한 가치라고는 볼 수 없기 때문이다. 그리고 이들 경영요소는 모두 외부로부터 구입한 중간재에 해당하므로 어업부가가치액 계산에 있어서 여기에 해당하는 요소비용 부분만큼은 제외시키는 것이 당연하다. 따라서 광의의 어업부가가치액은 수산물판매금액에서 이러한 원자재비용을 공제한 생산금액부분에 해당하는 것이다.

광의와 협의의 어업부가가치액에서 공통된 요소는 첫째, 다같이 순이익과 인건비가 부가가치액에 포함된다고 하는 점이다. 둘째, 부가가치액을 증대시키기 위해서는 다 같이 수산물판매금액을 늘려야 하고, 이를 위해서는 수산물 생산량을 증대시키거나 어가(魚價)를 높임으로써 가능하게 된다는 것을 알 수 있다. 셋째는 요소비용을 절약하거나 이의 사용효율을 높이지 않으면 안된다. 수산경영의 합리화 부문에 해당하는 것은 이 세 번째 항목이다.

수산경영에 있어서 어업부가가치가 갖는 의미는 다음과 같다.

첫째, 경영의 정상적인 활동과 효율성을 평가하는 척도가 된다. 특히, 수산 경영체의 과거의 업적평가가 아닌 현재의 활동상황을 평가하는데 있어서 부가가치액은 보다 합리적인 평가기준이 될 수 있다.

둘째, 수산기업의 생산성 수준을 평가하는 척도로서의 역할이다.

셋째, 수산기업의 임금지급능력과 자본배당능력을 평가하는 척도가 된다. 그리하여 부가가치액은 노동력과 자본투자의 두 부문에 대해 유인력을 동시에 제공하는 역할을 한다.

넷째, 수산기업의 사회적 공헌도를 측정할 수 있다. 노동자에 대한 임금 지급, 금융비용 부담, 조세공과금 지불, 임차료 부담 등은 기업의 사회적 공헌도를 경제가치로 측정하는 기준이 된다.

Ⅱ. 수산경영학의 의의

1. 수산 경영학의 성격

1) 수산경영학의 의의

수산경영학은 경제적 목적을 위하여 수산업을 주체적으로 영위해 나가는 수산경영체를 연구 대상으로 하는 학문이다. 구체적으로는 그와 같은 수산경영체의 존립과 성장에 관한 실천원리(practicial principles)를 규명하는 것을 연구목적으로 하는 학문분야 이다.

수산경영체는 경제 목적을 위하여 수산업을 계획적, 조직적으로, 그리고 계속해서 향해 나가는 수산업 개별 경제를 말하며, 여기에는 어가 경영과 수산기업의 크게 두 형태가 존재한다. 그러므로 수산경영학은 이 두 형태의 수산경영체가 존속, 발전하는데 필요한 실천 원리를 규명하기 위하여 다음의 3가지 면에 주안을 두어 연구하는 특수 경영학의 한 분야로 성립되는 학문이다.

① 수산경영체의 존립과 유지 및 발전의 원리

② 수산경영체의 목적 달성에 필요한 합리적 경영방법 문제

③ 수산경영환경의 변화에 대응 할 수 있는 적절한 수산경영 전략의 개발 문제

이상 3대 과제를 중점적으로 연구하고, 한편으로는 여기에 관련 된 지식을 종합하고, 체계화시키며, 그 원리를 수산경영체의 실제적인 수산업 경영에 적용시킴으로써 건전하고 유효한(healthy and effectiveness) 수산경영체로 발전시켜 나가는 것을 목표로 하는 것이 수산경영학의 임무이다.

수산경영학을 연구하고 심화시켜 나감에 있어서 필요한 지식과 기법은 여러 가지가 있을 수 있으나 첫째, 기본적으로 수산업이라고 하는 산업자체에 관한 이해가 전제되어야 한다. 둘째, 수산경영은 자본과 노등 및 과학기술을 어장에 투입하여 최대의 경제적 이익을 얻고자 하는데 목적을 둔 경제활동이므로 수산경영 요소의 조달과 배분 및 그 결합에 관한 지식과 기법을 개발해 나가야 한다. 셋째, 일반 경영학의 원리를 수산업 경영에 원용하여 수산 경영의 효율을 극대화 할 수 있는 기본지식과 기법에 대한 이해가 필요하다.

수산업은 변화 무쌍한 수계를 대상으로 하여 전개되는 사업이며, 자연적 천연적으로 변

식 회유하는 수중의 생물을 상품으로 생산하여 판매하는 생물 생산산업이기 때문에 일정한 제조공정을 통해 상품이 인위적으로 생산되는 육상의 제조업과는 많은점에서 차이가 있다.

수중 생물자원은 그의 존재량과 변동을 예측하는 것이 쉽지 않을 뿐만 아니라 이를 경제목적으로 이용하고자하는 경우에도 대상 자원 그 자체가 개별 경제 주체로서는 배타적 점유가 원칙적으로 금지되는 무주물적 공유재로 되어있다. 그렇기 때문에 일정한 자원 관리의 제약 안에서 수산 경영의 목적을 극대화 할 수 있는 방법을 찾아 나가야만 하는 것이다.

이와 같은 점에서 수산업은 그 내용이 대단히 복잡한 산업(complexity industry)이라는 것을 알 수 있으며, 특히 인위적 통제력이 미치지 않는 부분이 많기 때문에 수산업의 특수사정을 이해하지 않고는 수산업 경영상의 제문제를 충분히 해명할 수 없는 것이다. 요컨대 수산 생물에 대한 기본 지식과 해양과 어장의 사정 및 어구 어법 등 수산 기술과 수산 과학에 대한 이해는 수산 경영에 있어서 필수적이다.

따라서 수산경영학이 수산과학의 한 부분으로 성립되면서, 일반 경영학의 응용분야인 특수 경영학의 하나로 규정되는 것은 이상과 같은 수산업 그 자체의 산업적 특수성에 기인하는 것이다. 다시 말해, 수산업에 관한 특수한 지식과 일반 경영학의 이론을 결합하여 성립되는 종합학문(interdisiplinary sciences)의 성격을 띠는 것이 수산경영학(Fisheries business management)이며, 바로 이점에서 수산경영학의 고유성(characteristics)과 특수성 및 그의 독자성(originality)이 인정되고, 독립된 학문으로써 그에 관해 별도의 연구와 고찰을 필요로 하는 것이다.

2) 연구내용과 학문체계

수산경영학이 수산기업을 위시한 여러 형태의 수산경영체를 연구대상으로 하는 학문이라 할 때, 구체적으로 그와 같은 수산경영체의 어떠한 측면들을 중점적으로 연구해 나갈 것인가 하는 것이 중요한 관심사가 된다. 이러한 연구 내용의 구성관계에 따라 수산경영학 고유의 학문체계가 성립되고, 또 그 체계를 달리 할 수도 있기 때문이다.

수산경영이 일반 경영과 다르다 하여도 그의 생산 활동에서부터 상품의 판매과정에 이르는 기본적인 경영활동 내용은 일반경영과 다를 것이 없다. 그러므로 자본과 노동 등 경영요소의 결합과 관리 및 이의 통제에 이르는 경영과정을 연구내용으로 하는 경영학의 기본적인 학문체계와 수산경영학의 그것은 크게 다를 것이 없는 것이다. 이러한 점에서 수산경영학의 연구 내용은 일반경영학에서 공통적으로 필요로 하는 연구내용을 그대로 존중하게 되는데, 그의 중요한 내용을 들면 다음과 같다.

첫째, 경영과정의 측면에서는 생산론과 판매론, 경영요소의 측면에서는 노무론과 재무론이 될 것이다. 대체로 이 4대 분야에 의해 경영학은 기본골격을 이루게 되는데, 이점은 수산경영학에 있어서도 마찬가지로 중요하다.

둘째, 경영활동의 과정과 결과에 대해 수지비용을 계산하고, 이러한 것을 회계정보로 만들어 내외에 제공하기 위해서는 회계학이 절대적으로 필요하다. 최근 회계학이 독립된 분야로 발전하면서 일반 경영학으로부터 분리되어 나가는 추세를 보이고 있는 것과 마찬가지로 특수경영학인 수산경영학에 있어서도 이것은 동일한 학문체계로 다루어 나갈 수도 있고, 독립된 분야로 다루어 나갈 수도 있을 것이다.

셋째, 이 밖에 중요한 경영학의 연구내용으로서는 연구대상인 경영체의 성격과 본질을 보다 정확히 규명하기 위한 “경영형태론”과 경영체의 조직 및 각종 경영요소의 효율적 관리를 위한 “경영관리론”을 필요로 한다.

넷째, 수산경영에서는 일반경영에 존재하지 않는 어장이라고하는 독특한 생산요소가 있으며, 수산자원 문제와 관련하여 이러한 것은 수산경영의 필수 요소로 인식되고 있다. 따라서 수산자원과 어장관리에 관한 연구는 수산경영학의 고유 분야로 설정하여 연구해 나갈 필요가 있다.

이 밖에 수산경영학에서는 수산경영 기술과 수협론, 수산경제학, 수산정책, 수산법제, 국제해양제도 및 수산 사회학 등의 관련 학문과 밀접한 관계를 유지함으로써 수산경영학에 대한 이해의 증진과 함께 수산경영학의 학문적 수준을 더욱 심화 발전시켜 나갈 수가 있다.

이상을 종합하면 수산경영학의 연구내용과 학문체계를 다음과 같이 구성해 나갈 수 있을 것이다.

<수산경영학의 구성>

Ⅰ. 수산업과 수산경영	Ⅵ. 어업노무관리	Ⅹ. 수산마케팅
Ⅱ. 수산경영학의 기초	Ⅶ. 어업생산관리	Ⅺ. 수산위험관리
Ⅲ. 경영형태론	Ⅷ. 어장관리	Ⅻ. 수산회계
Ⅳ. 수산경영요소	Ⅸ. 수산업 재무관리	Ⅷ. 수산경영환경
Ⅴ. 수산경영조직		

2. 수산경영학의 연구대상

1) 연구대상의 의의

무릇 모든 학문은 그의 연구대상이 존재해야 하며, 이러한 연구대상은 분명하게 인식될 수 있어야 한다. 이러한 연구대상의 명확성은 당해 학문연구가 인류의 번영을 위해서나 국민경제를 위하여 얼마만큼 절실히 요청되는 것인가를 올바로 이해하는데 기여하며, 종국적으로 그것에 관련된 학문의 객관적 당위성을 인정받게 된다.

이러한 점을 전제로 할 때 수산경영학의 분명한 연구대상은 무엇이며, 왜 그와 같은 것을 연구대상으로 하는 가를 재검토해 봐야 한다. 수산경영학의 연구대상은 수산경영체이며, 이러한 수산경영체를 어떻게 규정하느냐에 따라 수산물을 원료로 제 2차 수산상품을 만드는 수산제조가공기업과 수산물 유통기업까지 수산경영체의 범주에 넣을 수 있는가의 여부가 결정된다. 수산제도와 수산정책에서는 이와 같은 부문까지 수산업의 범위에 포함시키고 있다.

수산경영학의 연구대상은 수산업의 범위를 넓게 규정하게 되면 어가경영, 수산기업, 수산물 제조가공기업 및 수산물 유통기업의 4대 분야로 확대될 수 있으나 그렇지 않고 수산업의 범위를 순수한 수산물 생산활동에만 한정시킬 경우에는 어가경영과 수산기업만이 그의 연구대상이 될 것이다.

2) 어가경영의 포함여부

경영학의 연구대상을 규정하는 일반적 견해에 따른다면 수산경영학의 연구대상은 수산업을 영리목적으로 행해나가는 수산기업에 한정하는 것이 옳다. 따라서 어가경영을 수산경영학의 연구대상에 포함시킬 수 있는가에 대한 문제가 제기될 수 있으나 기업만을 경영학의 연구대상으로 한정할 경우, 마찬가지로 어가경영은 수산경영학 연구에서 제외되는 것이 마땅하다. 왜냐하면 수산경영형태의 대부분을 점하는 것이 비록 어가이기는 하지만 어가 그 자체가 갖는 다음과 같은 경영체로서의 취약성과 특질로 인해 수익성원리를 밝히고자 하는 경영학의 연구대상에 이것을 포함시킨다는 것은 문제가 있다고 보기 때문이다.

첫째, 어가경영은 소비경제와 생산경제가 혼합된 경제 단위이며, 생업목적의 경제이므로 수익목적에 지배되는 경영체로 볼 수 없다는 점.

둘째, 어가경영에 있어서 어업활동은 어가의 생계유지를 위한 수단에 불과하며, 가계운영의 종속적 존재이므로 어가의 어업부문은 독자적인 생산부문을 형성하지 못한다는 점

셋째, 어가경영의 지배원리는 생업원리에 두고 있기 때문에 수익성 원칙에 지배되는 기업경영원리를 여기에 적용시킨다는 것은 한계가 있다고 하는 점.

이와 같은 이유를 들어 어가경영은 처음부터 수산경영학의 연구대상으로 인식 할 수 없으며, 단지 수산정책의 범주에서 어민소득증대시책으로 이것을 취급해나가는 것이 보다 현실적이라는 견해이다.

그러나 어가의 어업경영 부문, 곧, 어가경영(漁家經營)이 비록 가계와 생산을 명확히 분리하지 못하고 있다 할지라도 어업생산활동은 어가소득의 주된 수단이며, 어가세대주는 어가의 이러한 어업생산에 가족노동력을 위시한 어가자원전체를 투입하여 최대의 어업성과를 목표로 하고 있는 것이 어가어업의 실체라고 하는 사실이다. 그리고 어가의 어업생산물은 농산물과 달리 전량 시장판매를 전제로 하는 생산물이기 때문에 처음부터 어가는 생산수단의 자기소유에 의해 상품생산을 담당해온 생산경제조직으로 출발하였고, 현재는 그의 상업성이 더욱 강화되어 가고 있는 것을 간과해서는 안된다는 것이다.

또, 현대의 어가는 단순히 가족의 생계문제해결에 그치지 않고 고가의 내구성소비재구입을 비롯해서 생활수준의 향상을 목표로 하고 있으며, 이러한 어가목표의 달성은 오직 어가의 어업활동을 통해서만 가능하기 때문에 여기에 어가의 어업활동이 합리적이지 못하면 어가의 가계운영목표 자체도 실현 할 수 없게 된다. 여기에서 어가경영에 대한 어업합리화와 새로운 어업기술의 채용등 어가경영의 관리문제가 제기되는 것이므로 수산경영학의 중심과제로 이를 취급하지 않을 수 없게 된다.

3) 수산물 제조가공업의 포함여부

수산업의 고유 업종은 어업과 양식업이며, 보통 말하는 수산업은 이 두 생산분야를 총칭하는 개념이다.

그러나 산업으로서 수산업은 바다와 수산기술과의 관계를 통해 일어나는 생산기술체계로서만 그쳐서는 안되며, 사회적으로 효용가치가 높은 수산상품을 생산하는 상품생산체계로서도 이해할 필요가 있다. 이때 수산업 성립에 불가결한 존재가 수산물을 원료로 하여 2차적 상품으로 전환하는 수산물 제조가공산업이다.

수산물제조가공업은 수산물을 직접 수계로부터 생산하는 어업과 양식업과는 기술적 성

격이 매우 상이하며, 그렇기 때문에 2차 산업으로 분류되고 있다. 그리고 경제적 측면에서 보더라도 어업과 가공업은 원료의 공급자와 구입자 관계이므로 대립적 관계에 있다고 할 수 있다.

그러나 수산제조업을 수산물의 상품화 차원에서 보면, 이것은 수산물 생산자의 상품처리 내지 저장활동이라 볼 수 있으며 특히, 저차가공품의 경우에는 일정한 제조과정을 거쳐야만 완전상품으로서 시장화가 가능한 것이다. 그리고 아직도 수산물 생산자로부터 이 과정이 완전히 분리 독립되어 있지 못하고 수산물 생산활동의 연장선상에서 이루어지는 수산상품이 여전히 많은 것이 현실이다. 또 생산활동으로 부터 분리된 독립적인 수산물 제조과정이라 하더라도 생산자지배 하에서 이러한 공정이 수행되는 경우가 많다. 전자의 예로서는 김, 미역, 건어물, 젓갈류 등의 수산상품을 들 수 있고, 후자의 예로서는 수산물의 냉동, 냉장 등의 수산가공품을 들 수 있다.

수산물은 다른 상품과 비교하여 내구성이 낮아 상품적 가치를 오래 지닐 수 없는 약점 때문에 어업과 제조 가공 활동은 이와 같이 오래 전부터 밀접한 관계를 유지해 오고 있다. 그렇기 때문에 수산물 제조가공업은 역사적으로 수산업범주에서 이해되어 왔으며, 또 제도적 정책적으로도 수산업에 포함시켜 다루어 나가고 있다. 이러한 사정은 일본과 서구제국에서도 마찬가지이다. 수산제조 가공업을 수산경영학의 연구대상에 포함시킨다는 것은 이상과 같은 점에서 크게 무리가 없을 것이다.

4) 수산물 유통업의 포함여부

수산물 유통기업과 수산경영학 연구대상과의 관계이다. 수산물유통업이야말로 수산물을 직접 대상으로 하는 상업적 활동이며, 엄격히 말해 수산물 생산자와는 대립적 관계에 있는 부문이므로 이를 전체 수산경영의 한 부분으로 인식하는 것은 곤란하며, 수산경영학의 연구대상에서도 이를 제외 시켜야 한다는 견해가 있다.

그러나 어업과 양식업은 생산 장소가 육지와 격리된 해상이며, 생산활동이 어기라고 하는 계절을 중심으로 집중적으로 일어나므로 수산물 운반 과정과 그의 유통과정은 수산물 상품화 과정이라는 차원에서 이해되어야 한다는 것이다. 이러한 점에서 수산제조 가공업과 마찬가지로 수산물 유통활동 역시 어로성과 증대와 생산촉진을 위한 수산물 생산활동의 연장선상에 있는 활동이라 볼 수 있으므로, 수산업을 단순한 수산물 생산 활동만으로 인식하는 것이 산업으로서의 수산업을 이해하는데 있어서 올바른 시각이라 할 수 없다.

이렇게 보면 수산경영학의 연구대상은 수산기업에 한정치 않고, 어가경영과 수산제조가공업 및 수산물 유통기업까지 그 대상에 포함시켜 연구되어야 한다고 생각되며, 수산경영학의 체계는 이러한 연구대상을 망라적으로 취급할 수 있는 연구분야로 구성되는 것이 바람직 할 것이다.

3. 연구방법

1) 분석, 종합, 귀납 및 연역적 제방법

수산경영학이 특수 경영학의 한 분야이기는 하지만, 기본적으로는 사회과학의 한 분야에 해당하며, 일반 경영학의 한 특수분야에 속하므로 사회과학 일반의 방법론에 맞추어 수산 경영현상을 분석하고 종합하며, 이를 다시 귀납 연역하는 방법론은 기본적으로 중요시 되어야 한다.

연구방법에 있어서 분석과 종합이란 형식상으로는 두 개념이 대칭적 존재로 인식되지만 실제 연구면에 있어서는 표리의 관계에 있으므로 경영 경제현상의 과학적 규명에 있어서 분석과 종합은 상호 보완성을 갖는다. 복잡한 구조를 갖는 연구대상 전체를 하나의 대상으로 인식하고, 그것을 구성하는 요소별 내용을 분해, 관찰하면서 전체와의 관계를 과학적으로 밝혀 나가는 분석과 종합적 사고는 유용한 연구방법론이 된다.

한편, 연역적방법(演繹的方法)은 개개 사실이나 현상에 대해 일반적인 명제나 원리를 적용하여 연구대상을 관찰한 후 결론이나 판단을 최종적으로 도출하는 연구 방법론이다. 대개 일반이론이나 선행이론의 고찰에서부터 출발하여 결론에 도달하기까지의 고찰 내용을 이론에 맞추어 귀결시키는 연구방법은 연역법에 속한다고 볼 수 있으며, 이것은 이러한 면에 있어서 보다 이론적 연구의 색채를 띠게 된다.

여기에 대해, 귀납적 방법(歸納的 方法)은 경험적 사실이나 현상에 대해 지금까지의 경험과 지식을 집적시키고, 그 다음에 공통성이나 특수한 유형을 도출하여 결론을 내리는 방법이다. 이때 도출된 공통성이나 어떠한 유형 또는 발견된 특수 현상 그 자체가 바로 연역법의 명제나 원리로서의 역할을 하게 되므로 귀납법에서는 개개 구체적인 것에서부터 출발하여 일반 공통적인 사항으로까지 연구범위를 넓혀나가는 분석적 방법이 중시 된다. 그리고 귀납적 방법은 연구내용을 통해 어떠한 새로운 사실 발견에 목적이 있으므로 많은 현상에 대한 직접적 관찰과 실태조사, 설문조사 등을 필요로 한다.

2) 계량적 방법[15)]

계량적 방법이란 현상에 관한 자료 내지 정보를 수량화하고, 이를 분석 처리하는 수리적 모델을 만들어 여기에 수학적 논리를 적용하여 최적적 결론을 도출하는 연구 방법이다.

오늘날 근대과학의 방법이 수량적이고 計量的이라는 것은 거의 定說이 되어 있으며, 이러한 점에서 연구대상과 현상을 간명하게 수량화하고 이를 과학적으로 계칙하여 분석의 정밀도를 높여주는 계량적 방법론의 엄밀성에 대해서는 아무도 부인할 수 없다.

그러므로 수산경영학 연구에 있어서도 이러한 계량적 방법이 광범위하게 도입 되는 경우 그의 학문수준과 과학성은 더욱 발전되어 나갈 것이다.

경영학에 있어서 기업 활동과 관련된 사상(事象)을 수리적 방법으로 설명하고자 하는 계량학파(machematical school)의 성립을 보게 된 것은 1950년대부터이다.[16)]

그렇다면 어떻게 하면 경영·경제 현상을 數量化 할 수 있는가하는 것인데, 이를 가능하게 한 것은 輿論 調査法과 因果關係의 推論法을 융합시킨 調査方法論(survey research)의 발전이다. 이는 주로 標本 調査法의 계량화와 더불어 발달하여 왔다고 할 수 있다. 종래의 계량분석에 있어서 單變量解析(univariate analysis)으로는 因果分析에 설명이 불충분하여 說明的 二變量分析(explanatory bivariate analysis) 또는 여기에 변수를 더 추가시킨 다변량분석을 시도하게 되면, 實査硏究의 理論은 더욱 명쾌해진다.

그러나 계량적 방법의 전제는 개념의 數量化에 있으므로 이의 바탕에는 화폐 및 기타 기준에 따라 수량화 하거나 計測할 수 없는 개념은 不明確하고 애매한 현상으로 인식되어 과학의 대상에서 제외되는 문제가 있다. 그러므로 자칫하면 계량적 방법에서는 數量化 할 수 없는 연구방법은 모두 비과학적 방법이라 거나 또는 計量的 記述만이 "科學的"인 것으로 보는 誤謬를 범할수 있다.

이와 같은 의미에서 미국의 경영관리학에서도 계량적 방법론에 대해 여러 가지 한계점을 제기하고 있는데, 예컨대 쿤쯔(Koontz)는 관리범위(span of management)와 관련하여 전개된 計量的 接近方法은 情密하고 복잡한 經營管理問題의 과학화적 설명에는 기여한 면이 있으나, 단순히 어떤 사상을 數理形式으로만 표현하고자 하는데서 아주 중요한 사항을 간과하는 위험도 크다는 것을 유념해야 한다고 경고 하고 있다.

---

15) 김원수, 이론경영학, 경문사, 1983. pp. 350-361참조.

16)계량 경영학은 P.M..Morse와 G..E..Kimball(1951), S.F,Mcloskey와 F.N.Trefethen 33(1954-1956), R.L.Ackoff와 P.Rivert (1957-1963) 등에 의해 소개 발전 된 O.R(Operation Reserach)과 R.Dorfman(1951)의 LP(lLinear Programing) 이론을 거쳐 최근에는 Game이론으로 발전하면서 경영학의 계량학파가 성립 발전하는데 기여하였다. 그리고 이에 의해 경영학의 과학적 연구에 큰 성과를 거두었다 (H.Weihrich , O'Donnell& H.Koontz, Management, 7th Edition, Mcgraw-Hill, Inc.1980, p.47, 참조).

3) 역사적 방법

경영체는 사회적 유기체로써 "생성-발전-쇠퇴-소멸"하거나, "생성-발전-쇠퇴-재구조화"의 생명주기를 갖는 존재이다.

그러므로 현재의 수산경영체를 과거의 수산경제 구조와의 관계 위에서 생성 발전된 산물로 이해하고, 이의 생성과정과 성장 및 발전과정을 구조적 및 동태적으로 분석하고 이해하는 것은 대단히 중요하다. 미찬가지로 수산경영체에 대해서도 이의 생성, 변화의 과정을 역사적으로 연구하는 역사적 연구방법은 중요시 되어야 할 것이다.

이것은 미래의 수산경영을 예측하고 이에 대응한 적극적인 수산경영의 형태변화를 모색하는데 있어서 중요한 시사점을 제공할 수 있다.

이러한 점에서 수산사연구와 수산경영사 연구의 중요성이 강조되는 것이며, 다 같이 수산경영학 발전과 밀접한 관계를 갖는다.

역사적 연구방법은 전체 수산경제 구조와의 관계에서 수산경영의 역사적 발전단계를 시대별로 구분하여 분석하는 발전론적 방법과 각 단계별 생산요소와 경영자의 의사결정 행위 및 경영환경과의 관계를 인과적으로 분석하는 동태적 분석방법이 있다.

4) 수산경영학의 연구자료

연구자료는 연구대상에 대한 관찰·기록의 내용을 말한다.

이러한 연구자료 수집은 대량관찰법과 개별실태 관찰법에 의해 수집되는데, 대량관찰법은 통계조사법으로 실시되며, 주로 수산경제의 대량관찰을 통해 밝히는 수산통계가 있다. 그러나 개개 어가나 수산기업 혹은 어촌의 경제, 사회적 상태를 조사하는 것은 개별 실태조사에 의한다.

개별 실태조사는 개별사정을 조사하는 것이므로 조사대상범위가 협소하여 이것을 기초로 보편적 판단을 이끌어 낸다는 것은 위험하다. 그러나 대량관철로서는 충분히 알 수 없는 상세한 내용를 파악하는 데는 개별 실태조사의 의의는 크며, 중요시 되는 연구방법의 하나이다.

어가 경제조사, 어업경영조사, 수산기업조사, 수산물유통조사 및 어촌경제조사 등은 수산경영학 연구에 있어서 중요한 자료를 제공한다. 그러나 수산경영 현상과 그 구성관계 및 경영요소 시장에 대해서는 아직까지 우리나라에서 체계적인 통계조사가 이루어지지 않고 있다.

4. 인접학문과의 관계

1) 경영학과 수산경영학

일반으로 경영학의 내용은 각국에 있어서, 또는 각 연구자에 따라서 제각기 연구의 중점을 달리하고 있으나 연구대상에 대해서는 국민경제 혹은 사회경제를 구성하는 단위 가운데서 개별경제에 둔다 라고 하는 공통된 인식을 가지고 있다.

그러면 사회경제 또는 국민경제를 구성하고 있는 개별 경제에는 어떠한 것이 있는가? 여기에는 크게 ① 개개 가정의 경제인 家計(House hold), ② 가계에서 분리 발전한 경제단위로서의 기업, ③ 국가와 지방자치단체의 經濟인 財政(Public financial)의 세 가지 형태로 존재한다.

經營學은 위의 3가지 국민경제 구성단위 가운데서 주로 ②의 기업을 연구대상으로 하는 학문이지만, 연구자에 따라서는 그 대상을 넓히는 경향이 있다. 그것은 기업이라고 하는 사업체 가운데는 성립대상, 발전 정도 및 사업 내용에 따라 많은 종류가 있기 때문이다. 곧 농업, 임업 水産業과 같은 原始産業에서는 개별경제가 가계와 기업으로 확연히 구분할 수 없는 상태로 존재한다. 대신에 機械工業 등과 같은 각종의 製造業에서는 대부분이 기업의 성격을 띠는 개별경제이며, 규모도 상대적으로 큰 편이다. 경영학은 이러한 여러 산업을 구성하는 多種多樣한 개별경제를 총 망라 하여 그의 경영문제를 연구하는 학문으로 성립하고 있다. 바꾸어 말하면 經營學은 모든, 또는 같은 종류의 經營經濟에 공통되는 현상을 종합적으로 취급하고 있다. 여기에서 이것을 一般經營學이라고 한다.

이에 대해 농업, 임업, 수산업, 상업, 공업, 은행업, 교통업 등과 같이 특정 산업, 또는 특정 사업을 대상으로 그의 경영현상을 전문적으로 연구하는 경영학이 성립 될 수 있는데, 곧, 농업의 농업 경영학, 工業의 공업경영학, 水産業의 水産經營學, 혹은 중소기업을 연구대상으로 하는 中小企業論 등이 그것이다. 이 가운데서 農業經營學이나 水産經營學 등과 같은 것은 일반경영학에 대칭되는 특수경영학 또는 부문경영학으로 성립되고 있다.

이러한 점에서 수산경영학은 넓게는 사회과학의 한 분야, 좁게는 일반 경영학의 특수경영학에 속하지만, 자본과 기술 및 노동력을 투입하여 수산물을 생산 공급하는 활동을 통해 소정의 경영목적을 관철시켜나가고자 하는 경영체로서의 본질적 행동과 목표는 동일하다. 따라서 수산경영학은 일반경영학이 규명하고 정리한 각종의 관리기법과 자본회계기법 및 이론을 최대한 원용 할 뿐만 아니라 오히려 그와같은 원리와 기법을 기본으로 하여 수산경영 고유의 원리를 규명코자 하는 것이다.

2) 수산경제학과 수산경영학[17)]

오늘날 經營學과 經濟學과의 관계와 교섭이 숙명적인 하나의 命題인 것과 마찬가지로 水産經營學과 水産經濟學과의 관계과 교섭에 있어서도 이것은 同一한 성격과 영향을 미치고 있다.

수산경제학은 어가경제와 水産業이라고 하는 특정 산업 부문에 있어서 生産의 모든 관계 및 이것을 기초로 하는 유통 및 금융상의 제 關係를 종합적으로 연구 분석하는 학문이다. 구체적으로는 이러한 수산업에 대한 경제적 제현상을 전체적으로 분석하고, 종합하며, 이러한 과정을 통하여 수산경제현상을 지배하는 인과관계와 법칙성을 찾는 것을 주 임무로 하는 特殊理論經濟學 내지는 응용경제학이 수산경제학인 것이다.

따라서 水産經濟學은 國民經濟를 구성하는 하나의 특정산업부문인 水産業의 經濟問題를 그의 고유의 연구대상으로 하는 점에서 일반 경제학에 대한 부문 應用經濟學인 동시에 특수경제학인 것이다. 이것은 수산경영학이 일반경영학에 대하여 部門經營學 또는 特殊經營學의 위치에 있는 것과 마찬가지의 성격이다.

따라서 水産經濟學과 수산경영학이 다 같이 水産業을 그의 고유한 연구대상으로 하고 있는 점에서는 동일하다. 그리고 다같이 넓게는 사회과학의 한 분야이며, 더욱이 수산기술학을 공통보조학문으로 중시하고 있는 점도 동일하다. 또 두 학문 모두가 수산업과 운명을 같이 하는 존재라는 사실도 동일한 것이다.

그러나 구체적인 연구대상과 연구방법 및 학문적 성격면에서는 수산경제학이 수산경제의 전체 현상과 이를 기초로 하는 생산, 유통, 가격 및 금융문제를 연구내용으로 하는 "존재의 학문" 또는 "인과관계의 학문"이라는 성격을 띠는데 대해, 수산경영학은 수산경제의 주체인 수산개별경제, 곧 수산경영체를 연구대상으로 하여 그의 조직, 형태, 자본과 노동력을 위시한 경영요소의 결합과 배분 및 요소 상호간의 관계와 경영목적달성을 위한 수산경영자의 의사결정 행태 등을 규명하는 "행위의 학문" 또는 "규범적 실천적 학문"이라는 특징을 가지고 있다.

또, 수산경제학에서는 수산개별경제를 수산경제현상의 구성요소인 객관적 존재로 인식하는데 대하여, 수산경영학에서는 이것을 주체적 존재로 인식하고, 수산 개별경제 그 자

---

17) 장수호, 수산경영학, 친학사, 1966, pp.45-47참조.

체의 행태와 홍망성쇠를 연구하는 점이 근본적으로 다르다. 그렇기 때문에 수산경제학에서는 경제학을, 수산경영학에서는 경영학을 각각 그의 기초과학으로 중시해 나가고 있다.

이상에서 논의 된 수산경제학과 수산경영학과의 차이 및 상호관계를 다시 종합하여 보면 <표 Ⅱ-1>과 같다.

<표 Ⅱ-1> 수산경제학과 수산경영학의 관계

	수 산 경 제 학	수 산 경 영 학	비 고
1) 연구대상	수산업	수산업	동일
2) 연구내용	1) 수산경제현상	1) 수산경제주체(경영체)	차별
	2) 생산, 유통, 가격, 금융	2) 조직, 형태, 경영요소	차별
3) 학문적 성격	1) 사회과학	1) 사회과학	동일
	2) 존재의 학문	2) 행위의 학문	차별
	3) 인과관계의 학문	3) 규범적 실천학문	차별
4) 연구방법	거시적 방법	미시적 방법	차별
5) 수산경제	주된 연구대상	외적 환경요인	차별
6) 수산경영	수산경제의 구성부문	주된 연구대상	차별
7) 기초학문	경제학	경영학	차별
8) 공통학문	수산기술학, 수산법제	수산기술학, 수산법제	동일

Ⅲ. 수산경영의 요소와 기능

1. 수산경영의 제요소

1) 기본요소

수산경영체가 어업생산활동을 포함하여 그의 경제활동을 계속해 나가기 위해서는 크게 두 가지 문제가 전제가 되어야 한다. 하나는 반드시 여기에 필요한 어장, 수산자원, 선박, 어구, 노동, 자본 등의 경영요소를 필요로 하며, 다음은 이를 효율적으로 결합하고 변환시켜 나가는 경영관리 활동이다.

전자의 제요소를 수산경영요소라 하며, 여기에는 구체적으로 ①주어진 경영요소로서의 어장과 수산자원 등 자연적 요소, ②인위적 요소로서 어업노동력과 경영관리를 담당하는 인적 요소, ③기계와 설비, 연료 등의 물적 요소, ④이밖에 수산업을 더욱 발전시키고 효율적인 생산을 가능케 하는 기술과 정보 등의 기술적 요소가 있다.[18)]

이와 같은 수산경영요소를 결합하고 배분하며, 관리하는 활동으로서, 그 주체를 수산경영자라 하며, 이러한 경영요소의 결합조직을 수산경영체, 그리고 제요소를 관리하는 것을 수산경영관리라 한다.

<그림 Ⅲ-1>을 통해서 수산경영요소의 구성과 관계를 간추려 보고, 이의 의의를 살펴보면 다음과 같다.

첫째, 수산경영에 있어서 어장과 수산자원은 천연의 존재물이며, 이의 존재량이 수산경영의 성패를 좌우하므로 이를 수산경영의 필수적 요소라 한다.

둘째, 물적 요소는 자본에 의해 조달 가능한 모든 경영요소를 포함하며, 자본재와 동의어로 이해된다.

셋째, 자연적, 인적 두 요소를 기본적 요소라 한다면 뒤의 물적, 기술적 두 요소는 부가적 요소라 할 수 있다. 그러나 인적 요소와 자연적 요소를 이미 주어진 경영 요소로 규정할 때, 수산경영의 성과는 오히려 수산경영자에 의해 조작가능한 부가적 요소에 의해 결정된다고 하는 것을 중시할 필요가 있다. 원시적 수산경영은 어장에 노동력을 투입하는

18) 이러한 수산경영의 제요소는 수산업의 생산요소와 같은 것으로, 수산경영을 성립 발전시키는 데 있어서 기본이 된다. 생산요소는 경제학적 개념이며, 경영요소는 경영학적 개념이라는 차이 외에는 본질적으로 그 내용과 기능은 동일하다 (占部都美, 經營管理論, 白桃書方, 1992, pp.2-3 참조).

<그림 Ⅲ-1> 수산경영요소(수산업생산요소)

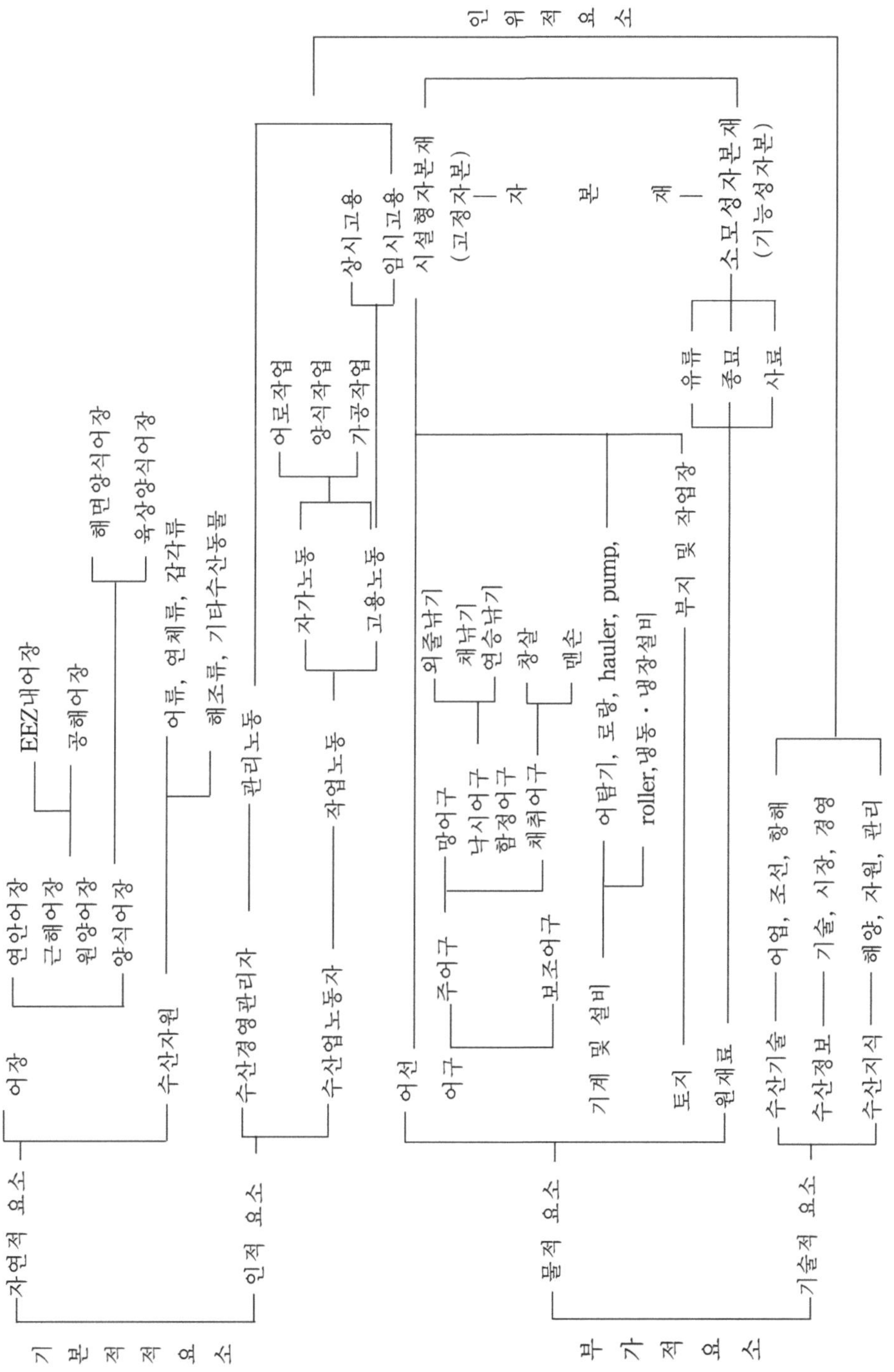

것만으로도 가능했지만, 현대의 수산경영은 물적 요소의 존재량과 그 역할에 대해 오히려 높은 의존성을 보이고 있는 것이다.

넷째, 견해에 따라서는 경영요소를 수단적 요소와 주체적 요소로 구분 할 수 있다. 이 경우 전자에는 자연적 요소와 노동력 및 물적 요소가 포함되며, 이를 경영의 객체적 요소라고도 한다. 후자에 해당하는 것으로는 조직과 경영 및 경영자를 들 수 있으며, 이를 경영의 주체적 요소로 규정한다.

2. 자연적 요소

1) 수산자원

수산경영의 대상은 바다나 강, 호수 등지에서 서식하는 동식물이며, 이것을 일반적으로 수산자원(水産資源)이라고 한다. 이러한 수산자원은 인위적으로 그의 존재량이 결정되는 것이 아니고 자연적 조건에 의해 천연적으로 존재한다는 점에서 수산경영의 자연적 요소로 규정되며, 그의 종류는 크게 어류, 조개류, 해조류, 기타 수산동물, 수중 미생물 등 5종류로 존재한다.

수계에는 이와 같은 많은 수산자원이 존재하고 있으나 그 가운데는 상품가치가 있는 것과 그렇지 않은 것이 있다. 그러므로 수중미생물을 포함한 상품성이 없는 수산자원은 처음부터 수산경영의 대상에서 제외되어 왔으며, 현재도 이 같은 수산자원은 미이용자원(未利用資源)으로 남아 있다.

그러나 수산기술 개발과 자원의 잠재력 여하에 따라 이러한 미이용자원은 그 가치가 달라 질 수 있다. 다시 말해 이러한 것을 유용한 자원으로 활용해 나갈 수 있는 기술개발과 이용기술이 향상되게 되면 새로운 수산경영 대상이 될 수 있다는 것이다. 또 사회적 수요가 높은 어종에 대해서는 소비자들의 수요충족을 위해 인위적으로 이를 양성하여 공급하는 양식업의 발전을 도모해 나갈 필요가 있다.

이러한 수산자원과 수산경영과의 관계에 대해서는 제Ⅳ장을 통해서 더 자세히 논할 것이다.

2) 어장

(1) 어장의 의의

어장(漁場)이란 어업과 양식업의 생산활동을 이루는 수역공간을 말한다. 이러한 어장

역시 수산자원과 마찬가지로 인위적 재생산이 불가능한 천연적 존재로서의 성격을 띄므로 수산경영의 자연적요소로 규정된다.

수계가 어장으로 성립되기 위해서는 어획대상이 되는 수산생물이 서식 회유하는 수역이거나 강, 호수 가운데 어구어법의 사용이 기술적으로 가능한 수역이어야 한다. 이에 비해 양식업의 어장 개념은 자연상태의 바다나 강, 호수 등의 수역에 양식시설을 설치하여 대상생물을 인위적으로 성장 관리할 수 있는 수면이라야 한다.

그러나 최근에는 양식기술이 육상 수조식 양식법(水槽式養殖法)으로 이행되면서 육상에 인공양식시설을 설치하여 그 속에서 대량으로 어패류를 사육하는 양식법의 개발로 양식어장은 점차 인위적으로 조성된 육지 양식장으로까지 확대되는 추세에 있다. 이 경우의 양식어장은 자연적 요소라기 보다는 물적 요소에 가깝다.

어장이 갖는 이상과 같은 수산경영상의 의의는 크게 두가지 점을 강조할 수 있다.

하나는 수산경영의 기본 요소로서의 중요성이다. 수산경영은 수산자원을 대상으로 하는 경영이며, 수산자원의 서식, 회유장소가 어장이므로 우수한 어장의 확보, 그의 공간적 넓이, 그리고 이의 배타 독점적 지배는 수산경영의 최대 관심사가 아닐 수 없다.

또 하나는 수산경영의 활동 장소로서의 역할이다. 어장은 수산경영의 필수요소일 뿐만 아니라 실제로 수산경영이 성립되고, 수산물 생산활동을 펴 나가는 장소로서 역할을 하고 있다. 이는 농업이 토지를 떠나 성립될 수 없는 것과 마찬가지로 수산업은 어장을 전제로 하는 산업임을 의미하는 것이다. 따라서 어장의 조건에 따라 수산경영의 형태, 조업조건 및 조업비용이 달라진다.

(2) 어장의 성립조건

어장은 자원이 풍부하고, 이를 기술적으로 채포 가능한 수역이어야 하며, 또 경제적으로나 기술적으로 양식 활동을 지속시킬 수 있는 곳이라야 한다. 이러한 면에서 어장은 일정한 자연적, 사회 경제적 조건을 갖춘 수역이라야만 하는데, 일반적으로 그의 성립조건으로는 다음과 같은 것을 들 수 있다.

① 시장성 있는 수산자원이 풍부하게 존재하는 수역

② 어로작업이나 양식이 기술적으로 성립 가능한 수역

③ 생산활동에 투입된 노력과 자본에 대해 충분한 대가를 예상할 수 있는 수역

④ 수산물 시장이 가깝고, 노동력 조달이 용이한 수역

이러한 조건을 충족시킬 수 있는 어장은 넓은 바다나 강, 호수 중에서도 극히 제한되어 있고, 또 유동적이다. 일반적으로 연안수역은 위의 4가지 조건을 잘 갖추고 있는 어장이므로 많은 어업이 성립된다. 그리고 고위도 해역, 대륙붕해역 및 한류와 난류가 합치는 해역 등에는 고기먹이가 되는 영양염류가 풍부하고, 어군의 이동과 회유가 빈번하여 우수한 어장이 성립 될 수 있다.

그러나 아무리 좋은 어장조건을 갖추고 있다 하더라도 자원관리가 제대로 되지 않으면 어장으로서의 기능을 더 이상 유지할 수 없게 된다. 그것은 어획노력의 증가와 자원의 증가가 항상 균형을 유지하는 것이 쉽지 않기 때문이다.

(3) 세계의 어장

과거부터 어업이 성행하여 세계적인 유명 어장으로 알려지고 있는 곳은 ① 북태평양어장, ② 북해어장, ③ 캐나다 동부의 뉴파운드랜드(Newfoundland)를 중심으로 하는 북대서양어장이다. 이들 어장을 세계 3대 어장이라 부르며[19], 여기에다 남아메리카 페루근해어장과 남태평양 어장을 포함하면 세계 유명어장은 5대 어장으로 대표된다.[20]

북태평양어장은 일본 북해도 근해에서부터 러시아 캄차카 반도에 걸쳐있는 태평양북부의 광범위한 수역이 여기에 해당한다. 이곳에는 연어, 송어, 명태, 대구, 게 등의 저서자원이 풍부하여 트롤과 저인망 어업이 발달해 있으며 지금도 미국, 러시아, 일본, 캐나다 등 선진어업국들의 어장 주도권 쟁탈이 가장 심한 곳이다. 우리나라는 북태평양 어장의 연장선에 있는 국가로서 60년대 말부터 이 어장에 진출하여 원양트롤어업을 발전시키고 있다.

북해어장은 유럽북부의 북해(North Sea)를 중심으로 성립되는 어장을 말하며, 노르웨이, 덴마크, 영국, 프랑스 등의 어업선진국들이 일찍부터 개발 이용해온 국제어장이다. 그러나 우리나라 원양어업은 이 해역 까지는 진출하지 못하고 있다. 주 어종은 고등어, 청어, 꽁치, 연어 등의 부어 자원이며, 이를 대상으로 하는 트롤어업과 선망어업이 성행하고 있다.

뉴파운드랜드를 중심으로 하는 북대서양 어장은 캐나다 동부 북대서양 상에 위치한 어장이며, 뉴파운드랜드에서 미국 대서양 북부연안까지 연결되는 넓은 어장으로서, 대륙붕의 발달로 대구, 명태, 청어 등의 저서어족과 그밖에 수산자원도 풍부하게 서식한다. 이 어장은 프랑스, 스페인, 영국 등 유럽 국가들에 의해 일찍이 신대륙 발견 이전부터 개

19) 平澤 豊, 日本水産讀本, 東洋經濟新聞社, 1979, pp.57-59.
20) 앞책. p.59.

발・이용되어 왔으나, 현재는 주로 미국과 캐나다 두 나라가 지배하고 있다.

페루 근해어장은 남아메리카의 페루 근해에 위치하며, 용승해역이 발달하여 멸치, 정어리 등의 부어자원이 풍부한 곳으로, 이들 자원을 이용한 페루의 어획량은 세계 3위를 차지한다.

마지막으로 적도를 중심으로 하는 남태평양 전역이 오늘날에는 가장 활발한 국제어장으로 개발 이용되고 있다. 이 어장의 대표적인 어업은 연승과 채낚기 및 대규모 선망어법을 이용한 참치어업이다. 이밖에 아프리카의 동부 및 남부해역의 저인망 어장, 대서양 남부 알젠틴 근해의 오징어 어장, 동남아시아 연근해 어장 등을 손 꼽을 수 있다.

3. 인적 요소

1) 수산경영의 2대 인적 요소

수산경영에 있어서 2대 인적 요소(人的 要素)는 각종의 수산경영요소를 결합하여 경영목적 달성을 책임져 나가는 수산경영자와 수산경영활동에 노동력을 제공하는 수산업 종사자로 구성된다. 어업, 양식업 및 수산물가공업을 영위하는 수산경영체가 아무리 좋은 생산설비를 갖추고 있다 하더라도 이러한 물적 요소를 잘 다룰 수 있는 인적 요소를 제대로 확보하지 못하면 경영의 지속적 성립과 발전은 기대하기 어렵다.

2) 수산노동과 그 종류

수산경영에 종사하는 수산노동은 첫째 작업노동과 관리노동으로 구성되며, 둘째 자가노동과 고용노동으로 구분할 수 있고, 다시 고용노동은 임시고용노동과 상시고용노동으로 나눌 수 있다.

작업노동(作業勞動)은 수산경영체의 생산, 구매, 판매 등과 같은 업무에 직접 종사하는 노동을 말한다. 어장에서의 어로작업과 양식작업, 그리고 어획된 수산물을 어항에 양륙하는 노동, 수산물 판매활동과 각종 생산자재 구입과 관리에 참여하는 노동 등은 모두 작업노동에 해당한다. 이러한 수산작업 노동 가운데서 중심노동은 어로작업에 참여하는 해상노동이며, 어로 작업자를 보통 선원(船員) 또는 어선원(漁船員)이라 한다.

이와는 달리 관리노동(管理勞動)은 수산경영에 있어서 작업노동을 지휘하고 감독하며,

생산수단과 생산물 및 각종 원자재를 관리해 나가는 노동을 말한다. 수산경영자와 관리자의 존재 및 이들의 활동이 여기에 속한다. 관리노동은 작업활동의 방침과 계획을 세우고, 조직하며, 작업동기를 부여하는 모든 활동을 포함한다. 이러한 점에서 관리노동은 그 성격상 작업노동과는 구별된다. 경영관리업무 담당자를 경영자 또는 관리자라 부른다.

수산노동은 다시 고용의 성격에 따라 자가노동(自家勞動)과 고용노동으로 구분되는데, 자가노동이란 수산업에 직접 종사하고 있는 수산경영자와 그 가족의 노동을 말하며, 이 점에서 가족노동과 동의어이다. 한편, 자가노등은 무임금노동((無任金勞動)이므로 어가소득 계산에 있어서 이들에 대한 인건비 부분은 제외된다. 대체로 어가경영의 규모는 이러한 가족노동력의 크기에 의해 결정되며, 가족노동력의 크기는 어가세대 규모에 의해 좌우된다.

고용노동(雇傭勞動)이란 경영체가 외부로부터 노동력을 제공받고, 그 대가로서 임금을 지급받는 타인노동을 말한다. 이러한 타인노동을 다른 말로는 임금노동이라고도 한다. 그리고 수산경영체에 계속해서 고용되는 것을 상시고용노동이라 하고, 필요에 따라 임시로 고용되는 것을 임시고용노동이라 한다.

일반적으로 선원의 경우 상시고용(常時雇傭)은 한어기 이상의 기간을 통해 수산경영체에 고용되는 노동을 말하며, 임시고용은 이보다 훨씬 짧은 항차 단위이내로 고용 되는 노동을 말한다. 규모가 크고 주년 조업을 하는 어업은 상시고용노동에, 반대로 영세하고 어기가 짧은 어업에서는 임시고용노동에 각각 의존하는 경향이 많다.

3) 선원노동의 특질

수산경영에 있어서 해상노동력(海上勞動力) 제공자를 선원(船員)이라 하며, 여기에는 선장을 위시하여 어선에 근무하는 모든 선원을 다 포함한다. 이러한 선원노동은 육상의 산업노동과 비교하여 여러 면에서 차이점이 많은데, 그 가운데서 중요한 특질을 들면 다음과 간다.

①선원 수급의 계절성과 제한성, ②장시간의 작업노동, ③작업의 비고정성과 불규칙성, ④야간작업의 보편화, ⑤작업환경의 열악과 위험성, ⑥노동시간과 생활시간의 미 분리 ⑦가정과 사회로부터의 장기간 격리 상태에 있는 점이다.

이와 같은 선원노동의 특질은 주로 거친 해상에서 작업이 일어나고, 또 행동 반경이 극히 제한되어 있는 선상에서 주로 수행되는 노동이라는 점에서 대단히 불리하고, 정체성이 낮은 노동이라 할 수 있다.

따라서 선원노동자의 사기양양과 수산경영의 현대화를 위해서는 첫째, 선원들의 임금수준과 임금제도의 개선 둘째, 선원들에 대한 인격적 대우와 충분한 보상 실시 셋째, 선원직무의 전문성 추구 넷째, 선상의 노동안전장치 강화 다섯째, 선상근무 및 선상생활 환경의 개선 등에 대한 세심한 주의와 투자가 필요하며, 이러한 것이 바로 수산 경영자의 책임이다.

4) 수산경영자

(1) 수산경영자의 직무

수산경영자는 직접 어업생산을 위하여 자본과 기술을 투자하고, 수산경영체를 설립하여 그 운영을 책임져나가는 수산기업자를 말한다. 이러한 수산경영자는 수산경영체의 목표를 세우고, 이 목표를 원활히 달성해 나가기 위해 수산경영체의 모든 종업원을 관리·통솔하는 것은 물론, 이들에게 작업 동기를 부여하면서 수산경영을 일정한 방향으로 이끌어 나가는 역할을 담당한다.

다시 말해서 수산경영자는 수산경영체가 지향할 목표를 설정하고, 이 목표달성을 위해 수산물의 생산, 판매, 재무 및 인사 등의 기업활동을 계획하고, 조직하고, 통제하며, 경영의 최종 결과까지 책임지는 사람을 말한다. 그러므로 수산경영자에게는 수산경영을 둘러싸고 있는 자연적, 기술적, 경제적 환경변화에 적절히 대응하면서 경영목표를 효율적으로 달성하고, 수산경영체를 잘 이끌어 나가야 할 책임과 역할이 주어지게 된다.

이러한 수산경영자의 직무와 관련하여 최근 영국 Hall 대학의 A.Palfreman(1999)은 북대서양 대구자원을 대상으로 하는 여러 어업회사에 대한 사례분석을 통해 다음과 같은 역할을 제시한 바 있다. [21]

첫째, 기업임무(mission)의 제시

둘째, 기업내·외부 상황분석(SWOT분석)[22]

셋째, 전략적 목표설정과 사업계획수립

넷째, 사업계획의 실행

다섯째, 사업결과의 평가 및 보상(monitoring and share)

---

21) Andrew Palfreman, Fish Business Management , Fishing News Books, 1999, pp.10-14.

22) SWOT란 Strenth, Weeakness, Opportunity and Threat의 약자로서, 때로는 이것을 TOWS로 표현하기도 한다.

수산경영체 간에 보유하는 경영요소에 별다른 차이가 없는데도 불구하고, 만일 수산물 생산량과 생산금액 및 어업이익 등의 경영성과에 있어서 상당한 차이가 나타난다면 그 요인은 무엇에 기인한다고 볼 수 있는가, 이것은 주로 수산경영자가 갖는 자질과 능력의 차이서 발생한다고 볼 수 있을 것이다. 바로 이런 점에서 수산경영자의 존재와 자질의 중요성이 있다.

(2) 수산경영자의 자질

그렇다면 유능한 수산경영자는 어떠한 자질을 갖추어야 하며, 그와 같은 자질을 갖추는데 필요한 노력은 어떠한 것이 있는가를 알아보기로 하는데, 여기에는 크게 다음의 3가지 측면을 강조 할 수 있다.

첫째, 수산경영자의 기술적 능력이다. 수산경영자는 어업, 양식업 혹은 수산제조업과 수산물 유통에 관련된 필요한 전문적인 기술과 지식을 갖춘 자라야 한다.

둘째, 수산기업가적 능력이다. 여기에는 다시 두가지 능력이 요구되는데, 하나는 자본조달능력, 간단히 말해 자본력이다. 다음은 경영자 능력이다. 후자에 대해서는 ① 수산경영요소를 합리적으로 사용하고, 생산물을 알맞은 가격으로 판매할 수 있는 시장지식과 비용과 수익 및 이익을 관리하고 산출하는 경영관리방법의 습득을 필요로 하며, ② 노동자를 잘 관리하고 노사관계를 합리적으로 이끌어 나가는 민주적인 경영자라야 한다. ③수산업은 그 자체가 불확실성이 매우 높은 산업이며, 최근에는 국제해양 법의 발효, 세계경제질서의 변동[23] 등 대외적 환경변화가 급격히 일어나고 있으므로 이러한 수산업 환경요인을 잘 분석하여 여기에 유효적절하게 대처할 수 있는 진취적인 능력을 갖추고 있어야 한다.

셋째, 수산경영자는 수산업계의 지도자이므로 수산물시장의 완전개방과 수산자원의 급격한 감소 등으로 어려움에 처해 있는 수산업계와 지역사회에 대한 사회적 책임을 다하는 의지와 책임의식이 높은 자라야 한다.

(3) 수산경영자의 유형

수산경영자의 유형에는 대규모 수산기업의 경영자에서부터 소규모 어가의 경영자에 이르기까지 다양하다. 자본을 출자하여 어선이나 어장을 소유한 사람이 수산경영체를 지배

23) 1994년 4월 15일 모로코 마라케시에서 열린 우루과이 라운드(UR) 각료회의에서 세계 115개국이 최종의정서에 서명함에 따라 과거의 「관세 및 무역에 관한 일반협정」(GATT) 시대는 막을 내리고, 대신에 1995년 1월 1일부터 새로운 국제무역질서를 이끌 세계무역기구(WTO)가 탄생함으로써 이후 국제무역 질서에 있어서 WTO 체제가 본격 출범하게 되었다.

해 나가는 경우의 수산경영자는 소유경영자(所有經營者, ownership management)에 속한다. 어가경영자는 말할 것도 없고, 우리나라 수산기업의 경영자는 거의 대부분이 소유경영자로 되어 있다.

그러나 수산업의 규모가 확대되고 활동범위가 넓어져서 소유경영자 단독으로는 원활한 수산경영이 어려운 경우 외부로부터 유급경영자를 고용하여 소유경영자의 경영관리기능 일부를 담당하게 하는데, 이러한 경영자를 고용경영자(雇傭經營者)라 한다.

수산기업이 더 확대되고 활동내용이 고도로 복잡하게 되면 보다 전문적인 경영능력을 가진 자를 필요로 하는데, 이를 전문경영자(專門經營者)라 한다. 전문경영자는 수산기업체에 자본을 출자하는 자본출자 기능을 제외한 기업지배권 전체를 발휘할 수 있는 포괄적인 권한을 갖게 되며, 또한 거기에 대응한 책임도 지게 된다. 수산경영이 이 단계에 이르면 소유와 경영이 서로 분리·독립되어 수산기업의 소유는 출자자에게, 경영은 전문경영자에게 각각 맡겨진다.

연안의 소규모 어업이나 소형선을 가지고 가족단위로 어업 생산활동을 해나가는 어가경영에 있어서는 어가의 세대주인 가장(家長)이 바로 수산경영자의 지위와 역할을 담당한다. 곧, 어가세대주가 소유경영자와 같은 존재인 것이다. 노동력이 부족한 어가어업에서는 경영자가 어가노동력의 제공자가 되기도 하는데, 이러한 경영을 노동과 경영이 통합된 가족경영이라 한다. 그러므로 어가경영은 가계와 경영이 미분리된 상태에서 어업이 이루어지며, 만약 어가세대주가 나이가 많아 어가를 실질적으로 이끌어 나갈 수 없을 경우에는 그의 가족 중 누군가가 어가경영을 이끄는데, 이를 어업후계자(漁業後繼者)라 한다.

4. 물적 요소

1) 물적 요소의 구성

수산경영의 물적 요소(物的要素)는 크게 유류, 종묘, 사료, 이료 등의 원자재를 구성하는 기능성 자본재와 어선, 어구, 기계, 설비, 건조물, 토지 등과 같은 시설형 자본재의 두 가지 요소로 구성된다. 물적 요소 모두를 가리켜 노동수단이라 하며, 이것은 모두 자본에 의해 대체 조달된다는 의미에서 자본재(資本財)라 한다.

어업 노동생산성은 노동력 자체의 질에 의해 결정되는 면도 있으나, 이보다는 노동방법을 효율적으로 이끌어 낼 수 있는 어선, 어구, 어군탐지기, 컴퓨터 등의 기계와 장비 등의 물적 요소가 미치는 영향이 더 크다. 특히, 현대 수산경영에서는 이러한 물적 요소에 의해 생산성에 결정적인 차이가 나타나는데, 그 중에서도 어선은 수산자원을 포획할 수 있는 모든 과학적 어로 시스템을 장치한 통합적 생산수단이기 때문에 수산경영에 있어서 가장 중요시 되는 자본재이다.

2) 어선

(1) 어선의 기능

수산경영에 있어서 어선의 존재와 기능은 거의 절대적이다. 제조기업의 공장과 같은 존재가 수산경영에 있어서 어선이다.

어선(漁船)은 어로기능, 생산물 가공처리기능, 해상운송기능 및 선원 주거기능의 크게 4대 기능을 갖는 어업경영의 고정자산이다. ①어로기능은 어군탐색기능과 어로작업기능으로 나누어지며, ②가공처리기능은 선상에서 채포한 수산물을 선별 ·처리·가공·보관하는 기능으로 세분되며, ③해상운송기능은 생산물을 어장에서 양육지까지 수송하는 기능이다. 이밖에 연료, 식량, 어구 등 선수품의 운반과 선원수송을 담당하는 것도 어선에 의해 수행된다. ④선원주거기능은 선원들의 선내생활 및 주거장소로서의 어선의 기능이다.

따라서 수산경영에 있어서 어선은 가장 많은 자본투입을 요하는 시설이며, 어선의 크기 및 그의 성능에 의해 수산경영은 그의 규모와 경영형태가 결정되고, 어업 성과에 절대적인 영향을 미친다. 이러한 것은 어선의 복합적인 기능이 하나의 선박 안에서 총체적으로 발휘되고, 어선 그 자체가 모든 수산기술을 포괄적으로 결합한 수산기술의 집합체로 되어 있는 때문이다.

그러므로 수산경영자는 어선에 관한 의사결정에 있어서 가장 신중을 기하게 되는데, 여기에 관한 경영자의 의사결정사항은 크게 두 가지가 있다. 하나는 어선의 규모와 성능의 결정이며, 다음은 어선 소유관계의 결정이다.

어선의 규모와 성능에 관한 의사결정 요인으로서는 ① 수산경영형태, ② 어업종목, ③ 경영자의 재정능력을 들 수 있다. 수산경영형태가 어가경영인가, 기업경영인가, 또 단일경영인가, 복합경영인가에 따라서 어선의 크기, 성능 및 그의 척수와 결합방법이 근본적으로 달라진다. 또, 어로기술과 어법 및 어업종목에 따라서도 어선규모와 성능은 적합하게 결정되어야 한다. 근해나 원양을 대상으로 하는 어업종목 선택의 경우에는 대형어선을 투입해야 할 것이며, 연안을 대상으로 하는 경우에는 소형어선으로도 가능할 것이다.

수산경영자의 재정능력과 어선규모 간에는 정(正)의 관계가 성립한다. 재정능력이 없는 자가 대형어선이나 성능이 우수한 어선을 구입한다는 것은 거의 불가능한 일이며, 재정능력이 있는데도 소형선박이나 소규모어업으로 만족한다면 그와 같은 경영자는 소극적인 수산경영자가 되고 말 것이다.

수산경영자가 자기자본이 미약한 상태에서 장래의 어획성과와 부채상환 능력을 고려하지 않고 대규모 어선을 선택한다면 과잉투자로 인해 미래의 재무위험을 어떻게 감당해 나갈 것인가가 최대관심사항이 될 것이다. 그러나 만일 장기저리(長期低利)로 어선구입자금을 이용할 수 있는 정부의 재정투융자정책이나 수협의 신용사업이 발달해 있는 경우에는 수산경영자의 어선과 관련된 의사 결정 문제는 보다 쉽게 해결될 수 있다.

(2) 어선의 종류

어선은 첫째, 성능을 기준으로 무동력선과 동력선으로 나눌 수 있고 둘째, 규모를 기준으로 소형어선과 대규모어선으로 구분되며 셋째, 기능면에서 단일 목적어선과 다기능어선(복합어선)으로 나눌 수 있고, 다시 이것은 어로선, 어탐선, 집어선, 운반선, 가공선(공모선) 등으로 세분된다.

선박 한 척에 의해 성립되는 단선 조업의 경우에는 한 척의 선박이 어군을 탐색하고, 어구를 조작하여 대상물을 어획하고, 어획물을 보관, 운반하는 모든 기능을 종합적으로 발휘해 나간다. 이와 같이 한척의 선박이 어로기능을 비롯하여 어장 탐색과 운반 기능을 통합해 나가는 생산조직을 단선조업 조직이라 한다. 그러나 이것은 조업 과정에서 빈번한 어장이동, 어로시간의 단축 등 여러 가지 한계에 부딪히게 되는데, 이러한 한계를 극복하는 것이 어선의 대형화와 기능의 고도화이다.

선원인력의 부족으로 어선의 운영경비 가운데 인건비가 차지하는 비중이 점차 높아짐에 따라 어로작업의 기계화와 자동화를 필요로 하는데, 이러한 노력을 어선생력화(漁船省力化)라 한다. 최근 어로기계의 자동화시스템 및 첨단계측장비의 탑재가 급격히 증가하고 있는 것은 이같은 추세를 반영해 주는 것이다.

장기조업을 하는 근해나 원양어업에서는 어선원들의 거주시설을 넓혀서, 쾌적한 선내 생활조건을 갖추어 나가야 할 것이다. 선박의 안전도가 낮은 중고어선이나 선내 거주환경이 미흡한 소형선인 경우에는 특히 젊은층이 어선원 직업을 기피하는 현상이 더 많으므로 어선의 대형화는 피할 수 없는 문제가 된다. 따라서 수산경영자는 어선의 구조와 성능을 통해 수산업이 힘들고 위험한 직종이 결코 아니라는 인식을 갖도록 해야할 것이며, 이를 통해 어업노동력 문제해결에 기여할 수 있도록 해야 할 것이다.

그러나 어업경영에 있어서 漁船投資의 合理化問題는 간단히 해결될 수 있는 과제는 아니다. 이 문제에 대해서는 다음과 같은 어선투자 또는 선박자산의 운용방법이 제시된다.

첫째, 공동어선 건조로 어선척당 건조비의 절감

둘째, 표준선형 개발을 통한 어선의 대량건조

셋째, 운행경비 절감을 위한 경제성 어선의 개발

넷째, 우수한 선재(船材), 기관 또는 도료(塗料)의 개발을 통한 어선 내용년수의 증대

(3) 어선의 소유관계

수산경영자가 어선의 소유관계를 결정하는데 있어서 중요한 의사 결정사항은 첫째, 어선을 자기소유로 하여 어업경영을 할 것인가, 둘째 어선을 임차하여 어업경영을 할 것인가의 문제이다.

물론, 가장 이상적인 수산경영은 생산수단의 완전통제(完全統制)[24]가 가능한 어선의 자기소유가 좋겠지만, 반드시 생산수단의 자기소유가 좋은 점만은 아니다. 자기자본이 부족하거나 어선투자를 경감시키기 위해서는 어선의 임차경영도 불가피한 것이다.

자기소유어선에 의한 경영상의 이점은 ① 언제든지 출어가 가능하며, ② 어선의 개조와 어업종목선택이 용이하며, ③ 순자산의 증가로 신용과 담보력이 증대된다는 이점이 있다. 그러나 자기소유어선에 의한 경영상의 단점도 있는데, ① 수산경영의 창업이 지연되며, ② 많은 자본투자와 고정비 부담의 압박을 받는다는 점이다.

(4) 어선 임차경영

어업은 어선을 기본 생산수단으로, 여기에 어구와 어업노동력을 투입하여 바다에서 어획물을 생산하는 사업이다. 그러므로 세계각국의 수산업 발달 수준을 말할 때에는 보통 이러한 어선의 보유형태와 보유정도, 어선의 규모 및 그의 현대화에 의해 평가해 나가는 것이 보통이다. 이것은 어업성립과 발달에 있어서 어선은 단순한 어업노동 수단으로 그치는 것이 아니라 모든 수산기술을 결합한 가장 유력한 어업경쟁력 지표가 되기 때문이다.

어업자가 어선을 구입 또는 교체(交替)하는 방법에는 ① 자기자금에 의하는 방법, ②

24) 생산수단의 완전통제란 생산수단의 자기 소유하에 자유로운 수리, 개조, 현대화 및 처분권의 자유로운 행사를 말한다.

은행차입금에 의존하는 방법, ③ 계획조선에 의하는 방법, ④ 어선을 임차(賃借)하는 방법의 4가지 경우를 고려할 수 있다.

그러나 어업자들이 위의 ①과 ②의 방법으로 어선을 교체하는 것은 쉽지 않다. 자기자본 축적이 안되어 있고, 담보력이 미약하여 신조선 구입은 물론, 다른 여러 어업용도로 선박을 개조하는 것 또한 간단치 않은 것이다. ③의 계획조선[25] 정책 역시 일정한 담보능력이 없는 경우에는 형식에 불과한 실정이다. 여기에 어로기술을 가진 어업자가 어선임대인 또는 임대회사로부터 어선을 임차(賃借)하는 경우 손쉽게 어업경영을 시도할 수 있는데, 이 방법이 ④의 임차어업경영(賃借漁業經營)이다.

어선임차경영이란 간단히 어선임대차제[26], 어선리스, 또 영어로는 boat lease management라 한다. 어선을 소유하고 있지 않은 어업자가 어선소유자로 부터 어선임대료나 어업수익 분배방법을 제시하고 어선을 빌려 자신의 계획하에 어업을 경영하는 경우에 어선임차경영이 성립한다. 따라서 어선임차경영에는 어선을 빌려주는 사람과 이를 빌리고자 하는 사람 사이에 "임차인(leassee)-임대인(leassor) 관계가 성립되는데, 여기에는 다음의 4가지 기본형태가 있다.[27]

① 총수익분배제 임차경영(Gross share lease)

② 현금지불제 임차경영(Rent based lease)

③ 이윤분배제 임차경영(Profit share lease)

④ 고정수익분배제 임차경영(Fixed share lease)

① 총수익분배제 임차경영

이것은 어업경영의 총수익을 임대인과 임차인이 서로 일정비율로 나누어 갖는 어선임차경영이다. 보통 양자간에 총수익(gross receipts)을 반분씩 나누어 갖는 조건으로 임대차계약이 체결되지만, 어선의 선령, 성능, 임차인의 역할 등 조건에 따라 분배방식은 달라진다. 이 경우 일반적으로 임대인의 부담내용은 어선제공(자본투입), 어구준비, 어선 보험료와 금융비용 등이며, 임차인의 부담내용은 변동비전액, 노동력, 경영관리 및 고정비 일부 등이다.

25) 계획조선(計劃造船)이란 어업현대화를 위하여 정부가 어업자들에게 재정자금과 융자금을 지원하면서 어선건조를 촉진하는 정부정책에 의한 어선건조 계획을 말함.

26) 박구병・정순주 역, 어업경영지침, 태화출판사, 1978, p.175.

27) Fresderick J. Smith, The Fisheringman's Business Guide, International Marine Publishing Company, 1975, p.138.

이 형태의 특징은 ① 어업총수익에 대한 분배 계산의 간편성, ② 어업위험의 공동부담, ③ 임차인의 어획노력에 대한 인센티브 부족, ④ 어선생산성의 저하경향 등을 들 수 있다. 그러나 무엇보다 어업리스크를 공동부담 하므로 수익분배에 있어서 마찰 가능성이 비교적 적다는 것이 장점이다.[28]

② 현금지불제 임차경영

이것은 어업성과에 관계없이 어선임대인에게 일정한 임대료(hied rent)를 고정적으로 지불하는 조건으로 성립되는 임대차 어업경영이다. 임차인은 어업성과에 관계없이 어업불황(bad-season)시에도 일정한 임대료를 고정적으로 지불해야 하므로 임대인은 소득의 안정성을 꾀할 수 있다.

이 형태의 특징은 임차인의 어업독자성이 다른 어떠한 임차어업경영보다 높아, 마치 선주직영어업경영(ower-operated fishing business)과도 비슷한 어업 인센티브가 주어진다. 이 때문에 임차인은 어업호황(good season)시에는 유리한 입장이 된다.[29] 이 방식하의 임차인과 임대인의 어업경비부담내용은 임차인은 변동비전액, 노동력, 경영관리 및 고정비 일부이며, 임대인은 어선 제공과 보험료, 금융비용, 정기수리비 및 개조수리(capital improvement) 등의 고정비 부담이다.

③ 이윤분배제 임차경영

간단히 이윤분배 임대차제(利潤分配賃貸借制)라고도 하며, 총어업수익에서 어업경비를 공제한 어업이익(profit)에 대하여 어선임대인과 어선임차인 양측이 서로 일정비율로 나누어 갖는 어선 임차경영방식이다.

이 제도는 어업이윤 발생이전, 곧 조업활동과정까지는 임차인과 임대인이 공동으로 어업경영을 행하며, 항차 또는 어기종류 이후에 성과분배를 실시한다. 이 점에서 이윤분배제 임차경영은 일종의 어업공동경영(partnership)[30]으로 규정되며, 총수익으로부터 공제되는 어업비용은 모두 임차인과 임대인이 나누어 부담하는 공동비용(common expenses)이 된다. 그리고 어업이윤 역시 공동성과(common performance)로 인식되는 것이다. 이 때문에 이윤분배는 양측의 어업기여도(漁業寄與度)에 따라 행하게 되는데, 여기에서 이 기여

28) Ibid, p.139.
29) Ibid, p.140.
30) Ibid, p.141.

도(寄與度)라는 것이 바로 양자간 부담하는 공동비용 부담 비율이다.

그러나 일반적으로 이 경영형태는 임대인의 책임하에 이루어지는 임대차 방식이므로 임차인에게 더 불리하며, 임대인은 상대적으로 유리한 조건을 갖는다. 한편, 공동비용의 부담내용과 이윤분배 비율을 둘러싸고 양측간에 이해의 충돌이 잦다.[31]

④ 고정수익분배제 임차경영

이것은 평균생산 또는 평균 수익을 근거로 하여 어업수익에 대해 일정한 분배비율을 정하는 어선 임대차 방식이다. 보통 임대인에게는 평균 총수익의 50%를 분배하며, 나머지를 임차인이 갖는 임대차 경영방식이 많다.

여기서 평균수익이란 일반적으로 과거 3개년간의 평균수익을 기준한다.[32] 예를들어, 예상 어업 총 수익이 연간 18,000천원이고, 과거 3개년간 평균 총수익이 8,100천원이면, 이의 50%는 4,050천원(8,100×0.5)이므로 이것을 임대인의 수입으로 분배하고, 나머지 13,950천원(18,000-4,050)은 임차인의 수입이 된다.

이 방식은 임대인에 대해서는 정기적인 고정수입이 보장되므로 앞의 현금지불제 임차경영과 유사하다. 임차인이 임대인보다 더 많은 어업위험을 감수해야 하지만 장기적으로는 임차인에게 매력있는 임대차경영(attractive lease)이 될 수 있다.[33]

(5) 어선리스(lease of fishing boat)의 사례[34]

여기서는 우리나라 리스금융 회사와 수산기업과의 사이에 체결된 어선 리스사례 3건을 예를 들기로 한다.

하나는 국내 리스회사와 수산회사와의 60톤급 선망 등선1척에 관한 리스계약이다. 취득원가는 9억원이며, 리스계약은 9억원에 해당하는 자금을 리스자금으로 하여 이것을 원화 25%, 외화 75%로 하고, 리스기간은 72개월[35](6년), 리스료 지급방법은 3개월 후불로 하였다. 그리고 리스보증금은 취득원가의 3%를 현금으로 리스회사에 일시불 하는 조건이다.

또 하나는 390톤급 참치연승어선 3척을 리스하기 위해 수산회사 D기업과 국내 리스회

31) 자본력을 가진 임대인의 어업경영책임과 기술력을 가진 임차인의 공동관심속에서 이루어지는 임대차 경영형태인 때문이다.
32) Frederick J.Smithe. op. cit,, p.143.
33) Ibid, p.143.
34) 박인성, 어선리스에 관한 고찰, 부산수산대학 대학원, 석사학위논문, 1989.
35) 여기서 리스기간 72개월(6년)은 우리나라 "시설대여산업육성법"(1973. 12)의 적용하에 리스금융을 이용하는데는 72개월이상의 리스기간을 요하는 것과 관계가 있다.

사 간에 체결한 리스계약이다. 취득원가(참치어선 3척)는 60억원이며, 여기에 대한 총 리스자금 융자에 대하여 원화 75%, 외화 25%로 하여 리스금리를 72개월(6년)간 지불하는 조건이다.

마지막 사례는 129톤급 선망어업본선 1척을 리스하기 위한 수산회사 S기업과 국내리스회사와의 계약이다. 취득원가는 20억원이며, 자금은 원화 50%, 미화 50%로 하고, 미화는 리보이율(Libor-rate) 기준[36]으로 한다고 되어있다.

(6) 예제

다음의 조건 하에서 앞의 4형태별 임차경영의 성과 계산을 비교해본다.

예상임차어업경영총수익 : 18,000천원, 최근 3개년간 평균 총수익 : 8,100천원
연간임대료 : 6,000천원, 임차인 대 임대인 수익, 비용, 이윤의 분배비율 : 40/60

임차어업경영 4형태의 어업성과 분배액 산정

(단위 : 천 원)

	총수익분배제	현금지불제	이윤분배제	고정수익분배제	비고
임차인	9,000	12,000	7,200	13,950	
임대인	9,000	6,000	10,800	4,050	
비고	50 :50	임대료	40 : 60	평균수익 50%	

3) 어구

어구는 수계에 서식하는 생물자원을 채포함에 있어서 인력을 대신해서 채포를 직,간접적으로 도와주는 생산수단이다. 어구를 광의로 보면 어선도 어구의 하나로 볼 수 있으나 여기서는 어선을 제외한 어업수단만을 어구로 정의한다.

이러한 어구(fishing gear)의 종류로는 먼저 어법에 따라서 망어구, 낚이어구로 나눌 수 있고, 다시 망어구는 자망어구, 인망어구, 부망어구, 함정어구 등으로 구분할 수 있으며, 또

36) 리보이율이란 국제금융시장의 중심지인 영국 런던에서 국제 우량은행끼리 단기자금을 거래할 때 적용하는 금리를 말한다. 런던은행간 금리(London inter-bank offered rates : LIBO-R)의 머리글자를 따서 리보(LIBOR)라 부른다. 이것은 국제금융시장의 기준금리로 활용되고 있으며, 금융기관이 외화자금을 들여올 때 국제기준으로 삼는 금리이다. 외화차입기관의 신용도에 따라 리보이율은 달라지는데 차입기관의 신용도가 낮을수록 높은 금리가 붙는다. 예를 들어, 리보가 연 8.5%이고, 실제 지급금리가 연 9.5%라 한다면 그 차이인 1%가 가산금리이며, 이것은 차입 금융기관의 수수료 수입이 된다.

낚이어구는 외줄낚이, 연승, 채낚이 등으로 구성된다. 다음은 어구의 운용방법에 따라서 운용어구와 정치어구로, 마지막으로 기능에 따라서 주어구와 보조어구로 각각 구분된다.

주어구(main gears)는 대상어획물을 채포하는데 있어서 직접적으로 쓰이는 어구를 말하며, 보조어구(auxillary gears)는 주어구의 어획효율을 높이거나 어구조작의 능률을 돕는데 사용되는 기계, 도구 등을 가리킨다.[37]

예를 들어 그물, 낚시 등은 주어구에 해당하며 어탐기, 양망기, 양승기, 집어 등과 같은 것들은 보조어구에 속한다.

어구는 해황의 변화와 수산생물의 행동 특성에 기초하여 계속 개선되어 왔으나 앞으로는 더 새로운 재질개발은 물론, 어로작업의 능률과 어획효과를 끊임없이 증진시켜 나가는 방향으로 개발되어나가야 할 것은 말할 필요가 없다.

그러나 자원관리가 강화되고 있고, 책임있는 어업을 국제규범으로 정해두고 있는 현대에 있어서는 자원관리형 어구 어법 혹은 친환경적 어구 어법 개발에 더 힘써야 할 것이다.

4) 토지 및 건조물

수산경영의 물적 요소에는 토지와 각종 건조물이 있다. 주요 건조물로는 수산업의 종류나 성격에 따라 다르나 그물창고, 선원숙소, 어획물 보관창고(냉동 · 냉장고), 가공공장, 어획물 양륙시설, 사무실 등이 있다. 양식경영에서는 최근에 양식기술의 발달로 어류 부화장, 성육장 등의 시설을 육상에 설치하고 있어 많은 토지와 시설을 필요로 한다.

그러므로 수산경영활동을 수행하는데 있어서도 토지의 확보는 중요하며, 각종 시설물에 대한 유지 관리에 주의를 기울여야 한다.

5) 원자재

(1) 연료

수산경영이 성립되는데는 선박과 어구 이외에도 필수 불가결한 자본재가 많다. 그 가운데서 선박용 연료와 양식용 종묘 및 사료 등의 원자재는 어선동력화와 양식업이 현대화되어 가는 현 단계에서는 대단히 중요한 경영요소이다.

보통 수산자재(水産資財, fisheries materials)라 하면 유류, 종묘 및 사료와 같은 소모성

---

37) 김진건, 연근해 어구 · 어법학, 유일문화사, 2000, p.32.

자본재를 가리킨다. 어선운용에 필수에너지 요소인 연료용 석유 모두를 유류(油類)라 말하며, 종묘나 사료는 최근 수산양식업의 발달과 함께 등장된 새로운 수산자재이다.

선박용 유류의 종류는 중유, 경유, BA유[38], 윤활유, 휘발유의 5종이며, 이 가운데서 우리나라 어선들의 사용 비중이 가장 높은 유종은 전체 소비량의 약 86.6%를 점하는 경유(輕油, light oil)이다. 이것은 선박기관 대부분이 디젤기관(Diesel engine)으로 되어 있고, 디젤기관의 주된 연료가 경유인 때문이다.

(2) 수협의 유류공급 활동

원양어업에서는 필요한 유류를 개별경영체가 직접 구입해 나가지만 연근해어업과 양식업에 있어서는 수협이 유류 수요량전체를 공동구매하여 어업별로 공급하는 계통구매방식을 취하고 있다. 우리나라의 연근해 어업용 유류 총 소비량에서 수협을 통해 공급되는 비중은 약 80%를 점한다. 이와같이 수협이 어업용 유류공급의 대부분을 담당해 나가고 있는 이유는 다음과 같은 이점이 있는 때문이다.

첫째, 전량 저렴한 면세유(免稅油)가격으로 공급된다. 모든 석유류에는 석유류세(石油類稅)가 부가되는데, 수협을 통한 계통공급 유류의 경우에는 모든 석유류세가 면제된다.

둘째, 불필요한 유통비용이 절감된 실비 가격으로 공급된다. 이는 수협중앙회가 전국 단위 수협을 통해 어민들의 유류 주문량을 기초로 전국규모의 공급계획을 수립하고, 이 계획에 따라 단위수협을 통해 대량으로 계통공급을 실시하므로 공급비용과 기타 부대비용을 최대한 절감할 수 있다. 경유를 예를 들면, 1997년 기준 D/M당 수협공급가격은 31.355원인데 대해, 시중공급가격은 64.854원으로, 무려 50%이상의 가격차가 존재한다.

셋째, 적기공급이 가능하다. 이를 위해 수협은 전국어항과 어업기지에 유류탱크, 바지선, 유조선, 유조차 등 총 298점(1996)의 유류저장, 내지 공급시설을 보유하고 있으며, 총저장용량은 연간 230천D/M이다.

넷째, 외상공급이 가능하다. 수협유류공급사업은 수협 경제사업의 일환으로 실시해 나가는 사업이기 때문에 반드시 시중의 유류상과 같은 현금거래원칙에 지배되지 않는다.

이와 같이 수협을 통한 어업용 유류공급사업은 수산개별 경제의 경영개선과 경영안정에 기여하는 여러 가지 이점을 가지고 있다. 그러나 수협계통조직이 공급하는 어업용 유

38) BA유란 Bunker A에 해당하는 중유를 말한다. 중류는 고질류와 저질유로 나누는데, 저질 중유는 다시 Bunker A, B, C의 3등급으로 구분되며, BA유는 이 가운데서 상대적으로 유질이 나은 저질유의 일종으로, 이를 Bunker A유라 말한다.

류공급혜택을 받기 위해서는 어업자들은 반드시 지구별 수협이나 업종별 수협 또는 어촌계에 조합원으로 가입해야 한다.

수협의 유류공급실적을 초기부터 최근까지를 정리해 보면 <표 Ⅲ-1> 과 같다.

<표 Ⅲ-1> 수협의 어업용 유류공급 실적과 추이

(단위 : 천DM)

	중유	경유	BA유	윤활유	휘발유	계	척당공급량(DM)
1965	179	29	-	-	-	208	21.7
1970	75	61	22	-	-	158	11.2
1975	366	786	467	7	-	1,626	82.6
1980	103	1,782	458	10	-	2,358	46.1
1985	33	2,412	567	21	-	3,034	42.2
1990	30	3,796	498	31	13	4,362	55.0
1995	14	5,697	705	36	78	6,512	90.6
1998	32	6,152	546	31	342	7,103	78.6
구성비(%)	(0.5)	(86.6)	(7.7)	(0.4)	(4.8)	(100.00)	

* : 척당공급량은 원양어선을 제외한 연근해어선 총척수를 기준으로 한 것임.
자료: 수협중앙회, 업무통계, 1999.

(3) 어업별 연료비 비중

<표 Ⅲ-2>에 의하면, 우리나라의 어선의 척당 연료비 지출은 총 생산비 가운데서 연안

<표 Ⅲ-2> 우리나라 어업별 척당 연료비 비중(1999)

(단위 : 천원, %)

	연안어업	근해어업	원양어업	비고
연료비	9,949	61,066	434,722	연료유, 윤활유
연료비 비중	6.0	15.5	19.3	연료비/총비용
총비용	165,157	394,292	3,109,801	

자료: 수협중앙회, 어업경영조사보고, 1999.

어업이 6%, 근해어업이 15.5%, 그리고 원양어업이 19.3%를 점한다.

약 10여개 종목의 어업경영비 가운데서 지출항목이 가장 높은 것은 선원인건비로서, 총경비 지출의 평균 20~30%를 점한다. 두 번째가 연료비인데, 어업별 연료비 지출의 경향은 규모가 큰 근해, 원양어업으로 갈수록 상대적으로 높다. 그러므로 어업경영은 연료비 절감을 위한 어구 어법의 개발과 어업용 유류의 구입 및 재고관리에 여러 가지 방면으로 노력을 펴 나갈 필요가 있으며, 이러한 점에서 수협 계통조직의 유류공급 사업의 건전한 육성은 중요한 과제라 본다.

(4) 종묘

양식경영에 있어서 종묘(種苗)는 양식경영의 성패를 좌우하는 경영요소이다.

최근 어류 양식업이 발전함에 따라 이러한 종묘의 성능과 가격 및 적정수량의 확보조건은 양식경영에 있어서 중요한 과제가 되고 있다.

<표 Ⅲ-3> 육상넙치양식 경영의 비용 구성(4만미 기준)

(단위 : 천원)

항 목	금액	구성비(%)	비 고
종 묘 대	32,000	13.9	5-10㎝ 종묘 4만미
사 료 비	31,395	13.7	생사료 대 배합사료 5:5
약 품 대	1,569	0.7	
인 건 비	33,600	14.7	기술자 2명, 보조 1명
(양식직접비)	(98,564)	43.0	
간접 노무비	25,530	11.1	관리인 인건비, 제수당, 복
감가 상각비	56,550	24.7	리후생비의 합계
전기, 수도료	21,600	9.4	
수 선 비	18,000	7.8	
잡 비	9,000	4.0	
(양식간접비)	(136,680)	57.0	일반관리비, 경비, 판매비
총 양식 원가	229,244		
생 산 량	18,200kg	100.0	양식기간 1.5년
kg당 원가	12,594원		229,244/18,200kg

주: 성장계수(증육계수)는 2.3으로 추정.

자료: 崔正鉁. 八木庸夫, 韓・日 ヒラメ養殖經營の比較, 長崎大學研究壹告 第73号, 1993.

어류양식에 있어서 종묘의 원가 구성비율은 <표 Ⅲ-3>에 의하면 넙치양식의 경우 약 14%로 사료비와 비슷한 수준이다.[39] 종묘비와 사료비 두 비용요소가 양식변동비의 약 65%를 차지한다. 그러나 아직도 넙치를 제외하고는 인공종묘의 보급기반이 불충분한 단계에 있다. 양식경영에 있어서 종묘의 조건은 어류 양식경영뿐 아니라 최근에는 패류양식에서도 문제가 되고 있다. 굴양식과 피조개양식의 경우 오랜 기간의 연작(連作)과 연안수질의 오염으로 천연채묘에 의한 종패 확보가 점점 어려워지고 있고, 종패의 생존율과 성장율도 점점 낮아지고 있는 것이 문제이다.따라서 양식경영에 있어서 종묘관리의 3대 전략 과제라 할 수 있는 종묘 수급의 안정, 우량종묘의 확보, 및 저렴한 종묘비 지출이라고 하는 문제에 대해 충분히 대응해 나가기 위해서는 양식경영체의 공동노력이 필요하며, 종묘생산 기술개발에도 많은 투자가 있어야 될 것이다.

(5) 사료와 사료계수

양식업 경영에 있어서 사료를 필수요소로 하는 곳은 어류 양식 부문이다.

1997년말 현재 우리나라의 양식업 생산구조를 보면 98%가 해면양식이며, 2%가 내수면양식이다. 그리고 종류별 양식은 어류양식 생산량이 16.1%, 패류양식생산량이 29%, 조류양식생산량이 62.3%로 되어 있다.

양식용 사료의 연간 총 소요량은 양식어의 성장계수로부터 추산할 수 있는데, 사료종류에 따라 성장계수(growth rate, 증육계수라고도 함)는 일정하지 않으나 넙치양식의 경험을 기초로 할 때 양식 생산량의 약 2~3배로 추산된다.

성장계수(成長係數)란 양식생산물의 총 중량증가(重量增加)에 대한 사료투여량의 비율이다. 간단히 양식생산량에 대한 사료량의 투입 비율(사료투입량/양식생산량)을 성장계수라 하며, 이것을 한편으로는 사료계수(飼料係數)로도 표현한다. 따라서 사료계수가 높으면 사료효율이 낮으며, 반대로 사료계수가 낮으면 사료효율이 높다. 또 양식어의 성장은 사료효율에 의해 좌우되며, 사료효율은 사료의 질과 가격에 의존한다. 이것을 간단히 파악할 수 있는 계산식은 다음과 같다.

사료계수=사료량/양식생산량=성장계수

사료효율=양식생산금액/사료비 총액×100 또는 양식생산량/사료량×100

사료계수의 역수=1/사료계수

39) 일본의 넙치 해상가두리 양식에서는 종묘비 약 20%, 사료비 약 26%로 나타났다(최정윤, 앞 논문).

양식용 사료는 멸치, 정어리, 고등어, 까나리 등의 소형어 또는 저급어를 생사료(生餇料)로 하는 것과 전분질과 어묵을 섞어 만든 배합사료(配合餇料)의 두 종류가 있다. 생사료는 대상 어자원의 감소와 어업의 부진으로 공급기반이 안전하지 못하다고 볼 수 있다. 그러므로 배합사료의 공급비중을 넓혀 나갈 필요가 있는데, 이를 위해서는 인공사료를 이용한 어류양식기술과 양질의 배합사료 개발이 무엇보다 중요한 과제이다.

5. 기술적 요소

1) 수산기술

수산경영의 기본적 요소로는 이제까지 설명한 자연적 요소, 인적 요소 및 물적 요소 이외에 기술적 요소가 있다. 일반적인 경영요소에 기술요소가 추가 투입되게 되면 수산경영은 위험을 방지하고, 아울러 보다 높은 경영성과를 기대할 수 있다.

기술적 요소란 자연적 요소와, 인적 및 물적 요소를 보완하는 수산과학기술과 수산경영기법 및 정보 등을 말한다. 현대와 같은 정보화 사회에서는 수산경영자는 수산업에 관련된 유용한 정보를 빠르고 정확하게 획득하고, 분석하여, 이를 바탕으로 경영에 관한 올바른 의사결정을 내리는 것이 대단히 중요하다.

실제로 최근 수산업에 있어서 기술개발은 다양한 분야에서 활발하게 진행되고 있으며, 수산물 가공분야에서도 다획성 수산물의 소비확대를 위한 새로운 수산가공식품의 개발과 품질개선에 대한 연구와 응용이 활발하게 진행되고 있다. 양식업에 있어서는 종묘생산 기술개발, 어패류와 해조류의 우량품종 기술개발, 해상 및 내수면 어류양식 기술개발 등이 가속적으로 일어나고 있다.

따라서 수산경영자는 수산업과 관련한 새로운 기술정보의 수집과 그 활용방법에 관한 문제를 항상 검토해 나가야 하며, 장기적으로는 필요한 기술을 수산기업 내에서 자체적으로 연구 개발 할 수 있는 체제를 갖추어 나가야 할 것이다.

2) 수산정보

기업의 환경이 급속하게 변화할수록 기업 경영자는 환경변화에 적합한 의사결정을 내리는 데 필요한 시간적 여유를 충분히 가져야 한다.

이를 위해서는 컴퓨터 등 정보기기의 확보와 이의 조작이 가능한 부서를 설치하거나 그렇지 못하면 경영자 자신이 이러한 정보처리에 필요한 지식 습득에 꾸준한 노력을 기울여야 한다. 최근과 같이 불확실하고 급변하는 환경 아래에서는 기업이 정보를 어떻게 이해하고 다루느냐가 그 기업의 생존 및 발전 여부를 좌우하는 중요 요건이 되고 있다.

수산업은 경영의 기본적인 의사결정 사항에 속하는 생산량이나 판매량, 가격 등에 있어서 본질적으로 어느 산업보다도 불확실성이 높은 산업인데도 불구하고 수산경영자들은 자신들의 경험과 직감만을 중요시하는데서 합리적인 의사결정을 내리지 못하고 있다.

중요한 수산경영정보로서는 먼저 해황정보와 어황 정보를 들 수 있다. 수산진흥원과 산하 지역연구소를 통해 제공되는 정보로는 바다의 수온, 염분, 용존산소량, 투명도 등의 해황정보가 있고, 어군의 형성과 이동, 어획 노력의 투입량, 어획량의 시간적인 변동에 관한 어황정보가 있다. 또 출어중인 어선에 대해서는 수협어업무선국을 통하여 무선으로 이러한 정보가 전달되고 있다.

국립수산과학원에서는 미국 우주항공국(NASA)이 발사한 해양관측위성으로부터 수신된 해면 수온 정보를 분석하여 해황과 어황예보에 활용하고 있으며, 어선에도 점차 이러한 위성정보 수신장치가 보급되고 있다. 수산경영자는 수산업에 관한 이러한 각종 정보 이용에 대해서 깊은 관심을 가지도록 노력해야 할 것이다.

다음은 생산과 유통에 관련된 시장정보로서, 전국의 주요 산지별 어종별 생산량, 위판량, 출하량 및 가격변동 등 다양한 정보량이 존재하며, 이러한 정보는 주로 수협중앙회와 그 계통조직을 통해서 제공된다. 수산경영자들이 이를 유용하게 활용하지 못하면 중요한 의사결정 시점을 놓치거나 시장경쟁에서 낙후되는 결과를 초래 할 수 있다.

Ⅳ. 수산경영과 수산자원

1. 수산자원의 공유재 개념

1) 공유재산

공유재산(common property)은 간단히 공유재(共有財)라고도 한다. 공유재는 자연적 천연적으로 생산되며, 경제적 가치를 지닌 것으로서, 어느 개인이나 단체의 사적 점유나 지배하에 있어서는 안되는 사회적 재산을 말한다. 그러므로 공유재산에 대해서는 다음과 같이 모든 사람이 공동으로 소유하고 공평하게 이용할 수 있는 공동재산(common property)으로서의 3대 이용원칙이 존재한다.

① 누구에게나 규제없이 공개되어야 하는 공개자원이라야 하며(open access)

② 누구에게나 배타권이 없는 자유로운 이용(free use)이 전제되어야 하고

③ 누구에게나 공평하고 차별없는 이용의 기회(fair opportunity)가 주어져야 한다.

공유재산에 대립되는 재산개념은 사유재산(private property)이다. 이는 공유재 이용이 위의 3대 원칙에 제약이 가해지는 재산이라는 점에서 제한적 재산(limited property)이라고도 한다. 사유재는 재산에 사유권이 인정되고, 타인의 접근과 이용을 제한하는 비공개적, 배타적 재산(closed access)의 성격을 띄므로 누구나 자유롭게 이용하고, 소유하는데 있어서 제한이 가해진다.[40]

일반적으로 수산자원은 무주물이며, 공개적인 성격을 갖는 점에서 대표적인 공유자산(common property)에 속한다.[41] 그러므로 수산자원에 대해서는 특정인의 배타적 점유는 원칙적으로 금지되며, 그렇기 때문에 모든 사람이 자유롭게 이용할 수 있도록 광범위하게 공개되어야 하는 것이 원칙이다.

2) 공유재의 비극

---

40) 유동운, 환경경제론, 비봉출판사, 1992, p.130.

41) 공유재의 개념과 유사한 것으로 公共財(public goods)가 있다. 자연적, 천연적으로 생산되지만 비재산적 재화를 말한다. 이것은 이용 자가 어떤 희생을 치르지 않고도 얼마든지 이용할 수 있고, 또 경쟁 없이 이용되고, 소비할 수 있는 재화이다. 대기, 물, 환경과 같은 것이 여기에 속한다. 공유재와 공공재의 차이는 전자는 경제목적으로 이용되며, 재산적 가치가 있고, 그렇기 때문에 경쟁적 이용재 인 점인데 대하여, 후자는 생활목적이며, 재산적 가치가 없고, 그렇기 때문에 비경쟁적 이용재인 점이 다르다.

공유재는 어느 누구의 소유도 아니지만 재산적 가치가 있고, 무주물 선점 원칙이 강행되며, 이윤이 있는 한 참여가 계속되고, 일정 수준 이상의 이용 압력에 도달하게 되면 자원 전체가 고갈해 버리는 특징을 갖는다. 그렇기 때문에 공유재는 그의 이용을 둘러싼 비극적 현상이 필연적으로 일어날 수밖에 없는데, 이것을 두고 G.Hardin(1968)은 「공유재의 비극, The Tragedy of the commons 」이라 하였다.[42)]

왜, 이런 비극적 현상이 공유재 이용에서 일어나는가에 대하여 그는 다음과 같은 이유를 지적 하고 있다. ① 공유재 이용자의 행동은 자신의 이익에만 지배되며, ② 남의 이용은 자신의 손실로 인식하여 이용경쟁을 야기 시키며, ③ 관리에 대한 책임은 지지 않고 이용에만 관심을 갖는 무임승차(free rider) 현상이 존재하는 때문이라고 했다.

이러한 공유재의 비극을 막는 방법으로 일찍이 Gordon(1954)은 ① 공공기관에 의한 강력한 규제와 관리, ② 일정하게 분할하여 집단별로 자율적인 규제와 책임관리를 해 나가게 하는 방법, ③ 조세에 의해 무분별한 이용을 억제하는 과세제도의 강화 등을 강조한 바 있으며[43)], 최근에는 여기에 대해 관리자와 이용자가 다 같이 참여하는 협동적 관리(co-management)를 하나의 실천방법으로 제시하고 있다[44)].

2. 수산자원의 특징

1) 자원의 종류

일반적으로 천연자원은 다음의 3가지 기준에 의해 그의 성격을 구분할 수 있으며, 이 가운데서 자율갱신적 자원이란 자연적으로 번식, 회유, 성장하면서 일정한 자원량 수준을 스스로 유지해 나가는 자원을 말한다. 수산자원은 공유재이면서 자율갱신적 자원의 대표적 존재이다. 수산자원의 이러한 특징이 수산업의 지속적 성립을 가능케 하는 전제조건이 된다.

①변동성 기준
- 고정성 자원 - 토지
- 소모성(고갈성) 자원 - 석유, 석탄, 광물 등

42) 미국 California 대학 Garrett Hardin(1968)이 최초로 지적한 표현으로서, 그의 논문 「The Tragedy of Common Property」, Science 162, (1968)에서 유래한다.
43) H.S Gordon, The economic theory of a common property resources : the fishery. J. Political Economy 1954, p.69.
44) 최정윤, 수산업 협동조합의 어업권 관리기능에 대한 비교연구, 수산경영론집 제 29권 제1호, 1998.6 참조.

② 갱신성 기준 ┌ 타율적 갱신자원(non-renewable resources) : 농업자원
└ 자율적 갱신자원(self-renewable resources) : 수산자원

③ 소유관계 기준 ┌공동자원(공유재) - 수산자원
├ 공공자원(공공재) - 대기, 물, 환경
└ 사유자원(사유재) - 토지, 화폐, 상품

2) 수산자원의 특징

(1) 자율갱신적 재생산자원(self-renewable resources)

수산자원의 갱신률(更新率)은 자원의 종류, 자원의 기초량, 연령군의 구성, 자연적 조건 등에 따라 다르다. 그러나 일반적으로 수산자원은 일정한 기초자원량만 계속해서 유지해 주면 이를 이용하는 어업은 최대지속적 생산(MSY : Maximum Sustainable Yield)이 가능하다. 반대로 과도어획량이 계속되는 경우에는 갱신율(renewable rate)이 떨어져서 자율적 갱신능력을 상실하게 되고, 결과적으로 자원의 절대량 자체가 감소하여 더 이상 어업의 산업적 성립을 불가능하게 한다. 여기에서 적정어획량 개념이 성립되고, 동시에 어장관리 및 자원관리문제가 정책과제로 등장한다.

한편으로는 수산자원의 사망률은 밀도 의존적(density dependent)특성을 지니고 있어 지나친 자원밀도는 자원갱신율에 도움을 주지 못한다고 하는 견해도 있다. 그러므로 적당한 어획은 오히려 수산자원의 재생산곡선을 높이는데 기여하며, 여기에 어업성립의 근거가 있다.45)

(2) 가변성이 큰 자원

수산자원은 자율적 갱신능력을 갖지만 그것은 매우 불안정하며, 또 변동성이 크다고 하는 점이다. 여기에는 다음의 두 요인이 존재한다.

자연적 변동요인 : 저성장, 불임, 사망 —— 감소요인
성장, 번식, 회유 —— 증가요인
인위적 변동요인 : 어획, 어장파괴, 수질오염 ——감소요인

---

45) 川崎 健, 魚・社會, 地球, 成山堂書店(日本), 1992, p.161.

양식, 증식, 조장조성, 치어방류 —— 증가요인

수산자원은 위의 2대 변동 조건에 의해 그의 존재량이 가변성(fluctuation)을 띠는데, 이 때 그의 가변적 변동 특징은 대개 다음과 같은 4대 유형으로 나타난다.46)

① 자원량이 일정한 변동 유형 - A형

② 자원량이 일정한 폭을 가지고 변동을 나타내는 유형 - B형

③ 자원량의 변동을 예측할 수 없는 불확실한 변동유형 - C형

④ 자원량이 서서히 악화되면서 변동하는 유형 - D형

이상의 4대 변동 유형을 시간 - 자원량 관계로 나타내면 <그림 Ⅳ-1>과 같다.

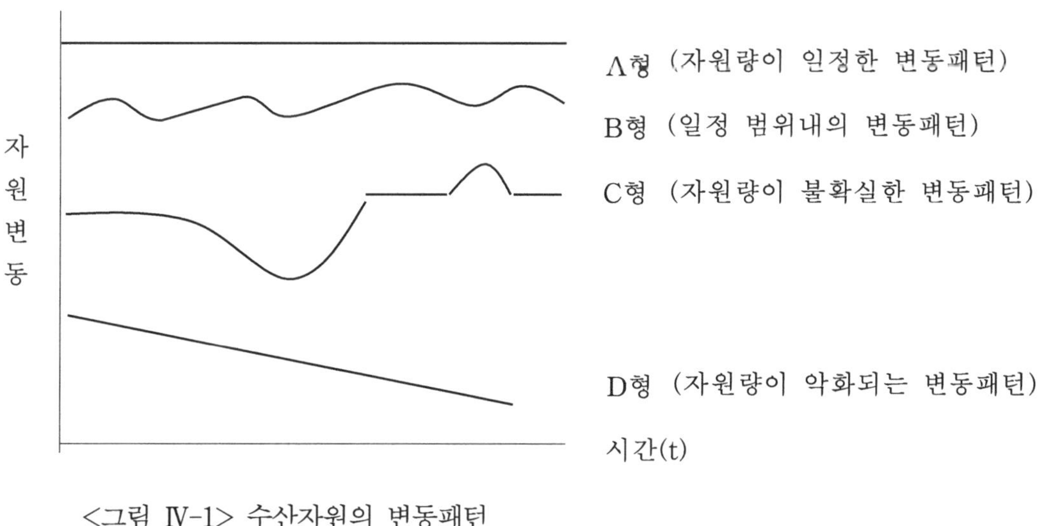

<그림 Ⅳ-1> 수산자원의 변동패턴

(3) 강한 먹이사슬(food chain)관계의 자원

수산자원은 어류자원을 예를 들면. 「부유식물→부유동물→난→작은 고기→큰 고기」의 순으로 체계화된 강력한 먹이사슬 관계를 나타낸다. 이 가운데서 가장 뒤쪽에 위치하는 큰 고기 생물이 고도로 진화된 자원이며, 경제가치가 높아 모두 어획대상이 된다.

이러한 수산자원의 "먹이사슬 관계"에서 볼 때 어느 특정 자원의 감소는 그 자원의 존재량에만 그치는 것이 아니고, 먹이사슬 관계에 있는 다른 자원의 존재량(stocks)모두에게 직접, 간접적인 영향을 주므로 수산자원의 총체적 균형은 대단히 중요한 문제이다.

46) 日本水産學會編, 水産資源の有效利用, 水産學しり-ず(14), 1981, pp.15-16.

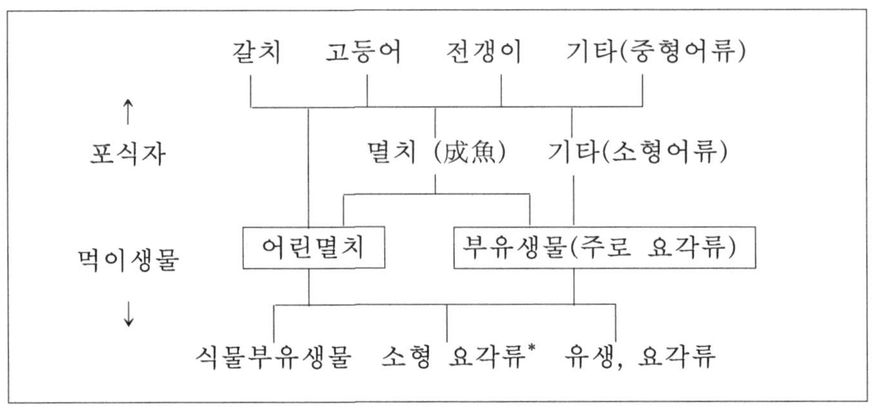

<그림 Ⅳ-2> 멸치의 생태학적 위치와 중간 포식 관계 모식도

*: 요각류(橈脚類)란 영명으로 copepods로 불리는 수중의 아주 작은 부유동물을 말한다.

자료: 최정윤 외 4인, 기선권현망어업의 경영기반확충에 관한 연구, 부산수산대학교 수산기업연구소, 1996, pp.261-287.

<표 Ⅳ-1> 주요 부어류의 위(胃) 내용물 조성의 비교

(단위 : %)

어종 / 위 내용물	고등어	전갱이	멸 치	오징어	갈 치
멸 치	34.6	60.4	-	-	8.5
기타 어류	10.9	1.4	0.8	51.1	39.2
오 징 어	0.5	-	-	42.2	9.1
요 각 류	0.6	-	22.2	-	-
새우, 게류	8.7	22.6	1.4	-	-
기타 갑각류	44.7	15.6	-	6.7	43.2
개 형 류[47]	-	-	75.6	-	-
계	100.0	100.0	100.0	100.0	100.0

자료 : 최정윤외 4인, 앞책.

수산자원의 먹이사슬 관계를 최근 우리나라의 특정 수산자원(멸치)을 중심으로 조사한 결과에 의해 구체적으로 살펴보면 <그림 Ⅳ-2>와 같다.

<그림 Ⅳ-2>의 이해를 돕기 위해서 다시 <표 Ⅳ-1>을 통해 5종의 어획대상어종에 대

45) 개형류(介形類)란 영명으로 ostracoda로 불리며, 요각류에서 성장한 아주작은 패류군을 말한다.

한 위(胃)의 내용물을 파악한 결과, 고등어 먹이의 35%, 전갱이 먹이의 약 60%, 갈치 먹이의 약 10% 가량이 멸치로 되어 있었고, 멸치는 약 76%를 요각류가 생산한 개형류 먹이에 의존 하고 있다는 사실이 밝혀졌다.

대개 식물 플랑크톤이 생성한 영양물질은 영양 단계를 거치는 동안 100% 다음 단계에 전달되지 않고 생물의 호흡, 기타의 영향으로 소모되고 일부만 먹이로 전달된다. 이와 같은 관계는 먹고 먹히는 각 어종의 영양단계에서 다같이 볼 수 있는 현상이다. 그러므로 일정수준의 수산자원 유지를 위해서는 먹이사슬 관계로 볼 때 저차단계의 부유생물이 매우 중요한 역할을 한다는 것을 이해할 수 있다.

따라서 멸치를 과잉어획하면 그 결과는 1차적으로 고등어, 전갱이, 갈치와 같은 어종의 성장, 번식은 물론, 다른 어업의 성립에 있어서도 즉각적인 영향을 미칠 것이라는 것을 알 수 있다. 마찬가지로 연안수질이 오염되거나 어상의 과다한 파괴는 식물성 플랑크톤이나 소형요각류의 번식과 생존에 결정적인 타격을 줄 것은 말할 필요도 없다.

3. 수산자원의 변동요인

1) 경제적 자동조절설

이것은 1953년 일본의 자원경제학자 相川光秋의 어업경제연구 제2권 제2호에서 주장한 어업자원 변동설이다.

수산자원은 어업압력이 가해지면 일반적으로 감소하지만, 어업압력 자체는 사회의 수산물 수요와 공급과의 관계인 경제적 힘에 의해 좌우되므로 과도한 어업 비용이 기대할 정도의 어획성과를 이루지 못하면 어업압력은 점차 약화되어 수산자원은 다시 회복이 가능하다는 견해이다. 따라서 자원유지 목적으로 어업에 대해 지나치게 행정규제나 통제를 가하는 행위는 불필요하며, 또 무의미하다고 볼 수 있으므로 자원량의 유지와 보호는 경제적 자율작용에 의해 자동적으로 달성되도록 하는 최소한의 규제 방법이 권장되어야 한다는 주장이 성립될 수 있다. 곧, 어업생산은 자본의 유출입이라고 하는 진폭운동을 통해서 결국 타당한 생산수준을 자동적으로 유지해 나간다고 하는 것이 자원이용에 있어서 경제적 자동 조절론의 중심내용이다. 그러나 이러한 견해는 자원문제에 대해 지나치게 낙관적이라 하여 비판되기도 한다.

2) 과잉채포설

자율 갱신력이 있는 수산자원도 일정수준 이상의 어획노력이 가해지면 필연적으로 자원감소가 일어나므로 과잉 채포 문제는 수산자원 관리에 있어서 가장 우려되는 사항이라고 보는 것이 과잉채포설이다.

과잉채포(over fishing)란 ① 어획노력을 증대하여도 생산량이 비례적으로 증가하지 않거나, ② 어업노력 증가량보다 생산량이 더 많이 감소하는 두 가지 내용을 말한다. 그 결과는 단위노력당 어획량의 감소, 성연어(成年魚)의 혼재율 저하, 저연어(低年魚)의 혼재율 증가 등의 현상을 초래한다.

따라서 어업노력의 감소가 자원유지의 첩경이며, 자원증가량 이상의 채포는 절대 바람직하지 못하다는 것이 과잉채포설이 강조하는 주 내용이다.

단위노력당 어획량(CPUE: Catch-Per Unit of Fishing-Effort)이란 전체어획노력량(n)에 대한 총생산량(Y)의 비율을 말한다. 이를테면, 총조업일수에 대한 1일 평균생산량과 같은 것이 CPUE의 의미이며, 이것은 어업생산성 개념에 널리 사용되고 있다.

CPUE개념을 수식으로 정리하면 다음 식과 같다.

$$C = \frac{Y}{n}$$

Y : 생산량, n : 어획량

이 때 C는 다음과 같은 기능을 갖는다.

① MSY 추정계수로 쓰임

② 어장의 자원밀도를 추정하는 계수로 쓰임(C×어장면적=어장의 자원밀도)

③ 어획능률(어구능률)을 파악할 수 있음

④ 어장생산성 지표가 됨

3) 자연변동설

수산자원은 어업노력에 의해 변동되는 것이 아니고, 어기와 어장이라고 하는 자연환경조건에 의해 주로 변동하는 것으로 보는 것이 자연변동설이다. 이것은 앞의 경제적 자동조절론에 대비되는 주장으로, 매년 어업노력이 증가하는데도 생산량이 증가 또는 감소를 반복하는 현상, 그 자체가 바로 이러한 주장을 뒷받침한다.

수산자원은 여러 종류의 자원이 동일 수역에 공존하면서 상호 지배, 피지배의 먹이연쇄

관계를 갖는 환경생태시스템(eco system)을 형성하므로 그의 총체적 변동요인은 매우 복잡하며, 유독 특정자원에 대한 어업압력이 자원 전체 유지에 지배적인 영향을 미친다고 보기는 어렵다는 것이다. 따라서 수산자원은 적정어획(optimum catch)만 유지하면 종별 변동은 있어도 총체적으로는 항상 일정 수준을 유지해 나간다는 것이 자연변동설의 주된 내용이다.[48)]

4. 수산경영과 수산자원

1) 어업확대의 제한

수산경영은 근본적으로 수산자원의 성격과 변동요인을 전제로 하여 성립되는 사업이므로 자원문제는 여러 면에서 경영상에 제한을 가하게 된다. 그 중에서도 수산경영에 있어서 가장 큰 애로가 되는 것이 어업확대의 제한이다.

어업확대(expansion of fishery)란 어업경영의 규모화, 자본의 집중화 및 능률적 어업의 채용 등을 통하여 수산경영이 점차 기업화되고, 성장해 나가는 것을 말한다. 여기에 수산경영의 구체적인 성장 형태를 Smith(1975)는 수산업의 기업화와 규모화를 들고 있다.[49)]

그러나 수산개별경영은 수산자원이 공유자산이라고 하는 점 때문에 불가피하게 어장의 계획적 지배와 자유로운 이용에 제한을 받게 되므로 이는 결과적으로 개별어업의 성장과 발전에 제약을 초래하게 된다는 것이다. 또한 수산자원에 대한 공개적 접근성(open access)[50)]으로 인해 한정된 어장과 자원량을 두고 과도한 조업경쟁을 야기하게 되므로 결국 수산기업의 발전을 일정수준 이내로 제한될 수 밖에 없는 것이다.

예를 들어, 어업권의 자유로운 매매, 거래 및 양도가 금지되고, 양식업의 경우 1인당 보유면적을 일정범위 이내로 제한하거나, 허가어업에 있어서도 업종별로 일일이 선박의 크기와 마력수를 제한하며, 어로조업구역을 어업별로 한정하는 것 등이 그것이다.

2) 소규모어업의 불리성

수산자원은 공유재산이며, 공유재산의 이용원칙은 자본과 기술이 미약한 어업자에게는

---

48) 여기에 대해서는 J. Hjort(1933)이래 "The optimum catch, essay on population과 E. S. Russell(1931, 1942)의 ,Some theoritical considerations of overfishing proboome 등을 거쳐 현재도 중요한 수산자원학설로 지지되고 있다.

49) F. J. Smiths ,o.p.cit., p.3.

50) 수산자원에 대한 공개적 접근은 어장의 배타적 이용을 금지하며, 비배타적 이용의 원칙을 강조한다.

더 불리하게 작용한다.

경쟁력이 있는 개별어업자는 이러한 어업확대의 제한성을 극복하기 위하여 어장이용범위를 연안에서 근해로, 근해에서 원양으로 계속 넓혀 갈 수 있으나, 소규모 어업자는 항상 좁은 연안어장 범위에서 조업할 수밖에 없다. 그러므로 능력 있는 어업자와 능력 없는 어업자가 일정범위에서 공존할 수 있는 길은 어업제도와 어장이용규칙을 통하여 유효한 경쟁체제(workable competition system)를 구축해 나가도록 하는 방법 밖에 없다.

우리나라의 경우 연안어장의 대부분을 어업권으로 설정하여 보호하고 있는 것이라든지, 근해어업에 대해서 조업구역과 선박성능을 행정적으로 규제하는 것 등은 이러한 점에서 그 논리를 찾을 수 있다.

3) 어업경영의 불안정성

수산자원의 공유재산으로서의 특질은 자원이용자(어업자)로 하여금 무책임한 자원이용과 과잉개발을 부채질할 개연성을 처음부터 안겨 주는 요인이 되고 있다. 그 결과는 경제적 가치가 높은 자원부터 점차 소진(exhaustion)시키는 결과가 되어 전체 자원의 악화를 초래하게 된다. 이러한 것은 결과적으로 투입효과를 기대할 수 없는 자원사정을 초래하여 전체 어업경영을 불안정(unstabilization)하게, 또 불확실(uncertainty)하게 하는 중요요인이 되는 것이다.

4) 외연적 어장확대의 불가피성

개별어업자에게는 한정된 어장에서 어업자서로간에 과잉조업경쟁을 피하고, 보다 자유로운 어장이용을 꾀하는 것이 최대의 희망이다. 이를 위해서는 어장의 이용범위를 연안→근해→원양으로 확대하는 외연적 확대(外延的擴大)가 불가피하다.

Ⅴ. 수산경영의 형태와 조직

1. 경영형태의 분류

경영형태란 기업이 경제적 목적을 위하여 사업을 실시해 나갈 때 그 사업의 종류나 자본의 성격과 규모에 맞추어 채택해 나가는 여러 형식의 사업방식을 말한다. 간단히 말해, 자본의 출자와 여기에 수반하여 나타나는 경영의 책임귀속관계에서 본 기업의 종류를 경영형태라 한다. 이는 간단히 경영체의 성격과 그 종류를 일컫는 것으로, 기업형태와 경영형태는 거의 동의어로 쓰인다.

경영형태에는 ① 사업목적에 따라 그 것이 생계유지를 위해서 존재하는 생업경영과 투자한 자본의 이익을 목적으로 하는 기업경영이 있고, ② 다음은 사업방법을 기준으로 개인단독으로 하는가, 그렇지 않으면 조직을 통하여 그 조직의 책임하에서 공동으로 행하는가에 따라 단독경영과 공동경영으로 나눌 수 있고, ③ 또 조직에 의할 경우에도 어떠한 법률적 형식을 취하는가에 따라서 개인기업, 조합기업 및 회사기업으로 나눌 수 있다.

④ 마지막으로 그것이 법률에 기초한 형태인가, 아니면 경제활동 과정을 통해 성립되는 형태인가에 따라 법률형태와 경제형태로 구분 할 수 있다.

<그림 Ⅴ-1>은 이러한 여러유형의 경영형태를 가장 기본이 되는 위의 ④의 기준에 의해 분류한 것이다.

사업활동에 있어서 이러한 경영형태 문제가 중요시되는 것은 어떠한 경영형태를 택하느냐에 따라 ① 자본조달방법, ② 경영요소의 결합방법, ③ 대외경쟁력, ④ 사업의 추진효과, ⑤ 사업성과의 분배방식, ⑥ 경영관리방법, ⑦ 위험분산의 정도등이 각각 다르기 때문이다. 그러나 현실의 사업경영은 모두 법률의 뒷받침과 규제하에서 행해지며, 또한 기업의 범위와 규모도 법률의 뒷받침 위에서 일어난다고 하는 사실을 알아야 할 것이다.

따라서 우리나라의 경우 기업경영형태는 기본적으로 상법에 규정되어 있으나 그밖에 민법, 협동조합법, 특별법 등에서도 경영형태를 규정하고 있다.

이러한 기업 형태의 특징을 주요 지표에 의해 비교해 보면 <표 Ⅴ-1>과 같다.

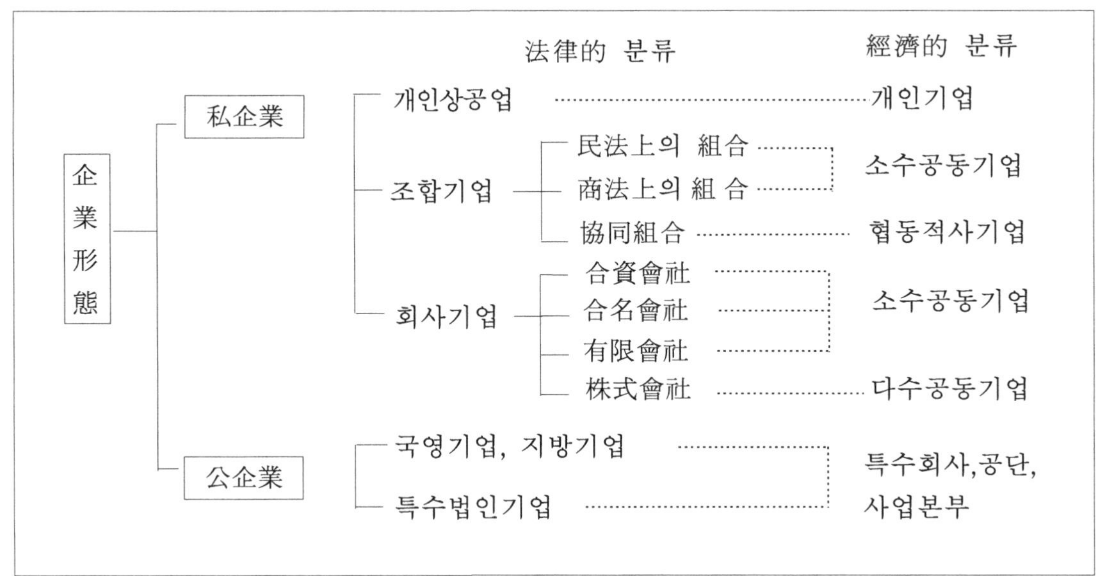

<그림 V-1> 기업의 법률적 형태와 경제적 형태의 대응관계

<표 V-1> 기업의 법률형태별 특징

	경영책임형태	자본조달방식	이익처분방법	기업지배기관	경영책임
1) 개인기업	무한책임	개 인 단 독	개 인 단 독	개 인	개 인
2) 합명회사	무한책임	소수인 조달	계 약 분 배	영업담당사원	출자자대표
3) 합자회사	무한책임	소수인 조달	계 약 분 배	출자자 공동	영업담당자
4) 유한회사	유한책임	다수인 조달	출자액 비례	사원총회 이사, 감사	사 원 대 표
5) 주식회사	유한책임	대 중 조 달	출자액 비례	주주총회, 이사회, 감사	전문경영자
6) 조합기업	무한책임	소수인 조달	출자액 비례	조합원총회, 이사회,감사	조 합 장
7) 익명조합	무한책임	소수인 조달	출자액 비례		조 합 장
8) 협동조합	유한책임	다수인 조달	이용고 비례	조합원총회, 이사회,감사	조 합 장

자료 : 韓國의 企業形態와 會社制度, 1978, pp. 17-74. 참조
최정윤, 한국근해기업의 경영구조에 관한 연구, 수산경영론집,1990.12. Vol.xxl. No.2

2. 수산경영의 형태

1) 광의의 형태

수산업은 그 범위를 광의로 규정하면 어업, 양식업, 수산가공업 및 수산유통업의 4대

부문으로 구성되며, 협의로는 어업과 양식업으로 구성된다. 여기서는 광의의 수산업에 기초하여 수산경영의 종류를 다음과 같이 크게 4형태로 분류한다.

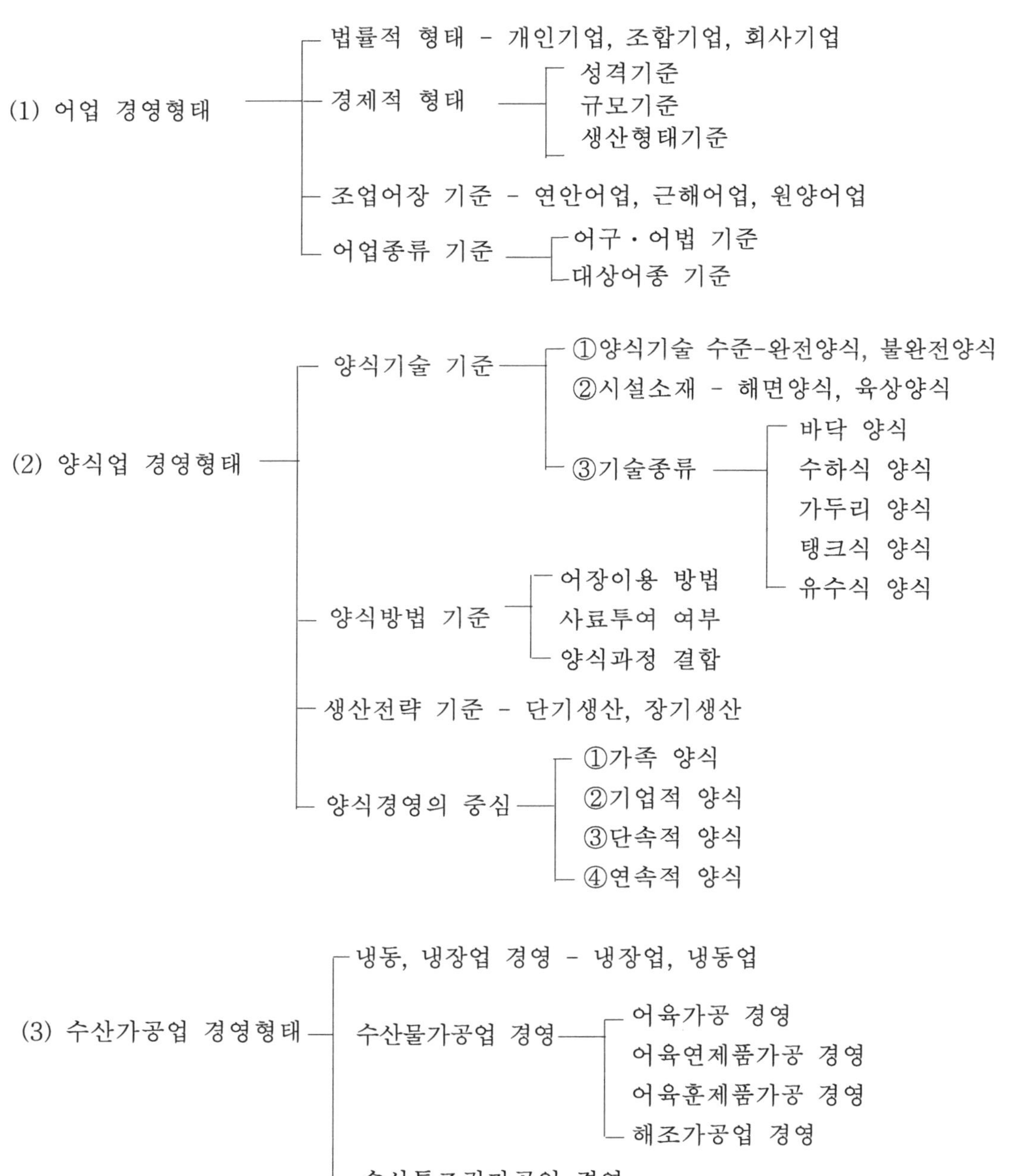

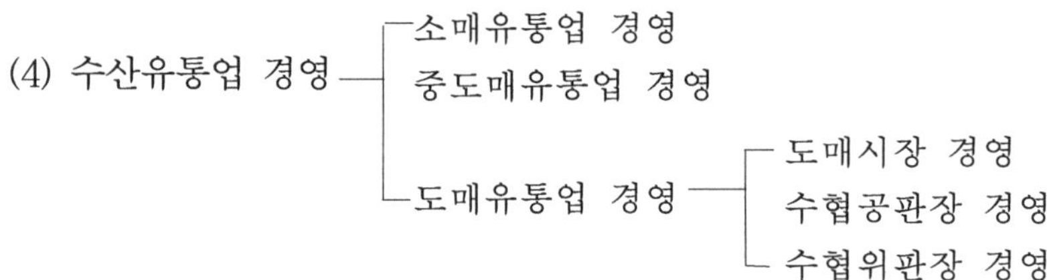

2) 어업경영형태

위의 어업경영 형태를 ① 경제적 성격, ② 법률적 성격, ③ 규모, ④ 전문화 정도, ⑤ 조업어장, ⑥ 어업종류 등의 기준에 따라 더 자세히 재분류 해 보면 다음과 같다.

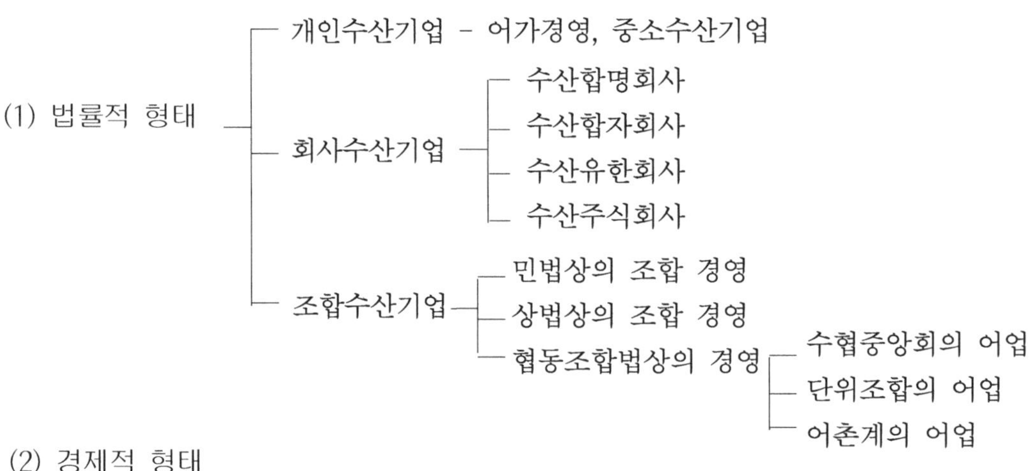

(2) 경제적 형태

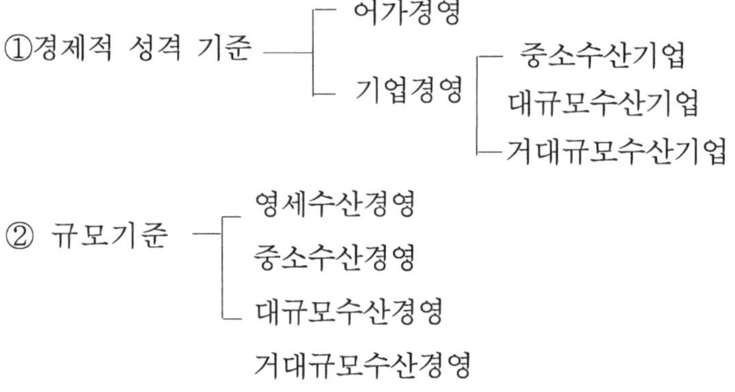

(3) 조업어장 기준

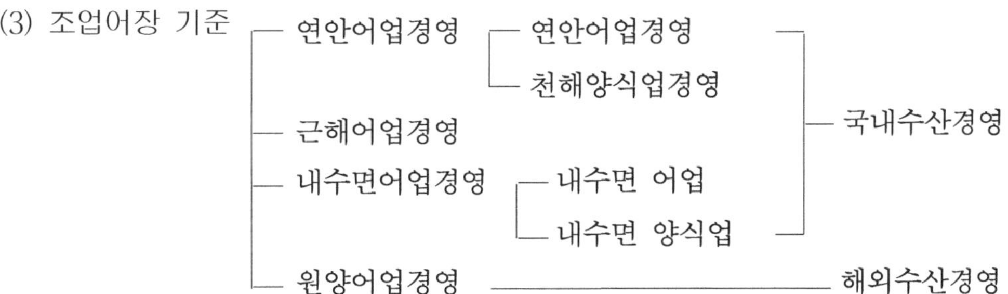

(4) 어업종류 기준

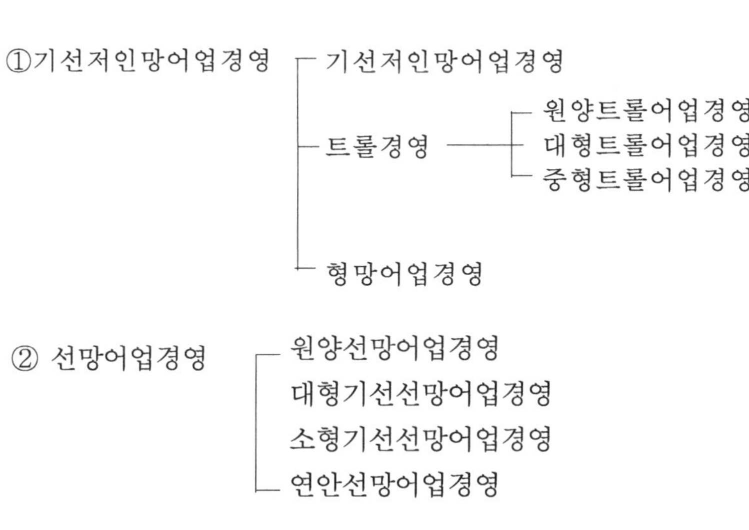

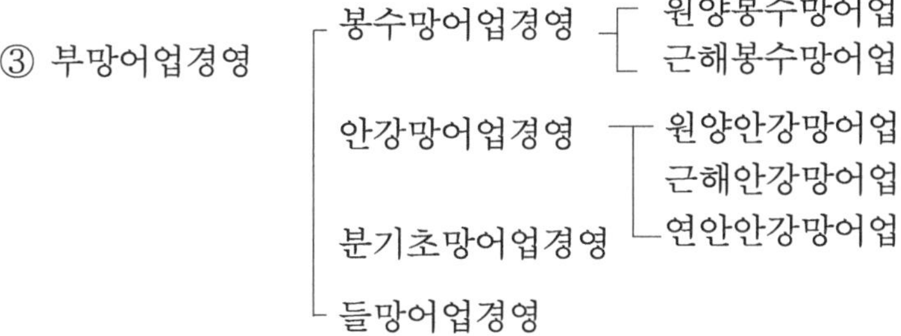

④ 유자망어업경영
- 원양유자망어업경영
- 근해유자망어업경영
- 연안유자망어업경영

⑤ 채낚기어업경영
- 원양채낚기어업경영
- 근해채낚기어업경영
- 연안채낚기어업경영

⑥ 연승어업경영
- 원양연승어업경영
- 근해연승어업경영
- 연안연승어업경영
- 문어단지어업경영

⑦ 통발어업경영
- 원양통발어업경영
- 근해통발어업경영
  - 장어통발어업경영
  - 기타통발어업경영
- 연안통발어업경영

⑧ 인망어업경영
- 선인망어업경영(기선권현망)
- 지인망어업경영

⑨ 정치망어업경영
- 대형정치망어업경영
- 중형정치망어업경영
- 소형정치망어업경영
- 죽방렴어업경영

⑩ 잠수기어업경영
- 제Ⅰ형 - 잠수부 1인 - 남해안, 8톤미만 어선
- 제Ⅴ형 - 잠수부 2인 - 서해안, 8톤미만 어선

⑪모선식 어업경영
- 모선식 저인망어업경영
- 모선식 트롤어업경영
- 모선식 유자망어업경영
- 모선식 참치연승어업경영

3. 수산경영 형태의 분포

1) 어업별 경영 형태

총 어업조사 결과에 의해 나타난 우리나라 수산경영체의 어업별 경영 형태와 분포는 <표 V-2>와 같다.

<표 V-2> 우리나라 수산경영체의 업종별, 기업형태별 분포

(단위 : 개, %)

	1980				1990			
	계	개인경영	법인경영	공동경영	계	개인경영	법인경영	공동경영
원양어업	94	18	75	1	248	72	175	1
근해어업	4,990	4,895	47	48	6,692	6,647	33	12
연안어업	68,108	67,464	9	635	56,498	55,572	13	913
양 식 업	56,268	55,903	24	341	59,276	59,234	29	13
계	129,460 (100.0)	128,280 (99.1)	155 (0.1)	1,025 (0.8)	122,714 (100.0)	121,525 (99.0)	250(100.0) (0.2)	939 (0.8)

주: 1) 공동 경영에는 소수의 단체 및 연구기관의 경영체가 포함되어 있음.
2) 내수면 어업경영체수는 여기에서 제외되어 있음.
자료: 통계청, 어업총조사보고, 1980, 1990년에서 작성.

여기서 보면, 1990년 기준 총122,714개의 수산경영체 가운데서 어업별로 가장 많은 것은해양식업 경영체로서 전체의 48%를 점하고, 다음은 연안어업 경영체로서 전체의 47%를 점한다. 세 번째는 근해어업 경영체로서 총 6,692개에 전체의 5%를 점하며, 마지막이 원양어업 경영체인데, 총 248개 업체에 전체의 0.2% 비율이다.

한편, 수산경영체의 경영형태별 분포는 전체에서 개인경영이 99%로서 거의 전부를 차지하고 있고, 나머지 1%가 법인경영과 공동경영이다. 또 어업별 경영형태별 경영체수의 분포는 원양어업과 근해어업은 법인 경영이 7%와 0.5%인데 대하여, 연안어업과 양식업은 0.02%, 0.05%로 극히 미미하다.

법인경영이란 회사형태의 수산경영체를 말하는데, 1990년의 경우 총 250개 법인경영체 가운데서 원양어업이 175개 업체로 70%를 점하며, 나머지 30%가 근해, 양식 및 연안어업

순으로 법인 경영이 분포해 있다. 연안어업과 천해양식업 부문에서는 개인경영이 일반적 형태이며, 이들 수산 부문에서는 법인경영이란 극히 이례적인 것이라는 것을 말해준다.

2) 규모별 경영 형태

1990년도 총어업 조사결과에 의해 나타난 우리나라 수산경영체의 수를 종사자 기준의 규모별 분포를 보면 <표 V-3>과 같다.

여기서 종사자(從事者)란 어업 및 양식업 경영체에 노동력을 제공하는 자를 말한다. 그리고 어선규모는 동력어선 총 톤수를 기준 한 것이다.

따라서 종사자 기준에 의하면 수산경영체당 2~3인 경영이 전체의 51.6%(63,399)로서

<표 V-3> 우리나라 수산경영체의 규모별 분포(1990)

(단위 : 개, %)

종사자별	계	무어선	무동력선	2톤미만	2~10톤	10~100톤	100~500톤	500톤이상
1인	28,837 (23.5)	25,111	947	2,389	386	4	-	-
2~3인	63,399 (51.6)	21,584	4,181	27,029	10,455	150	-	-
4~5인	15,881 (12.9)	2,990	722	7,046	4,624	499	-	-
6~9인	6,410 (1.3)	980	266	2,346	1,946	863	9	-
10~19인	5,717 (4.6)	1,252	181	1,600	1,381	1,219	84	-
20~49인	1,620 (1.3)	435	54	274	318	369	165	5
50~99인	552 (0.5)	299	8	41	39	105	56	4
100~199인	204 (0.2)	148	-	5	9	14	23	5
200인 이상	94 (0.1)	63	-	-	-	3	16	12
계	122,714 (100.0)	52,862 (43.1)	6,359 (5.2)	40,730 (33.2)	19,158 (15.6)	3,226 (15.6)	353 (0.3)	26 (-)

주: 1) 2톤 미만에서 500통이상 경영은 동력선 경영체를 의미함.
2) 내수면 어업 경영체수는 여기에서 제외되어 있음.

과반수 이상을 점하며, 다음이 1인 경영체로서 전체의 23.5%(28.837)를 점한다. 여기에 4~5인의 수산경영체수 12.9%를 합치면 종사자 5인 이하의 경영체가 전체의 88%로서 거의 전부를 차지한다. 한편, 종사자 20인 이상의 중소기업 수준에 있는 수산경영체수도 다수가 존재하는데, 그 수는 2,470개 업체로서 전체의 2.1%를 점하며, 200인 이상 종사자를 고용하고 있는 대규모 경영체도 194개 업체가 존재한다.

보유어선의 규모별 분포는 첫째, 무어선 어업경영이 52,862개로서 전체의 43.1%를 점하며, 다음이 2톤미만 동력선어업 경영으로 33.2%, 2~10톤미만의 동력선어업 경영은 15.6%이다. 여기에 비하여 10톤이상 동력선어업 경영은 약 3%(3,506)에 불과하다.

3) 지방별 수산경영체의 분포

<표 Ⅴ-4>는 우리나라 수산경영체의 지방별 분포이다. 여기서 보면 전남이 전체 수산

<표 Ⅴ-4> 우리나라 수산경영체의 지방별 분포(1990)

(단위 : 개, %)

시도별 \ 대비	계	개인	법인	공동경영
전국	122,714(100.0)	121,525(99.0)	250(0.2)	939(0.8)
서울	-	-	81	-
부산	5,062(4.1)	4,901	131	30
인천	2,542(2.47)	2,530	-	12
경기	6,324(5.1)	6,286	-	38
강원	7,336(5.9)	7,208	9	119
충남	12,954(10.5)	12,934	4	16
전북	5,626(4.6)	5,623	-	3
전남	45,842(37.3)	45,566	7	228
경북	7,655(6.2)	7,451	5	179
경남	21,083(17.2)	20,843	7	213
제주	8,290(6.7)	8,183	6	101

주: 개인 경영은 漁家經營 수준임.
자료: 앞 책.

경영체수의 37.3%로 가장 많고, 두번째는 경남으로서 17.2%, 세번째가 충남 10.5%의 순으로 분포한다.

법인 수산경영형태는 서울과 부산에 전체의 84%가 집중해 있는데, 이는 주로 원양어업경영체와 그밖에 대규모 근해수산경영체의 본사가 서울과 부산에 위치해 있다는 것을 말해준다.

전체의 0.8%에 해당하는 939개의 공동어업경영은 주로 양식업이 성행하고 있는 전남과 경남, 그리고 오징어 채낚기 어업의 본거지인 강원도에 다수 분포하고 있다.

이것은 패조류 양식업의 어촌계 "협업경영"과 오징어 채낚기 어업의 "선원-선주 공동경영"의 두 형태가 중심을 이루고 있는 것으로 파악된다.

<표 V-5>우리나라 수산경영체의 조업수역별 분포(1990)

(단위 : 개, %)

어선규모별	계	12해리 이내	12~200해리	200해리 이상
무어선어업	52,862	50,664	587	1,611
무동력선어업	6,359	6,345	10	4
2톤미만	40,730	40,577	146	7
2~5톤	15,570	14,581	976	13
5~10톤	3,588	2,977	599	12
10~20톤	1,349	680	654	15
20~50톤	1,020	209	723	88
50~100톤	857	65	526	266
100~200톤	218	11	108	99
200~500톤	135	2	5	128
500톤 이상	26	-	2	24
경영형태별	122,714 (100.0)	116,111 (94.6)	4,336 (3.5)	2,267 (1.9)
개인경영	121,525	115,072	4,294	2,159
법인경영	250	33	29	188
공동경영	939	932	6	1
계	122,714	116,037	4,329	2,348

주: 12해리 이내는 연안, 12~200해리까지는 근해, 200해리 이상은 원양으로 간주됨.

자료: 앞 책.

4) 조업 수역별 어업경영체의 분포

우리나라 전체 수산경영체수를 조업해역별로 파악해 보기 위하여 조업해역을 12해리 이내, 12~200해리, 200해리 이상으로 구분하고, 어선규모 등급은 무어선 어업에서 부터 500톤 이상까지 총 11개 계층으로 나누어 <표 V-5>와 같은 통계표를 작성해 보았다.

여기에 의하면, 총 122,714개 경영체 가운데서 94.6%에 해당하는 총 166,111개 수산경영체는 12해리 이내의 연안 어장에 집중해 있으며, 3.5%에 해당하는 총 4,336개 업체는 200해리 이내의 근해어장에, 그리고 1.9%에 해당하는 총 2,267개 업체는 200해리 이원(以遠)의 해외어장에서 각각 조업하는 것으로 나타난다.

5톤 미만의 어선어업은 대부분이 12해리 이내의 연안 어장을 주 조업구역으로 삼고 있다는 것과, 200톤 이상의 동력선어업은 주로 200해리 밖의 해외수역으로 친출하고 있음을 알 수 있다.

또한, 개인어업경영은 모두 12해리 이내의 연안어업에 집중해 있으며(99%), 법인경영은 75%(188)가 200해리 이원의 원양어장을 주 조업어장으로 하는 경영형태인 것으로 나타난다. 그러나 공동경영은 대부분이 12해리 이내에 치우쳐 있는 것을 보면, 그의 경영체당 규모는 그다지 크지 않다는 것을 알 수 있다.

4. 어가경영

1) 어가경영의 본질

(1) 생계유지형 수산경영

수산경영은 경영목적과 노동력 의존의 양면에서 크게 두 가지 형태로 가를 수 있는데, 그 하나가 어가경영이며, 다른 하나는 기업적 수산경영이다.

어가경영이란 간단히 말해 어가(漁家)의 어업경영을 말하는 것으로, 이것을 영어로는 House-hold Fisheries management 또는 Fishing household management라 하며, 그의 기본특징은 ① 어가의 생활유지를 위해 가족노동력을 중심으로 어업생산활동을 행해 나가는 수산경영형태라는 점이다. ② 어가의 생활유지는 곧 가계의 운영을 뜻하며, 그의 기반은 어가소득에 있으므로 어가경영은 곧 어업소득(income)을 기본목표로 하는 경영이다.

(2) 가족중심 수산경영

가족중심경영의 본질은 2대요소를 포함한다. 하나는 생산활동에 기초가 되는 자본, 기술, 기타 생산자재 등 경영요소의 대부분을 자가조달을 원칙으로 하는 경영형태라는 점이다. 이러한 가족경영은 생산물 판매를 화폐수익증대를 위한 판매가 아니라 가족생활비 조달을 위해 생산물과 화폐를 교환하는 행위에서 대부분 끝낸다.

어가경영은 경영방식과 규모가 영세하고 유치한 수준에 머물러 있기 때문에 아니라 경영요소의 대부분을 자가조달원칙에 따르고 있으며, 어가의 전 가족이 세대주를 중심으로 어가생활 유지를 위해 어업생산 활동에 참여하는 것이 원칙으로 되어 있다. 따라서 어가경영에 있어서 어업규모확대는 가족노동력의 최대투입범위 이상의 수준 또는 어가 총자산 범위 이상의 수준을 넘어설 수가 없다.

2) 어가경영의 유형

(1) 어가경영의 구분

① 가족어업의 형태

어가경영이라 하여도 단일 형태로 존재하는 것은 아니다. 현실의 어가경영실태를 관찰하면 그 안에는 ① 가족결합 형태, ② 소득의존도, ③ 발전형태 등의 기준에 따라 여러 형태의 가족어업, 겸업어가, 전업어가, 기업형어가 등으로 존재한다는 것을 알 수 있다.

가족어업의 종류는 먼저 노동력 결합도를 기준으로 단신 조어입어가, 부부협업어가 및 그 밖에 가족협어업가 등의 3형태로 구분할 수가 있다.

단신조업어가는 오늘날 어촌에서 새로운 관찰대상이 되고 있는 어가형태인데, 주로 고령자어가(高齢者漁家)에서 이러한 허가 형태가 많이 나타난다. 최근 어촌노동력의 부족과 어업취업자의 고령화현상이 심화되면서 이러한 형태의 어가 수는 점차 늘어나는 추세에 있으며, 규모면에 있어서는 선박 1t 미만의 소형어선으로, 어업종류는 통발어업, 외줄낚시, 연승낚시, 유자망어업 등을 영위하는 어업들이다.

② 겸업어가

가계소득과 가족노동력을 어업외의 타사업, 예컨대 농업, 상업 또는 임금노동 등에 의존하면서 어업을 겸영해나가는 어가를 겸업어가(兼業漁家)라 한다. 어업부문만으로는 가계운영이 어려운 어가 또는 어업에만 전적으로 의존할 수 없는 유효노동력이 존재하는 어가에서 소득보충을 위해 타산업을 겸영하게 되는데, 여기에는 농업이 대부분이다.

겸업어가는 다시 소득의존도를 기준으로 하여 제1종 겸업어가와 제2종 겸업어가로 구분되는데, 다음과 같이 제1종 겸업어가는 어업을 주업으로, 다른 직업을 겸업으로 하는 어가이며, 제2종 겸업어가는 어업이 겸업이고, 다른 직업이 주업으로 되어 있는 형태이다.

제1종 겸업-소득의 50%이상을 어업수입에 의존하는 어가
소득의 50%미만을 겸업수입에 의존하는 어가
제2종 겸업-소득의 50%이하를 어업수입에 의존하는 어가
소득의 50%이상을 겸업수입에 의존하는 어가

③ 전업어가

어업에만 전적으로 가족노동력을 투입하며, 여기에 의해 얻어진 어업소득으로 가계를 독립적으로 유지해 나가는 어가를 전업어가(專業漁家)라 한다. 각자의 생활수준이나 생활방식에 차이는 있지만 가계운영과 노동활동 모두를 어업으로 완결해 나갈 때 비로소 이러한 전업어가가 성립될 수 있다.

중요한 점은 이러한 전업형 어가경영은 현존하는 수산경영 형태일 뿐만 아니라 앞으로도 연안어업과 어촌 지역 사회를 주도해 나갈 대표적인 어가계층이라고 하는 점이다. 그러므로 연안어업의 지속적 유지를 위해서는 이와 같은 전업어가를 중점적으로 육성시켜야할 것이며, 이를 정책적 선택 어가로 규정할 필요가 있다.

우리나라 수산정책에서는 이러한 전업어가를 선도어가(先導漁家) 개념으로 규정하고, 전업어가 가운데서도 성장잠재력을 가진 어가를 연안어업의 지속적, 안정적 발전을 위한 선택어가로 육성해 나간다는 정책을 현재 펴 나가고 있다. 그리고 그 규모를 5t 내외의 동력선 어가, 1ha 범위의 양식어가로 범위를 정한 바 있다.

그러나 전업어가 계층을 연안어업정책의 중심대상으로 삼아 이것을 정책적 선택어가로 육성해야 한다는 견해에 대하여는 다음과 같은 문제를 제기할 수 있다.

전업어가란 어민 층의 분해와 분화과정에서 형성되는 어가 상층부에 불과한 어가계층인데, 이 계층을 연안어업을 대표하는 새로운 담당자어업 계층으로 규정한다는 것은 작위적 주장이라 할 수 있다는 것이다. 연안어가계층은 수산외적 환경변화에 따라 규모화와

퇴출이 자동적으로 일어나게 되고, 그 결과에 의해 전업어가의 성립은 물론, 그 상위 계층인 기업형 어가로의 발전도 점진적으로 보게 될 것이 자명한데, 이러한 어가계층을 마치 연안어업경영을 대표하는 어업경제현상으로 객관화시킨다고 하는 것은 이것이 하나의 정책문제의 제기에 불과할 뿐, 이념적 존재는 되지 못한다는 것이다.

④ 기업형 어가

기업형 어가(企業型 漁家)는 수산물 생산을 단순한 생계유지를 위한 화폐교환 목적에서가 아니라 보다 높은 어가의 고소득 실현을 목표로 하는 어가형태를 말한다.

이점에서 기업형 어가의 수산물 판매는 생업경영의 수산물 판매와는 달리 시장 지향적 판매가 항상적으로 일어나고, 또 그와 같은 과정을 거쳐서 생계유지 이상의 높은 소득 실현을 목표로 하는 것이다.

그러므로 기업형 어가에서는 생계에 쫓겨서 하는 소위 수산물 궁핍판매(窮乏販賣)와 같은 현상은 강제되지 않는다. 그리고 어가경영자는 항상 시장의 수산물 수요를 예측하여 생산과 출하를 계획적으로 도모해 나가는 것이 보통이다.

따라서 기업형 어가경영은 ㉠ 생산시설의 강화, ㉡ 우수한 어업기술의 채용, ㉢ 자본력의 강화 등을 그의 내적 특징으로 하며, 이러한 노력을 통해 앞으로 기업적 어업으로의 진화와 이행을 도모해 나가면서 궁극에 가서는 중소수산기업의 단계로까지 발전해 나가는 것을 목표로 하는 어가경영이라 할 수 있는 것이다.[51]

우리나라의 경우, 대개 이러한 기업형 어가는 도시근교에 정착하면서 어업이나 양식업을 규모 있게 행해 나가며, 임금노동에 대한 의존비율도 상대적으로 높은 것을 볼 수 있는데, 이러한 점이 전통적인 생업목적의 어가가 전개하는 수산업행위와 본질적인 차이라 할 수 있다.

3) 어가경영과 수산기업과의 비교

어가경영과 수산기업과의 차이는 여러 가지 측면에서 말할 수 있으나 <표 V-6>을 통해 그의 중요한 몇가지 비교해 볼 수 있다.

첫째, 어가경영은 가족 단위의 경영이므로 규모면에 있어서 기업영영에 비해 대단히 영세하다.

둘째, 어가경영에서는 생산 수단 제공자와 노동력 제공자가 모두 동일세대의 가족이고,

---

51) 일본의 岩切成郎은 기업형 어가를 「자본주의적 어가경영」으로 규정하면서 「어업생산이 완전한 상품생산논리에 지배되며, 어가소득 이상의 목적이 아니라 어업순수익을 적극적인 목적으로 하는 어가경영형태」로 정의한다(岩切成郎, 漁村構造の經濟分析, 恒星社厚生閣, pp.45-48 참조).

<표 Ⅴ-6> 어가경영과 수산기업 경영의 비교

	어가경영	수산기업경영
경영 목적	가계자금의 조달목적	자본증식의 목적
경영 원칙	가족의 생계유지 원칙	기업의 영리주의 원칙
경영 조직	소유-노동의 통합, 세대주 중심	소유-노동의 분리, 경영자 중심
어업노동력	가족노동중심	임금노동중심
생산 형태	생계유지의 소량생산	이윤목적의 대량생산

가족 모두가 생산 작업에 종사하는데 반하여, 수산 기업의 경우에는 자본 제공자와 노동 제공자는 구성을 달리하는 자본과 노동의 분리를 이루고 있다.

셋째, 어가경영에 있어서는 가계와 생산 활동이 수지 계산면에서 분리되지 않고 있는데 반하여, 수산기업에 있어서는 이의 구분이 명확하다.

넷째, 수산경영의 목적이 어가경영에 있어서는 가계 자금조달에 있으나 수산기업은 자본증식에 두고 있다. 따라서 전자의 어업경영 원칙은 생계유지원칙에 지배되지만 후자의 그것은 철저한 영리주의 원칙에 따른다.

4) 어가경영의 개선

어가경영의 개선은 크게 2가지 방향에서 고려할 수 있다.

하나는 정책이나 제도적인 차원에서 추진을 요하는 보조금지원, 가격지지 등 타율적 개선방향이며, 다른 하나는 어가 경영 스스로가 주체가 되어 자율적으로 추진해 나가는 개선방향이다. 이하에서는 후자에 대하여 그 개선방향을 검토하고자 한다.

(1) 목표에 의한 경영[52)]

어가경영이 기업적 수산경영으로 발전하기 위해서는 단순히 가족의 생계유지나 생활만족에만 어업소득을 지출해서는 안된다. 연간의 가족생활비와 재투자계획을 수립하고, 이러한 계획 달성을 어가경영의 목표로 설정하여, 이 목표 하에서 어가 생산활동을 적극적

52) 목표에 의한 경영(MBO)은 1954년 Peter F. Drucker의 "The Practice of Management"에서 제창된 것으로, 기업의 목표달성과 경영 개선을 촉진시키는 방법으로, 기본목표를 세우고 이것을 다시 조직의 하위부서와 구성원에게 재배분하여 스스로 목표달성에 참여하게 하는 경영관리 방식을 말한다.

으로 전개해 나갈 필요가 있다. 어가경영의 성장과 발전은 어가경영의 목표를 이와 같이 재 설정하여 목표에 의한 어업생산활동을 적극적으로 펴 나갈 때에만 가능한 것이다. 그렇지 않고 기존의 관습 하에서 수산물을 생산하고, 소득 범위내의 생활을 되풀이 해 나간다면 어가경영은 그의 개선이나 발전은 정체되고 말 것이며, 결과적으로 현상유지도 어렵게 될 것이다.

(2) 경영합리하의 노력

어가경영이 어업활동을 단순한 생활수단이 아닌, 보다 나은 생활과 어가의 가계발전을 목표로 하는 경우, 어가어업에 대해서도 합리적인 경영관리가 필요하다. 이를 위해서는 어업일지, 현금출납장, 자산장부, 자금차입금장부. 판매장부, 어업자재구입장부 등을 갖추어 이를 기록하고, 비교하며, 분석한 결과를 기초로 하여 장차의 어가경영 개선에 필요한 방향을 모색해 나가도록 해야 한다.

그리고 더 나아가서는 이러한 어업경영기록과 장부의 비치 분석의 차원을 넘어서서 기술발달과 가격상승에 따른 생산체제의 대응에서부터 수입자유화 등에 따른 경영전략까지 세워서 대응해 나갈 필요가 있다.

(3) 경제활동의 공동화와 조직화

개별어가가 수협조합원으로 가입하여 수협이 전개해 나가고 있는 여러 가지 사업활동을 효과적으로 이용해 나가는 것은 어업경비의 절감, 공통문제의 조직적 해결에 있어서 유용한 방법이 될 것이다. 이러한 노력은 개별경영의 한계를 현 단계에서 극복 할 수 있는 유일한 길이 될 것이며, 수협은 바로 이러한 개별어가의 경영한계를 극복하기 위해 존재하는 조직이라는 것을 충분히 인식해야 할 것이다.

(4) 어업관의 전환

마지막으로 어가경영을 더욱 발전시켜 나가기 위해서는 먼저 어가경영자 스스로 자신의 어업직업에 대한 인식을 새롭게 하고 적극적인 자세로 어가경영을 바꿔나가는 어업관(漁業觀)의 전환이 필요하다..

이것은 <그림 V-2>에서와 같이 어업에 대한 전통적사고(傳統的思考)에서 벗어나 선택적 직업관 내지는 어업을 통한 도전의식으로의 전환을 의미한다.

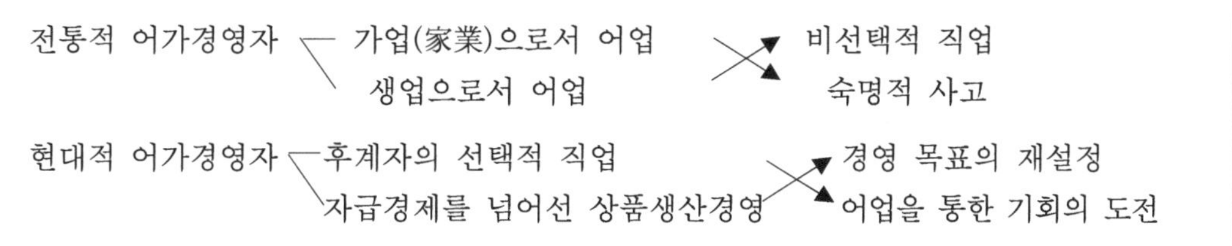

<그림 Ⅴ-2> 어가경영자의 직업관 비교

전통적 어가경영에서는 자가노동력의 투입만으로도 어가 경영의 존립이 가능했으나 현대의 어가경영은 가족 노동력의 투입만 으로서는 존립할 수 없는 외적 환경에 놓여 있다. 수입자유화에 의한 대체식품의 등장, 수입수산물로 인한 가격압박 등으로 국제적인 경쟁관계에 놓여 있다는 사실이다. 그뿐만 아니라 국내외의 수산제도 및 정책의 영향과 식품안정성 문제 등 여러 가지 수산경영환경의 변화와 어려운 경영여건에 직면해 있기 때문에 과거와 같은 안일한 경영방식, 주먹구구식 어업경영으로서는 어가경영의 존립이 불가능한 것이다.

따라서 어가경영의 개선과 발전을 위해서는 어업매출액의 증대, 유리한 판매 전략 및 경영 제요소의 합리적 결합과 배분, 어업관련 기회의 확대 등이 중요한 과제가 될 것이다. 이러한 문제해결을 위한 사고와 실천을 요구받고 있는 것이 현대 어가경영이 나아가야 할 방향이다.

5. 수산기업의 경영

1) 중소 수산경영

(1) 중소기업의 범위

기업을 매출액이나 자본규모 등의 크기를 기준으로 하여 중소기업(small business)과 대기업(big business)으로 나누는 것은 가장 기본적인 기업분류 방식이다. 그리고 중소기업은 다시 그 안에서 중견기업, 소기업, 영세기업으로 나눌 수 있는데, 보통 말하는 중소기업은 영세기업을 제외한 소기업에서 중견기업까지를 지칭한다.

주로 산업정책의 목적에서 분류하는 기업의 경제적 형태 개념이 기업을 자본규모나 매출액 또는 종사자수 등을 기준으로 하여 기업을 대, 중, 소로 분류하는 방식이다. 이러한

<표 V-7> 우리나라 중소기업의 구분기준[53)]

관련법률	업종	소기업	중기업
중소기업기본법 (76. 12 제정, 82. 12 개정)	제조, 광공업 운송업 건설업 상업, 서비스업	상시종사자 20인 미만 〃 〃 상시종사자 5인 미만	20인 이상, 자산 80억 이하 20인 이상, 자산 120억 이상 200인 이하 5인 이상
중소기업은행법 (61. 7 제정, 80. 12 개정)	제조, 광공업 운송업 건설업 상업, 서비스업	상시종사자 5인 이상 〃 〃 〃	300인 이하, 자산 50억이하 300인 이하 50인 이상 20인 이상
중소기업진흥법 (82. 12 개정)	자동차, 전자제품 시계제조업		500인 이하
중소기업계열화촉진법(82. 12 개정)	하한선	상시종사자 10인	300인 이하
세법	종업원수	상시종사자 10인	고정자산 3억원 이하

주 : 우리나라 14종의 근해어업 중 대형 쌍끌이어업을 비롯한 대부분의 근해어업은 중소기업 기본법상 상시 종사자 20인 이상의 중소기업 범위에 들며, 나머지는 소득세법상의 소기업 범위에 모두 포함된다. 그리고 원양어업은 전원이 중소기업 기본법상의 중소기업 이상에 포함된다.

기업구분을 통해 중소기업의 고유업종이 무엇이며, 그의 활동영역을 어떻게 정할 것인가에 따라 궁극적으로 중소기업을 보호하고 육성하는 합리적인 정책을 펴나갈 수가 있다.

기업규모 분류의 주된 기준은 ① 종업원수(상시), ② 자산액(총자산, 고정자산), ③ 매출액, ④ 기타 지표 등이 활용된다. 위에서 ①, ② , ③의 지표가 가장 많이 활용되며, ④에 대해서는 업종에 따라서 매장의 범위, 시장의 크기 등으로 기준을 다시 적용해 나간다.

수산업에 있어서도 그의 경영대책을 수산정책의 범주에서 합리적으로 다루어 나가기 위해서는 선박규모, 조업해역, 생산량, 선원수 등을 기준으로하여 경영형태를 다시 구분하여 인식해 나갈 수 있는데, 이 중 가장 보편적인 것이 중소 수산경영과 대규모 수산경영으로의 구분이다.

53) 중소기업은행법, 중소기업진흥법, 중소기업계열화 촉진법의 3法에서는 중소기업의 범위를 상시 종사자 300인 이하로 규정하나, 중소기업기본법에서는 이 보다 훨씬 낮게 규정한다.

이와 같은 점에서 <표 V-7>을 통해 중소기업의 범위와 그의 구분기준부터 이해해 보기로 한다.

(2) 중소기업의 특징

중소기업의 특징은 일반적으로 다음의 7개 사항으로 지적해 볼 수 있는데[54], 이 가운데서 ①~④까지는 중소기업의 불리성 또는 한계점에 해당하는 특징이며, ⑤~⑧까지는 중소기업의 장점 내지는 유리성으로 지적되는 특징이다.

① 소규모의 기업으로서, 사회적 신용도가 낮고 시장경쟁력이 미약함.

② 대체로 대기업의 종속적 지위에 있으며, 불황기에는 즉각 위협을 받아 정리, 도태(淘汰)되기 쉬움.

③ 소규모자본에 의한 경영이기 때문에 많은 자본을 요하는 기계장치적 생산에는 부적함.

④ 환경변화에 민감하여 조직의 개폐율과 유동성이 높으며, 호황기에는 신종중소기업이 계속 출현함.

⑤ 중노년층, 가정주부, 계절노동 등 유휴노동력을 저임금으로 활용할 수 있기 때문에 인구 과잉사회나 고용흡수력이 낮은 지역의 경우 사회적 중요성이 큰 기업형태임.

⑥ 기업가적 재능과 사업의욕이 있는 자에게 소자본으로도 사업에 참여할 수 있는 기회를 제공함.

⑦ 잠재적 자원의 발굴과 이의 경제적 활용을 가능하게 하고, 소비자에게 다양한 재화와 서비스를 제공함으로써 국민경제에 활력을 불어넣는 존재임.

⑧ 시장규모가 넓지 않은 지방 또는 국지적 범위의 기업활동에 적합함.

2) 중소 수산기업

(1) 특징

어업경영을 자본의 성격과 규모를 기준으로 하여 어가경영과 중소어업 및 대자본제 어업으로 3대별하는 경우「중소어업경영이란 중소자본제 경영을 지칭하는 것」이라고 정의하기도하고[55], 또 노동력의 성격을 기준으로 하여 타인노동에 의해 수산업을 영위해나가

54) 조희영, 중소기업경영론, 대영사, 1990, p.19-29.

55) 岩切成郞外 4人, 漁業經濟論, 文人書房, 1964, p.107.

는 어가경영의 상위 경영, 대규모 자본제 경영의 하위 계층에 존재하는 것을 중소어업경영으로 규정하기도 한다.[56] 이러한 중소수산기업은 어가경영에 비해서는 상대적으로 투자규모가 크고, 주로 고용노동력에 의존하며, 조업구역을 연안보다는 근해나 원양으로 지향해 나가는 허가어업경영에서 주로 분포한다.

중소수산기업의 보다 본질적인 내용은 어업을 단순한 생업차원에서 행해 나가는 것이 아니라 영리목적으로 경영해 나가는 점에 그 특징이 있다. 중소수산기업의 하층이 비록 어가경영의 상층에 경영에 가깝다고 하지만 어가경영이 주로 어촌을 기반으로 하여 전국적 범위에 걸쳐 존립하는데 반해, 중소수산기업은 주로 중소 어항이나 대규모 도시어항을 경영활동의 거점거지로 하여 성립된다.

그러므로 중소수산기업은 대규모 수산기업에 비해서는 경영규모와 생산력이 미약하지만, 어가경영에 비해서는 월등히 높은 생산력과 고용흡수력을 가지며, 지역경제에 있어서도 중요한 비중을 점이다. 이러한 중소수산기업에 대해서는 다음의 6개 측면에서 그의 경영상의 특징을 보다 구체적으로 지적 할 수 있다.

① 수산경영형태 측면에서 보면 어가경영의 상위 계층, 대규모 수산경영의 하위 계층에 속한다.
② 경영발전의 목표를 대규모 수산경영에 두며, 이를 위해 자본, 노동, 기술을 보다 효율적으로 결합해 나간다.
③ 경영규모 면에서는 1인 1척 경영이 주류를 이루며, 비 법인개인경영이 지배적이다.
④ 자본축적 면에서는 어가경영 단계를 벗어나기 위하여 차입금에 의존하는 경향이 많으며, 이로 인하여 고정자산비중이 상대적으로 높은 자본 구조를 띤다.
⑤ 어선규모 면에서는 우리나라의 경우, 현재 선박 총톤수 10톤 이상, 50톤 미만의 어선어업, 자본규모 면에서는 자본금 10억원 미만의 어업이 대체로 여기에 해당한다.
⑥ 어장이용 면에서는 어가경영과 경합관계를 고려하여 연안어장이 아닌 주로 근해 또는 원양어장을 대상으로 하고 있다.

그러나 실제 중소수산기업의 어업 활동면을 보면 연안어장에서 어가경영과 경합관계가 많아 수산행정은 각종 법률과 행정지침을 통해 연근해 허가 어업의 종류와 어장범위를 정하여 어가경영과의 상호마찰을 예방하고 있다.

---

56) 八木 庸夫 外 4人, 現代水産經濟論, 北斗書房, 1983, pp.165-166.

(2) 유형

① 자주적 성장형

이것은 중소수산기업 성립의 제1유형에 해당하는 것으로, 어가경영으로부터 자주적으로 발전한 중소수산경영이다. 어가경영은 「겸업어가-전업어가-기업형어가」의 단계를 거치면서 중소수산경영으로 성장 발전하게 되는데, 이러한 성장패턴은 일반 산업계에서도 흔히 볼 수 있는 중소기업경영의 전통적인 발전 형태이다.

규모면에서는 동력어선 약 10톤 이상 20톤 미만의 어업과, 경영형태 측면에서는 기업형 어가경영의 상층, 중소수산기업의 최하층에서 이러한 유형의 중소수산기업을 많이 볼 수 있다. 그리고 노동력 면에서는 타인 노동이 중심을 이루고 있으나 일부 가족노동을 보충하여 어업을 영위해 나간다. 이러한 단계의 중소수산기업에서는 가계와 경영의 초보적 분리, 경영목적의 영리성, 1인 출자 1인 지배의 개인 수산기업이 대부분이며, 지역 밀착형 어업으로 발전하고 있다.

② 관련자본 결합형

이것은 중소수산기업 성립의 제2유형에 해당하는 것으로, 상업자본 또는 조선·수리사업과의 결합을 통해 성립되는 중소수산경영이다. 어촌의 전통적 어가경영층이 수산물유통자본이나 가공자본과 결합하여 생산범위를 넓히고 경영규모를 확대해 나가는 과정에서 이러한 관련자본 결합형 중소수산경영이 성립 발전하게 된다.

중소수산경영이 이 단계에 이르면 자본 집중과 경영의 지배 및 책임관계를 보다 명확하게 해 나가기 위하여 초보적 회사기업을 설립하기도 한다. 이 단계의 중소수산기업이 쉽게 선택할 수 있는 법인기업형태로서는 조합공동경영, 합명회사, 합자회사 및, 유한회사 등을 들 수 있다. 그러나 우리나라에서는 주로 주식회사형태를 취해 나가는 것이 특징이다.[57]

③ 정책적 형태

이것은 중소수산기업 성립의 제3유형에 해당하는 것으로, 정부의 수산정책에 의해 계획적으로 성립된 중소수산경영이다. 정부가 수산업촉진을 위해 어업의 인허가 과정에서 규모있는 어업허가권과 수산업 분야의 독점권을 특정계층에 부여함으로써 다수의 중소어업

57) 우리나라 수산기업의 회사형태는 대부분이 규모와 업종에 관계없이 주식회사 형태를 취하고 있는데, 이것은 우리나라에 있어서 기업에 대한 사회적 신뢰가 주식회사 이외의 회사형태에 대해서는 아주 미약하기 때문이다.

경영이 정책적, 제도적으로 단기간에 성립되며, 또한 이러한 정책에 의해 단기에 다양한 수산 경영형태가 발전해 나가는 특징을 나타낸다.

한국의 경우, 60년대 후반의 대일 청구권자금과 어업협력자금에 의해 성립된 수산기업과 70년대의 수산업 증산정책과정에서 다수의 근해 및 원양 수산기업이 어업인허가를 통해 성립되었다. 이러한 것들은 전형적인 제3유형에 속하는 중소수산경영 형태이다.

예를 들어, 50년대에 수산업법은 처음으로 5종의 근해어업을 허가업종으로 규정했으나, 이것이 60년대에 와서는 9종, 70년대에는 15종, 80년대에 와서는 무려 20종으로 근해어업의 종류가 확대된 것이다. 이를 통해 수산경영체수의 획기적 증가와 함께 경영형태 면에 있어서는 이들이 단기간에 중소수산경영으로 성립발전하게 된 것이다.

3) 대규모 수산경영

(1) 대규모 수산기업의 성격

대규모 수산기업이란 어업생산시설, 자본금, 선원수, 수산물 생산량, 그리고 관련분야의 사업확장 등의 면에서 중소수산기업의 규모를 훨씬 능가하는 수산경영체를 말한다.

우리나라의 경우, 수산경영 실태를 고려하여 경영체당 어선 총톤수 기준 10t미만을 어가경영, 10~500t미만을 중소수산경영, 500t이상을 대규모 수산경영, 그리고 1만톤이상을 거대수산기업으로 구분할 때, 대부분의 원양수산기업은 어선 보유면에서 대규모 수산경영에 속한다고 볼 수 있다. 연근해어업에 있어서는 대형선망과 대형기선저인망 및 기선권현망어업 등 일부 경영을 제외하고는 이러한 대규모 수산경영형태를 거의 볼 수 없는 실정이다.

그러나 대규모 수산경영은 우리나라의 경우 중소어업경영으로부터 자주적으로 성장·발전된 것이라기보다는 1965년 한일어업회담의 성립과 70년대 이후의 원양어업장려정책이라고 하는 수산정책과 직접적인 관계를 갖는 어업들이라 볼 수 있다. 이러한 대규모수산기업은 중소수산기업에 비하여 다음과 같은 특징을 나타낸다.

① 어업생산의 점유율이 상대적으로 높다.

② 정부의 어장규제가 적고, 주년조업이 가능한 원양과 근해어업에 집중되어 있다.

③ 어업 외의 관련산업에 대한 투자가 활발하여 경영다각화 현상을 보이고 있다.

④ 법률형태 면에서는 자본조달이 용이한 회사형태, 즉 주식회사 형태를 대부분 취한다.

⑤ 경영규모 면에서는 선박 총톤수 500톤 이상의 어선을 보유한다.

(2) 대규모 수산기업의 성립조건

수산경영이 대규모 수산기업으로 성장 발전해 나가기 위해서는 기본적으로 몇가지 조건이 충족되어야 하는데, 그 내용을 들면 다음과 같다.

① 자원변동과 어장형성에 있어서 계절의 영향을 덜 받는 어업

② 주년조업이 가능한 광역 해역과 풍부한 자원을 대상으로 하는 어업

③ 어업규모화와 시설의 강화에 있어서 제도적, 정책적 규제가 낮을 것

④ 수확체감의 법칙이 쉽게 일어나지 않는 수산자원과 어장을 대상으로 할 것

대규모 수산경영은 이상과 같은 성립조건이나 경제적 특징이 없는 곳에서는 그의 지속적인 성장과 발전의 가능성은 극히 희박하다. 그러므로 대규모 수산경영이 성립 하는 데는 무엇보다 「어장확대의 자유」가 선결조건이라 할 수 있다.

어장확대(漁場擴大)의 자유(自由)란 어장의 외연적 확대와 자원이용의 확대라고 하는 두 가지 내용의 어업자유를 말한다. 또한 대규모 수산경영의 성립은 어획능률의 고도화와 지속적 강화에도 불구하고 쉽게 자원이 고갈되지 않고, 어업자본을 통해 이러한 현상을 극복 가능한 어업일 것이 전제조건이다.

따라서 대규모 수산기업의 특징은 첫째, 단위자원군이 많은 어종을 중심으로 어업의 전문화가 가능하며 둘째, 어로기술 면에서는 자원이용의 확대가 가능한 트롤어업이나 저인망어법 및 선망어업에서 흔히 볼 수 있고 셋째, 어장이용에 제한이 없는 근해, 원양 및 공해로 조업범위를 확대해 나가는 특징을 나타난다. 이러한 어장일때에 자본투자효율이 높아 어업 확대를 위한 자본의 계속적인 유입이 가능한 때문이다.

(3) 대규모 수산기업의 경제적 특징

대규모 수산기업은 다음과 같은 경제적 우월성과 불리성을 동시에 내포하고 있으므로 어업규모화 방침을 고려하는 수산경영자는 이러한 내용을 잘 이해하고 있어야 할 것이다.

첫째, 대규모 수산기업 경제적 우월성

① 능률적 기계설비와 어선의 대형화로 대량생산이 가능하다.

② 운반, 어장탐색 및 어로의 분업화와 전문화로 생산효율이 높고, 평균생산비의 절감을 가져온다.

③ 선박안전도가 높으므로 우수선원 확보가 가능하다.

④ 생산-가공-판매의 수직적 경영통합(vertical integration)이 가능하며, 이를 통해 고도

의 이윤창출기회를 가질 수가 있다.

⑤ 생산물의 판매와 생산자재 구매에 있어서 대량거래력의 발휘와 거래 비용의 절감효과를 가져온다.

⑥ 대량생산과 공급독점을 통해 시장을 장악함으로써 가격효과를 기대할 수 있다.

⑦ 신용력과 담보력의 증대로 금융조달력이 우수하다.

위에서 경영의 수직적 통합이란 생산, 가공 및 판매를 하나의 경영체가 종합적으로 행해 나가는 것을 말한다. 대규모 수산경영은 수산물 판매활동을 국내판매와 해외판매(수출)를 통합해 나갈 수 있기 때문에 판매 면에 있어서도 우위성을 지킬 수 있다.

둘째, 대규모 수산경영의 경제적 불리성

① 수산업은 유기적 자연적 생산이기 때문에 가격에 대한 공급탄력성이 낮아 규모화 할 수록 오히려 경제적으로 불리할 수 있다.

② 생산이 자연조건에 지배됨으로 말미암아 규모화 하더라도 생산속도를 인위적으로 조절할 수 없으므로 (생산속도의 고정화 내지 불가변성) 고정자본회전율이 점차 떨어지며, 고도의 기계화를 이루는데 한계가 있다.

③ 기계적 생산의 한계로 인하여 작업 대상에 대한 세심한 관찰이 요구되며, 이로 인해 고용노동의 효과가 감퇴된다.

④ 수확체감의 법칙에 민감하여 규모화의 불경제가 빠르게 진행한다.

이상은 일반적으로 나타나는 대규모경영의 불경제성(diseconomies)이 수산기업에 있어서도 예외 없이 일어날 수 있다는 의미이다.

4) 거대수산기업

(1) 거대수산기업의 범위

대규모 수산경영 가운데서도 자본금, 생산량, 생산액, 종업원 수 등에 있어서 다른 수산경영체에 비하여 거의 독점적 지위를 누리는 경영을 말한다.

한국에서는 이러한 거대수산경영으로 동원산업(주), 오양수산(주), 대림수산(주), 삼호물산(주), 사조산업(주), 한성수산(주) 등 대표적 6사를 들 수 있고, 일본에서는 대양어업(주), 日魯어업(주), 일본어업(주), 宝洋수산(주), 報國수산(주), 주식회사 極洋, 北洋수산(주), 등 7사를 꼽을 수 있다.

이들 한·일 두 나라의 거대수산경영의 공통점은 모두 원양어업에 특화해있는 수산기업이며, 수산물가공, 유통 등의 분야를 겸경영하고 있는 것이 특징이다.

(2) 거대수산경영의 특징

① 규모의 거대성
② 자본조달의 공개성 - 상장회사화
③ 관련산업에 대한 활발한 투자 - 생산, 가공, 수출, 운반사업 등의 겸업화와 다각화
④ 적극적 자본수출, (Joint Venture : JV)에 의해 해외 어업개발 참여
⑤ 조사선, 작업선, 운반선, 공모선 등으로 어선을 기능별로 통합한 선단 체제로 운영하며, 공모선 조업형태임

6. 수산기업의 국제화

1) 기업의 국제화 과정

오늘날 기업이 경영활동을 전개하고 있는 공간은 한 나라의 시장범위에서만 한정되지 않는다. 즉, 세계적 범위도 경영활동 영역을 넓혀나가고 있는 것이 특징이다.

기업의 규모가 커지고 시장과 기술 등의 대외적 관계가 복잡할수록 그의 활동영역은 국내에서 국외로, 그리고 세계 여러 나라로까지 넓혀 가는데, 그 초보적인 단계가 해외무역활동이다. 여기에서 더 발전하면 합작회사나 다국적기업을 설립하여 본격적인 해외영업활동을 펴 나간다. 이러한 기업 활동의 해외진출과정을 기업의 국제화라 한다. 우리나라와 같이 부존자원이 빈약하여 원료조달과 제품판로를 해외시장에 거의 의존하고 있는 산업구조 하에서는 이와 같은 기업의 국제화는 불가피하며, 반드시 필요한 기업경영전략의 하나이다. 수산기업도 이러한 점에 있어서는 예외일 수가 없다. 더욱이 수산기업들 가운데서 원양수산기업은 주로 해외어장을 주 무대로 하여 조업활동을 펴나가면서, 전 세계의 수산물시장을 대상으로 마아케팅 활동을 벌여 나가므로 다른 산업분야에 있어서 보다 국제화의 필요성과 노력은 더 절실하다.

2) 수산합작회사

합작회사란 영어의 조인트벤처(joint venture, JV)를 말한다.

2개국 이상의 기업이 공동으로 출자하여 특별히 협력관계에 있는 어떤 사업을 공동으로 경영하고 경영성과를 공동계산하는 국제기업 형태를 합작회사 또는 조인트벤처라 한다. 이러한 의미에서 합작회사(合作會社)를 처음에는 국제합작기업(international joint venture)이라고도 하였다.

세계 연안국들이 200해리 경제수역을 선포하여 관할수역을 확대해 나가고 있는 점을 고려할 때, 해외어장 의존도가 높은 우리나라의 경우는 장기적으로 원양어업을 유지해 나가는데 있어서 수산합작기업전략은 연안국들과의 어업협력을 얻는데 있어서 중요한 투자전략의하나가 될 것이다.

수산업에 있어서 합작회사는 일반적으로 자본, 어로기술 및 수산물 판매망을 가진 수산선진국과 수산자원을 보유한 연안 개발도상국들 사이에서 주로 이루어진다. 우리나라에 있어서 수산합작회사설립의 최초의 사례는 1977년 북태평양 명태트롤어업을 대상으로 성립한 "한미북양명태공동사업"을 들 수 있다. 당시 미국은 북태평양 명태어장을 제공하고, 한국은 자국의 조업기술에 의해 생산 및 판매를 담당하는 것을 내용으로 하는 JV 사업을 운영해 나간 것이다.

우리나라 수산업의 해외합작회사는 90년대 초까지만 하여도 어업부문에 모두 치우쳐 있었으나 최근에는 양식업, 수산물 가공업 또는 수산물 유통업 부문에서도 대외 합작투자사업이 활발하게 일어나고 있다. 1993년의 통계에 의하면 미국, 칠레, 아르헨티나, 뉴질랜드, 중국, 인도네시아 등 14개국에 52개의 수산합작회사를 설립한 것으로 나타나며, 1999년 말 현재로는 13개국에 55개 합작회사가 진출해 있다. 이의 총 투자액은 27,282천달러에 달하며, 업종별로는 어업합작회사 47개사에 22,456천달러, 양식업합작회사 8개사에 4,826천달러가 투자되어 있다.58)

이러한 수산합작회사가 갖는 경영상의 특징은 다음과 같다.

① 상대국으로부터 어업활동을 보장 받게 되므로 어장이용에 안정성이 있다.

② 어업규제가 낮아 어로사업의 안정과 경영확대가 가능하다.

③ 입어료(入漁料)가 비교적 저렴하고 안정적이어서 어로경비 절감이 가능하다.

3) 다국적 기업

2개국 이상의 기업이 출자하여 회사를 설립하고, 이것이 2개 국가 이상에 걸쳐 직접

58) 오치남, 어업합작사업 활성화방안, 월간 현대해양, 2000년 6월호, p.58.

생산이나 판매 등의 경영활동을 펴 나가는 국제기업을 다국적 기업(multi-national company : MNC)이라 한다.

다국적 기업의 형태는 첫째, 본사를 모국에 두고 여러 나라에 해외자회사(subsidiary)를 설립하여 기업활동을 하는 모국(母國)중심의 다국적 기업과 둘째, 모국이 고정되어 있지 않고, 다국적 기업의 본사가 위치하는 국가를 다국적 기업의 거점지역이 되어 세계적 범위로 해외자회사((海外子會社)를 설립하여 기업활동을 펴 나가는 본사중심의 다국적 기업이 있다. 전자가 다국적 기업의 일반적 형태이며, 후자는 발전적 다국적 기업에 속하는데, 기업 활동면에 있어서는 후자가 더 적극적이다.

다국적 기업(多國籍企業)은 국내 기업들에 비해 생산이나 마아케팅 측면에서 보다 우월성을 가져야만 존속할 수 있다. 제조업분야의 다국적 기업[59]과는 달리 수산업에서는 아직까지 다국적 기업을 찾기 힘드나, 그러나 세계무역기구(WTO)가 강화되면 세계의 수산물시장이 점차 단일화되어 수산업에 있어서도 여러 국가에서 다국적 기업이 출현하게 될 것으로 예상된다.

합작회사와 다국적 기업과의 차이는 전자는 2개국 이상의 기업이 특정사업목적을 위해 계획적으로 설립하는 국제회사이며, 공동출자, 공동경영 및 공동계산을 원칙으로 하는데 대하여, 후자는 특정 목적사업에 국한하여 설립되는 것이 아니고, 오로지 자본증식과 영업망 확충을 위해 2개국 이상의 자본으로 구성된 자연발생적 국제기업이다. 그리

<표 Ⅴ-8> 합작회사와 다국적회사의 비교

합작회사	다국적 기업
① 2개국이상 기업이 특정분야 공동출로 사업을 공동운영하는 경영형태	① 다수국 자본출자로 단일회사를 설립하여 다수국에서 사업을 하는 경영형태
② 합작당사국에 사업 Partner가 존재하며, 손익을 공동계산, 공동부담함	② 주식을 다국적 자본가가 분산소유하며, 손익은 보유주식에 따라 부담함
③ 자본의 고도운용, 시장의 국제적 개척과 확보에 목적이 있음	③ 기술, 원자재, 생산기술, 노동력 확보에 목적이 있음

59) 제조업에서 다국적 기업의 전형적인 예로서는 컴퓨터회사인 IBM, 자동차 생산업체인 GMC, 포드, 토요다, 석유화학회사인 Royal Dutch Shell, 식품회사인 Nestle 등이 있다. 우리나라의 삼성전자, 현대자동차 등도 다국적 기업을 가지고 있다.

하여 다국적기업은 여러 국가에 걸쳐 현지자회사를 통해 여러 종류의 사업을 펴 나가고, 기업의 경영은 본사중심으로, 경영성과 배분은 출자기준에 따라 배분하는 특징을 갖는다.

합작회사와 다국적 기업을 보다 구체적으로 비교하면 <표8>과 같다.

7. 수산경영의 규모

1) 경영규모의 척도

오늘날 대다수의 기업은 일반적으로 규모의 확대화를 지향하고 있으며, 그 결과 많은 기업들은 과거에 비해 현저한 규모확대를 이루고 있는 것이 사실이다. 그 이유는 기업의 규모가 크면 이에 따르는 규모의 경제(economical of scale)를 충분히 실현해 나갈 수 있기 때문이다. 기업의 경영규모를 결정하는 기본척도로는 자본, 매출액 및 종업원 수 등의 경영요소가 주로 사용된다.

그러나 경영의 성격에 따라 이러한 규모지표 외에 농업은 토지, 수산업은 어선, 유통업은 매장면적 등이 추가된다. 따라서 경영규모는 이러한 경영요소의 양적, 질적 확보수준을 말하는 것으로 예컨대, 수산경영의 경우 선박이 대형화 할수록 고속화되고 현대적 어로기기의 설치가 가능하여 여기에 의해 생산효율을 높일 수가 있기 때문이다. 그러나 모든 기업이 규모가 크다고 하여 반드시 경제적으로 유리한 것은 아니다. 업종에 따라서는 대규모기업보다는 오히려 중소규모의 기업이 경제적으로 더 유리할 수도 있는데, 기업의 적정규모는 이러한 경우에 성립되는 개념이다.

2) 규모의 경제성

경영에 있어서 규모가 중요한 의사결정의 대상이 되는 이유는 어선, 어구, 기계, 설비 등의 고정자산이 기업의 수익과 비용에 직접적으로, 그리고 결정적인 영향을 미치는 요인이 되기 때문이다. 구체적으로 규모의 경제성이 성립되는 조건을 보면 다음과 같다.

첫째, 경영의 규모가 커지면 효율적인 기계설비와 어선의 대형화로 대량생산이 가능하며, 그 결과 평균생산비를 경감시키는 효과를 가져온다.

둘째, 대량생산을 통한 공급의 독점과 생산자재의 대량거래를 통해 여러 가지 시장효과를 추구할 수 있다.

셋째, 경영의 규모가 커지면 기업의 신용도가 높아져서 자본조달을 쉽게 할 수 있으며, 시장경쟁력에 있어서도 보다 우위의 위치에 설 수 있다.

넷째, 경영규모가 커지면 노동의 분화와 작업의 전문화가 촉진되어 이를 통한 생산성 향상과 아울러 기업의 수익성을 높여 나간다.

1990년도 농림수산 통계연보와 어업 총 조사보고서 관련통계를 상호 결합하여 우리나라 연근해어업의 규모별 생산구조를 분석해 보면, 어선척당 80톤 이상을 대규모 어업경영으로, 그 미만을 중소규모 어업경영으로 각각 규정할 때 양 계층 사이에는 생산성 면에서 현저한 차이가 존재한다는 것이 나타난다. 연근해어업 총 경영체수 122.714개 가운데서 0.8%의 대규모어업경영은 총생산량의 51.9%를 점하는데 대해, 45.2%의 경영체수가 분포하는 소규모 어업에서는 총생산량의 20.3% 밖에 생산하지 못하고 있다. 이러한 것이 바로 경영규모의 차이가 생산성에 영향을 미치는 규모의 경제성을 반영하는 결과라 할 수 있을 것이다.60)

그러나 규모의 확대는 고정비 비중을 상대적으로 높이게 되어 여기에 비례한 시설가동율의 유지나 생산실적을 계속 올리지 못하는 경우에는 오히려 불이익을 초래하게 된다.

3) 적정규모

수산경영의 규모 확대는 규모의 경제성을 실현하여 평균생산비를 경감시키고, 어업이익의 극대화를 가져올 수 있는 경영전략의 하나이다. 그러나 수산경영은 규모 확대화에 한계가 있다.

특히, 수산자원을 노동대상으로 하는 수산경영에 있어서는 업종에 따라서 대규모 경영이 오히려 부적합한 경우가 많다. 자원이 풍부하고 어장면적이 넓은 원양어업에서는 대규모 어업경영이 일반적으로 유리하지만, 좁은 어장에서 업종간 마찰을 심화 시키고 있는 연안어업 또는 양식경영에서는 오히려 중소어업경영이 더 유리하다.

따라서 경영의 규모를 결정할 때에는 업종이 처해있는 현재의 어장조건과 자원조건 및 시장 등 제반 경영 환경을 고려하여 가장 유리한 어업경영 규모와 업종을 결정하고, 이를 유지해 나가도록 하여야 한다.

이처럼 경영의 성과를 가장 좋은 상태로 유지해 나가면서 변화하는 기업환경에 적절히 적응할 수 있는 경영규모를 가리켜 경영의 적정규모(適正規模) 또는 최적규모(最適規模)

---

60) 자료 : 농림수산부, 농림수산통계연보 및 어업총조사보고 참조.

라 한다. 수산업의 경우 동일어업이나 양식업의 경우 선박척당, 톤당 또는 어장의 단위면적당 생산성이 가장 높은 수준의 어선규모, 그리고 평균생산비가 가장 낮은 수준의 양식장 면적일 때에 경영의 적정규모가 성립된다. 이것은 이수준의 경영이 최적규모를 만족시키고 있다는 의미이기 때문이다.

따라서 수산경영이 집약적 방식을 취할 때에는 적정규모수준은 낮아지며, 반대로 조방적방식을 취할 때에는 그 수준은 높아진다는 관계가 성립한다. 그러나 적정경영규모(optimal size of business) 또는 최적 경영규모(optimum scale)는 고정적인 것이 아니다. 그것은 여러 가지 요인과 조건에 따라서 변동하는 가변적인 성격을 띠므로 수산경영활동이 이러한 적정 규모를 계속 유지해 나가기 위해서는 경영자는 다음과 같은 규모 결정요인을 면밀히 관찰하고 분석해 나가야 한다.

① 자원량 및 수산물 시장의 변동
② 자금조달 및 손실위험 부담능력
③ 원재료 및 전문인력의 조달능력
④ 경영자의 경영관리 능력

8. 수산경영의 방식

1) 경영방식의 구분

수산경영방식(type of fisheries, type of farming)이란 원래 수산경영체가 취해 나가는 어업의 업종구성과 양식업의 품목구성을 가리키는 개념이다. 연간을 통해, 또는 1척의 어선을 이용하여 몇 가지 어업을 어떠한 순서에 따라 경영할 것인가, 또는 일정한 면적의 양식어장에 몇 가지 양식품목을 어떠한 양식순서에 의해 복합양식을 할 것인가 하는 생산시설 이용방식 또는 어장 이용방식을 수산경영 방식이라 한다.

다시 말해, 수산 경영체의 경영다변화 전략을 포함하는 개념으로서, 현재의 업종에서 사업종목을 더 늘릴 것인가, 아니면 현 상태를 그대로 유지할 것인가, 늘리면 어떠한 방향으로 늘려 나갈 것인가 하는 것 등의 경영전략을 수산경영 전략이라 한다.

그러나 일반적으로 경영방식이라고 하면 단순히 한 경영체의 업종 체계나 시설이용방식만을 가리키는 것이 아니고 소극적 경영과 적극적 경영, 단일경영과 복합경영(다각경영), 소규모경영과 대규모경영, 가족경영과 기업경영, 단독경영과 공동경영, 그리고 조방적

경영과 집약적 경영 등으로 광범위하고 고차적인 경영유형을 뜻하는 경우가 많다.

(1) 소극적 경영과 적극적 경영

어업경영에는 생산대상물이 회유하여 오는 것을 기다려 포획하는 정치망어업과 같은 고정어구(fixed gear)에 의한 어업방식과 어구를 옮겨가면서 이동하는 대상생물을 추적하여 포획하는 운용어구(movable gear)에 의한 어업방식이 있다. 전자는 소극적 수산경영, 후자는 적극적 수산경영에 해당한다.

소극적 경영방식에 있어서는 주 어획수단은 어구이며, 어선은 단지 어장과 육상의 근거지를 왕래하는 운송수단에 불과하다. 그러므로 안정 지향적 수산경영자는 정치성 어업이나 양식업을 택하게 될 것이다. 그러나 양식경영이 비교적 안정적이고 생산에 대한 불확실성도 비교적 낮아 안정 지향적 경영자에게는 적합한 업종이 될 수 있다고 보지만, 최근에는 양식경영도 양식기술의 발달로 투하자본의 증가와 시장판매 등의 문제를 생각하지 않을 수 없으므로 보다 적극적인 양식경영자를 필요로 하고 있다.

이에 반해, 적극적인 성격의 수산경영자는 경영위험을 감수하면서 기동성 있는 어선을 이용하여 어획대상물을 탐색하고, 어구를 옮겨가면서 어획활동을 하는 어업경영 방식을 선호하게 될 것이다.

(2) 조방경영과 집약경영

집약경영(集約經營)이란 어장, 노동, 자본 등 제 경영요소의 결합도가 높은 경영을 말한다. 어장의 단위면적당 노동이나 자본 등 생산요소의 투하비율을 상대적으로 높이게 되면 생산효율이 향상되며, 경영은 그만큼 집약화 되는 것이다.

반대로 생산요소의 이용도나 결합도가 상대적으로 낮은 경영은 조방경영 형태를 취하게 된다. 경영집약도는 어장에 대한 노동과 자본의 투입정도에 의해 결정되는데, 이 두 요소 중 어느 요소의 투하비율이 상대적으로 높으냐에 따라서 자본집약적 경영과 노동집약적 경영으로 구분된다.

노동집약적 경영은 자본투자보다 노동의 투하비율이 높은 경영을 의미하며, 이와 반대로 노동에 비해 자본의 투하비율이 높은 경영은 자본집약적 형태를 띤다.

(3) 단일경영과 복합경영

수산경영은 생산물의 종류나 종사하는 업종의 수에 따라 단일경영과 복합경영으로 구분된다.

단일경영은 전문경영(specialized management)이라고도 하는데, 어업경영자가 정치망어업이나 기선저인망어업 등 한 가지 업종만을 전문적으로 영위하거나, 또는 넙치양식, 굴양식 등과 같이 한 가지 종류의 양식품목만을 생산해 나갈 때 이러한 단일 경영이 성립한다. 이에 대해, 복합경영(multi-model management)은 기선선망어업과 정치망어업, 혹은 기선저인망어업과 가리비양식업 등과 같은 서로 다른 어구어법을 2가지 이상 결합하여 하나의 경영체로 성립하거나 또는 하나의 양식경영체가 2가지 이상의 양식 품목을 혼합하여 양식업을 경영해 나가는 것을 말한다. 따라서 단일경영과 복합경영은 다 같이 경영합리화의 방향에서 추구해 나가는 경영전략의 하나이지만, 양자는 전문화와 다각화라고 하는 서로 대립되는 측면을 가지고 있다.

단일경영과 복합경영이 갖는 특징은 각각 다음과 같다.

가. 단일경영의 장점

① 특정 업종의 생산이나 판매기술을 전문화할 수 있다.

② 수익성 있는 품목의 대량생산이 가능하다.

③ 경영체가 입지한 지역의 특수성을 경영에 반영시킬 수 있다.

나. 복합경영의 장점

① 서로 다른 업종이나 품목을 생산·판매함으로써 경영위험의 분산이 가능하다.

② 노동과 시설의 이용효율을 높임으로써 자본회전율이 향상되고, 경영비용을 절감시킬 수 있다.

③ 복합어업의 경우는 어선과 노동력의 유휴화를 막고, 이용도를 높임으로서 어선척당 생산량을 증대시킬 수가 있다.

④ 복합양식의 경우는 양식어장의 공간과 환경을 효율적으로 이용하여 단위 면적당 생산량을 증대시킬 수 있다.

⑤ 부산물을 효율적으로 활용할 수 있다.

2) 경영방식의 선택

수산경영방식은 기술과 자본축적이 미약한 초기단계에서는 노동과 자본의 투하가 적은 조방적인 경영에 주로 의존하게 되지만, 점차 인구가 늘어나고 기술이 발달함에 따라 집약적인 경영방식으로 발전해 가고 있다.

현대에 있어서 경영의 발전 추세는 투하자본에 주로 의존하는 경향을 보이는데, 투자의 확대는 경영규모의 확대를 가져오며, 이에 따라 어업경영은 대체로 노동집약적 경영에서 자본집약적 경영으로, 조방적 경영에서 집약적 경영으로, 그리고 단일 경영에서 복합경영(다각경영)으로 각각 발전하는 경향을 나타내고 있다. 또 어업 경영에 있어서는 소득수준의 향상으로 임금수준이 높아지면 노동력 조달이 어려워져 이를 타개할 목적으로 어장집약적 경영 내지는 자본집약적 경영으로의 전환을 불가피하게 한다.

어업경영은 생산 활동이 주로 해상에서 이루어지는 특성으로 인해 경영자는 생산물의 소비지 마케팅 활동에 거의 참여할 수 없게 된다. 이에 반해, 양식경영은 연안과 내륙지에서 주로 생산 활동이 이루어지므로 어업경영과는 달리 소비지에서의 생산물 가격결정과 마케팅 활동에 직접 관여할 수 있는 폭이 넓어진다. 이것은 그만큼 생산원가, 수송비, 판매가격 등의 요인을 수산경영자가 직접 통제하는 것이 용이해졌다는 것을 의미한다.

대도시 근교에 위치하고, 교통과 운송에 있어서 기술적인 제약이 없는 시장 가까운 곳에서는 집약적 양식경영이 유리하며, 여기에 다시 공동출하센터를 세우거나 가격정보를 쉽게 입수할 수 있는 판매망을 조직하여 시장수요에 쉽게 대응해 나갈 수가 있는 경우에는 수평적 통합양식경영의 성립도 가능하다.

대신에 교통이 불편하고, 수송비가 많이 드는 곳에 위치한 수산경영체의 경우는 가격경쟁에서 불리성을 극복하기 어려우므로 집약 경영방식보다는 인건비와 자본비용을 절감할 수 있는 조방적 경영방식이 더 적합할 것이다.

결국, 수산경영체는 수송비용, 가격 등의 관계를 고려하여 경영체가 위치하는 장소에서 가장 알맞은 경영방식을 선택하게 되는데, 이러한 과정에서 양식경영의 경우에는 지역적 분화를 일으키게 된다. 이와 같이 수산업의 최적 경영방식은 당해 경영체의 내적 조건과 입지, 자연적 및 사회 경제적 조건의 차이에 의해 서로 다르게 나타난다.

VI. 수역별 어업경영

1. 연안어업 경영

1) 연안어장의 종류

(1) 어장의 범위

통념적으로 어장이라 하면 어업생산활동이 이루어지는 수계(水界)로 해석되나 그렇다고 모든 수계가 어장이 될 수 있는 것은 아니다. 일정한 조건을 구비한 수계라야만 어장으로 성립될 수 있다[61]. 이와 같은 漁場은 분포장소와 海面의 범위, 採捕技術 및 경제적 가치 등으로 나누어 그 형태를 다음과 같이 파악할 수 있다[62].

첫째, 어장은 분포장소를 기준으로 내수면어장과 해면어장으로 구분된다.

둘째, 해면어장은 수면의 범위를 기준으로 하여 연안어장, 근해어장 및 원양어장으로 대별 할 수 있으며, 일반적으로 가장 널리 분류하는 어장개념이다.

셋째, 수산동식물의 채포기술을 기준으로 하여 어로어업어장과 양식어장으로 구분된다.

넷째, 어장의 유동성을 기준 하여 어법과 대상 등이 일정하게 정해져 있는 고정적 어장 (정치어업, 패조류 양식업 등)과 어법과 대상이 비교적 고정되어 있는 어장(연안성 어류), 그리고 대상이 유동성을 갖는 유동적 어장(고도 회유성 어종 대상)이 있다.

어장의 종류는 이 밖에도 어업의 형태와 연관시켜 어가어업어장(연안어장), 중소어업어장(근해어장), 대규모 자본제어업어장(원양어장) 등으로 유형화할 수 있으며, 어업을 계층적으로 파악하고자 하는 경우에는 이와 같은 분류기준에 따라 분석하는 것이 타당하다. 또 대상자원에 따라서 명태어장, 꽁치어장, 고등어어장, 갈치어장, 참치어장, 오징어 어장 등으로도 나눌 수 있으며, 수산자원학 에서는 이러한 어종별 어장분류가 많이 활용된다.

(2) 沿岸漁場의 특징

---

61) 우리나라의 수산업 발달과정에서 이러한 어장개념이 어느 정도 구체화되기 시작한 것은 18세기 이후이다. 즉 1750년 朝鮮朝 영조 26년에 시행된 균역법(均役法)에 따라 설치된 均役廳 海稅規定에서는 어장을 다음과 같이 설명하고 있다.
"環一洋魚族所聚 大小漁船 逐水設網 促魚謂之漁場" 곧, 「바다를 둘러싸고 어족이 모이는 곳에 여러 어선들이 물을 따라 그물을 치며 고기를 잡는 곳, 그곳을 어장이라 한다.」 라고 되어 있다.

62) 수협중앙회, 한국수산발달사. 1966. p.122

연안어장이란 수면범위를 기준으로 할 때 연안구역을 주 조업수역으로 하여 성립되는 어장을 말한다. 여기에 대해 근해구역을 주 조업 구역으로 하는 어장은 원양어장이라 한다. 그러나 전체어장을 이와 같이 3대 해역으로 나눈다 하여도 각각의 어장별 수면 경계와 범위를 명료하게 정한다는 것은 쉽지 않다.

연안어장의 범위를 구체적으로 말하면 면허어업, 곧 어업권 어업의 어장전부와 신고어업 어장의 전부가 성립되는 해면범위와 여기에다 허가어업의 일부인 구획어업이 성립되는 어장까지를 포함한 해면범위가 될 것이다. 그러나 이의 거리상의 해역범위는 거안(距岸)으로부터 연안 12해리까지로 보는 것이 통념이며, 시간기준으로는 어로근거지에서 당일 귀항할 수 있는 범위의 어장으로 규정하는 것이 일반적이다.63) 그리고 어업의 방법과 경영규모면에서는 유치한 생산수단으로 수산물을 採捕하는 맨손어업과 무동력어선에서부터 10톤 미만의 동력어선, 그리고 大·中·小의 정치망어업과 마을어업 및 양식어업 등이 성립되는 수역이 모두 연안어장에 속한다고 볼 수 있다.

이러한 연안어장의 특징은 1) 어업기술이 비교적 고정되어 있는 어장, 2) 어획대상생물이 비교적 고정되어 있는 어장, 3) 어업기술과 대상자원 모두가 비교적 고정성을 띠는 어장, 4) 주로 소형어선에 의해 어업이 이루어지는 어장 등으로 말할 수 있다.

한편, 어장의 경제적 가치와 이의 독점적 이용의 필요성 문제와 연관시켜 생각할 때 연안어장의 이용형태는 1) 어장의 경제적 가치가 높아서 이를 배타 독점적으로 이용할 필요성이 있는 어장(예:定置網漁場), 2) 경제적 가치와 배타독점적 이용의 필요성이 다같이 낮은 어장(예: 소규모 연승 및 일본조 어업등, 소규모 어선어업), 3) 계획적 생산이 가능하도록 일정한 수면과 어업시설을 보호할 필요가 있는 어장(예: 마을어업, 양식업)등으로 구분하여 이용해 나가는 것이 바람직 할 것이다.

2) 연안어업의 종류

(1) 연안어업의 분류

연안어장에서 주로 성립되는 어업의 종류는 크게 마을어업, 구획어업, 신고어업 및 허가어업의 다섯 가지 형태가 있으며, 이 가운데서 앞의 3종의 어업은 전형적인 연안어업에 속한다고 할 수 있다. 이에 대한 면허 및 허가기준, 허가정한수 등은 <표 Ⅵ-1> 에서 <표 Ⅵ-4>와 같다.

63) 수협중앙회, 연안어장이용실태 조사연구, 1977.12,pp.22-24.

<표 VI-1> 연안어업의 5대 형태

어업형태	특 징	종 류	수산업법	허가주체
마을어업	마을을 기초로 설립되는 공동어업		수산업법 제8조	어촌계
면허어업	일정수면을 구획하여 배타적 어업을 면허	살포식, 해조류, 가두리식, 정치망	수산업법 제8조	어촌계, 수협, 개인
신고어업	맨손, 나잠, 투망 등 유치한 생산수단	맨손, 나잠, 투망, 육상양식	수산업법 제44조	개인
허가어업	개인허가를 원칙으로 하며, 운용어법	무동력선어업, 동력선 8톤 미만	수산업법 제41조	개인
구획어업	종전의 제2, 제3종 공동어업	정치성구획어업, 이동성구획어업	수산업법 제41조	1순위 어촌계 3순위 개인

<표 VI-1>은 연안어업의 종류를 면허 및 허가 형태별로 크게 나눈 것이며, <표 VI-2>는 연안어업 가운데서 면허어업의 종류에 대하여, 그리고 <표 VI-3>은 연안허가 어업의 종류를 구체적으로 제시하고 있다.

<표VI-2> 면허어업의 종류와 허가 기준

면허어업의 종류	어업 및 양식방법	시설기준		면허주체	관계법규
		어장수심	어장면적		
마을어업	포패, 채취, 통발, 문어단지	5m 이내	-	어촌계, 수협	수산업법 제8조, 제9조 및 동 시행령 제10조
대형정치망어업	대부망, 대모망, 낙망, 개량식 대모망, 각망, 팔각망, 소대망, 죽방렴	좌우보호구역 각 550m 이내, 좌우보호구역 총 길이 2,600m 이내	10ha 이상	개인, 어촌계, 수협	수산업법 제8조 및 동 시행령 제8조
중형정치망어업			5ha 이상		
소형정치망어업			5ha 미만		
해조류양식업	투석식, 건홍식, 연승식	건홍식 7m이내, 연승식 30m이내,	100㎡=1책	어촌계, 수협, 개인	
패류양식업	바닥식, 수하식	간이수하식 2m이내, 연승수하식 40m이내	100㎡=1대	개인, 어촌계, 수협	
어류 등 양식업	어류양식, 기타수산동물양식	축제 10m이내, 가두리식 30m이내	25㎡=1대		수산업법 제8조 및 동 시행령 제9조
복합양식업	해조류양식, 패류양식	바닥식 0m이내	2종 이상 양식		
협동양식업	상 동	5~10m이내	조류, 패류양식 기준	어촌계, 영어조합, 수협	수산업법 제8조 및 동 시행령 제8조

자료 : 수산업법 및 동 시행령, 어업면허 및 어장관리에 관한 규칙등 참조.

<표 Ⅵ-3> 연안허가어업의 명칭, 어선의 규모 및 허가의 정수 등

어업의 종류	어업의 명칭	어선의 규모(신 톤수)	허가의 정수
1) 연안자망어업	연안유자망어업	무동력선, 10톤 미만	-
		동력선, 무동력선	-
2) 연안안강망 어업	연안고정자망어업	10톤 미만 동력선	-
3) 연안형망어업	연안개량안강망	8톤 미만 동력선	-
4) 연안선망어업			
	연안형망어업	무동력선	부산광역시 :40건
	연안선망어업	무동력선	강원도 :40건
	양조망어업	8톤 미만 동력선	충청남도 :50건
			전라북도 :20건
			전라남도 :110건
			경상북도 :40건
			제주도 :30건
5) 연안연승어업	연안연승어업	무동력선, 10톤 미만 동력선	-
6) 연안채낚기어업	연안채낚기어업 연안외줄낚시	무동력선, 10톤 미만 동력선	-
		무동력선	-
7) 연안통발어업	연안통발어업	10톤 미만의 동력선	-
	문어단지어업	무동력선, 8톤 미만의 동력선	-
	패류어업	8톤 미만의 동력선	-
8) 연안들망어업	초망어업	8톤 미만의 동력선	-
	연안들망어업	무동력선, 10톤 미만의 동력선	-
9) 연안조망어업	새우조망어업	무동력선, 10톤 미만의 동력선	-
10) 손꽁치어업	손꽁치어업	8톤 미만의 동력선	-
11) 연안선인망어업		무동력선, 10톤 미만의 동력선	

주: 구 톤수는 법률 제 3641호(선박법 개정 법률 부칙 제3조)의 규정에 의하여 종전 규정에 따라 측정된 톤수를 말한다.

자료: 수산업법시행령제27조, 어업허가 및 신고 등에 관한 규칙(1997. 3. 17. 해양수산부령 제13호) 제3조제③항 별표 3.

(2) 구획어업

구획어업(區劃漁業)이란 1990년 8월 1일 법률 제 4252호로 개정된 제 13차 수산업법 개정과정에서 신설된 연안어업의 하나이며, 그 내용은 <표 Ⅵ-4>와 같다.

<표 VI-4> 구획어업의 명칭과 규모 및 허가의 정수 등

어업의 종류	어업의 명칭	어선의 규모	허가의 정수
정치성 구획어업	지인망어업	무동력선, 5톤 미만의 동력선	-
	선인망어업	무동력선, 5톤 미만의 동력선	-
	호망어업	무동력선, 5톤 미만의 동력선	-
	건망어업	무동력선, 5톤 미만의 동력선	-
	건간망어업	무동력선, 5톤 미만의 동력선	-
	주목망어업	무동력선, 5톤 미만의 동력선	-
	승망어업	무동력선, 5톤 미만의 동력선	-
	각망어업	무동력선, 5톤 미만의 동력선	-
	부망어업	무동력선, 5톤 미만의 동력선	-
	장망어업	무동력선, 5톤 미만의 동력선	-
	낭장망어업	무동력선, 5톤 미만의 동력선	-
	해선망어업	무동력선	-
	안강망어업	무동력선	-
이동성구획어업	수조망어업	무동력선	-
	문어단지	무동력선, 5톤 미만의 동력선	-
	형망어업	무동력선, 5톤 미만의 동력선	-
	새우조망어업	무동력선, 5톤 미만의 동력선	전라남도 : 200건 경상남도 : 200건
	실뱀장어채취업	무동력선, 5톤 미만의 동력선	
	안강망어업		

주: 1) 종전의 제2, 제3종 공동어업을 폐지하고, 대신 구획어업을 신설하였음.
2) 시장, 군수, 구청장의 허가를 득함.
자료: 해양수산부령 제13호, 앞의 규칙 제3조 제⑥항 별표 6.

개정 전 수산업법은 제 8조에 제1종, 제2종 및 제3종의 공동어업(共同漁業)에 관해 규정하고 있었으나 1990년 8월 수산업법 개정 시에 위의 3종류의 공동어업권제도를 폐지하고, 제1종 공동어업만 존치시킨 대신, 그 명칭을 "마을어업"으로 개칭한 것이다. 한편, 폐지된 제2종 및 제 3종 공동어업은 이것을 「區劃漁業」이라 하여 시장·군수의 허가어업으로 규정하였다(수산업법 제41조).[64] 수산업법의 개정과 함께 수산업법 시행령도 개정되어 구획어업을 정치성 구획어업과 이동성 구획어업의 두 종류로 나누고[65], 허가주체를 제1순위 어촌계, 제2순위 개인에게도 허가가 가능하도록 하였다.

64) 당시 공동어업권제도의 폐지 이유에 대해서는 다음의 논문을 참조바람.
최정윤, 수산업협동조합의 어업권관리기능에 대한 비교연구, 수산경영론집, 제29권 제2호, 1998.
65) 수산업법 시행령 제29조(1996. 12. 31. 대통령령 제 15241호).

3) 연안어업의 경영구조

(1) 연안어업의 분포

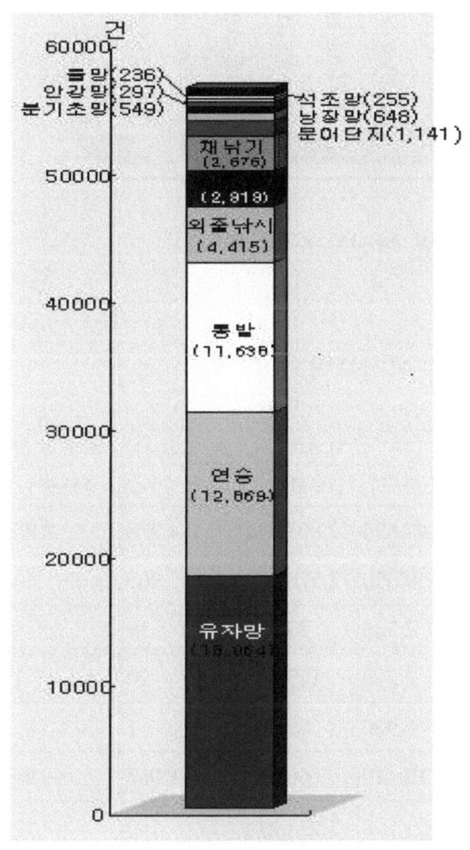

<그림 Ⅵ-1> 연안어업의 허가건수(2000)

2000년도 말 기준 우리나라 연안어업의 전국 허가건수는 총 23개 어업종류에 56,123건으로 나타난다. 이것은 1 허가건수를 1경영체로 가정할 경우 연안어업의 총 경영체수를 약56.123개로 볼 수 있다는 것이 된다.

여기에는 <그림 Ⅵ-1>을 통해서 보면 유자망이 18,064건(32%)으로 가장 많고, 다음이 연승 12,869건(23%), 세번째가 통발 11,638건(21%)이다. 이 밖에 외줄낚시 4,415건(8%), 새우조방 2,818건(5%), 채낚기 2,676(5%), 문어단지 1,141건(2%), 낭장망 648건(1%) 으로 분포한다.

그러나 이의 실제 조업건수는 총 어업건수 56,123건의 72%인 총 40,567건으로 나타난다. 이것을 어업별로 보면, 유자망이 13,748건(34%)으로 가장 많고, 다음은 연승 9,870건(24%), 세 번째가 통발 9,347건(23%)로, 이들 3개 어업이 전체의 81%를 차지한다. 그밖에 외줄낚시 2,961건(7%), 새우조방 503건(1%), 채낚기 1,765건(4%), 문어단지 621건(2%), 낭장망 611건(2%) 및 기타 1,141건(3%)으로 분포하고 있다.

(2) 연안어업의 경영 규모

연안어업 어선척당 톤급을 2톤 미만에서 10톤 미만으로 나누어서 경영규모를 살펴보면 <그림 Ⅵ-2>와 같다. 그리고 이러한 연안어업의 어선세력과 최근 3개년간의 어획물 생산 추세는 <표 Ⅵ-5>,<표 Ⅵ-6>과 같다.

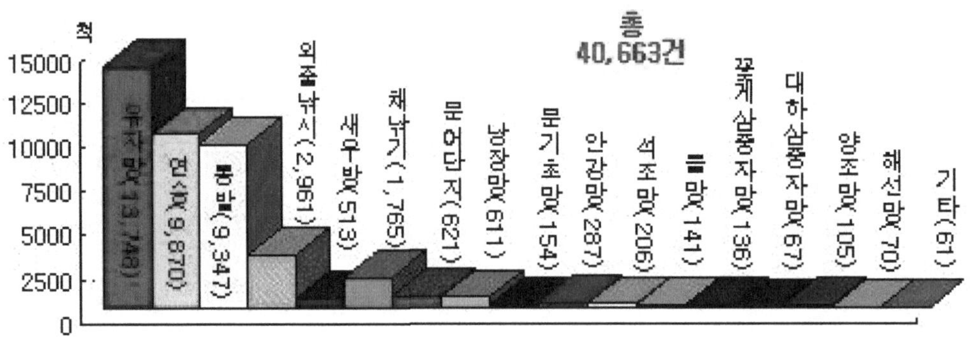

<그림 VI-2>연안어업의 규모별 어선분포

<표VI-5 연안어업의 종류별 어선세력>

	합계 (척수)	합계 (톤수)	합계 (마력수)	동력선 (척수)	동력선 (마력수)	무동력선 (마력수)	무동력선 (척수)	무동력선 (톤수)
합 계	63,342	150,594	7,803,944	59,064	147,638	7,803,944	4,278	2,956
연안유자망	20,411	48,996	2,575,372	19,442	48350	2,575,372	969	647
연안안강망	444	2,249	83,614	425	2,206	83,614	19	44
연안선망	519	2,815	115,475	499	2,798	115,475	20	17
연안연승	582	921	59,637	581	920	59,637	1	0
연안채낚기	6,638	13,006	566,865	5,572	12,449	566,865	1,066	557
연안통발	8,274	21,294	1,233,214	8,124	21,168	1,233,214	150	125
연안들망	237	675	24,509	199	625	24,509	38	50
연안조망	556	2,323	98,409	554	2,323	98,409	2	1
연안선인망	4	8	394	4	8	394	-	-
연안복합	23,646	52,498	2,865,986	21,946	51,409	2,865,986	1,700	1,089
구획어업 (정치성)	638	1,397	58,529	583	1,266	58,529	55	131
구획어업 (이동성)	726	862	47,216	582	802	47,216	144	60
정치망	593	3,445	68,770	482	3,213	68,770	111	232
기타어업	74	104	5,954	71	101	5,954	3	3

<표 Ⅵ-6> 주요 연안어업의 어업별 생산량 추이

(단위 : M/T)

	1998	1999	2000	어선척수(척)	척당생산(M/T)
합　계	227,289	229,465	225,987		
연안선망	2403	1,812	1,767	519	34.0
연안채낚기	2,6412	28,070	33,817	6678	5.1
연안유자망	9,2190	107,672	90,556	20466	4.4
연안안강망	3,9542	36,044	36,816	444	82.9
연안통발	1,9760	22,559	22,751	8274	2.7
연안형망	4318	665	688	·	
연안연승	2,1858	21,255	25,374	582	43.6
연안들망	1,7459	7,757	6,287	237	26.5
낭장망	3348	4,230	7,931	·	

4) 연안어업의 경영분석

(1) 연안자망어업

① 사례어업의 개요

여기에 소개하는 연안자망어업은 강원도 고성군 양양면 남애리에서 부친의 가업(家業)을 잇기 위하여 연안자망어업 1통을 경영하고 있는 20대의 어업후계자에 관한 어업경영 사례이다.

한국수산신보 2001년 8월 20일자의 "40년 고기잡이 경험 아들에게 전수"의 기사를 읽고 저자가 현지를 방문한 것은 2001년 8월 24일(금)이다. 그 날도 두 부자는 조합위판장 공지에서 어구손질을 하고 있었다. 아버지는 이인신씨(63세)이며, 아버지의 가업을 잇기 위해 어업후계자로 나선자는 그의 3남 이남아(26세)씨이다.

그는 지역 수산전문학교를 졸업하고 방위복무를 마친 다음, 현재 부자협업(父子協業)으로 연안자망어업에 2년째 종사하고 있다. 아들의 결심에 감동하여 부친은 소유 선박 FRP 8톤급 동진호를 즉시 아들 명의로 소유주 변경을 하고, 수협으로부터 융자금 30,000천원을 대출 받아 아들의 어업경영기반 하나하나를 구비해 주었다.

이남아씨가 그의 부친으로부터 위양받은 연안자망어업 경영의 시설과 자산 평가내용은 <표 Ⅵ-7, Ⅵ-8>과 같다.

<표 VI-7> 연안자망 1통의 어업시설 및 생산현황
(강원도 양양군 남애리 이남아씨 사례)

	수 량	금액(천원)	비 고
업종	연안자망		연안연승 복합경영
어선척수	1척	70,000	동진호
어선톤수	8톤		
선질,선령	FRP,12년		
마력수	350마력		연안유자망어업의 어선규모는 10톤미만으로 제한하고있으나 엔진마력수는 제한없음
어구	3통	30,000	2통교대, 1통예비
종사자수	2명		자가노동, 부자조업
어기	연중		주어기는 수온하강기의 가을부터 시작됨
출어일수	240일		
출어회수	240일		1일 조업
조업지	연안5마일 이내		양양군 연안수역 5마일이내, 수심600m이내
생산량	6,600kg	년간	물곰,가자미,대구,청어 등
생산금액	65,000천원	〃	
계		100,000	고정자산합계

<표 VI-8> 연안자망 1통의 자산 부채 상황
(강원도 양양군 남애리 이남아씨 사례)

(단위 : 천원)

자 산	수 량	금 액	부채・자본금액	비 고
어 선	1척	70,000	차입금30,000	수협 일반자금20,000 영어자금10,000
어 구	3통	30,000	자본 78,000	
기 타		5,000		
계		105,000		
유동자산		3,000		현금,예금 등
합 계		108,000	합계 108,000	

② 어업성과

강원도 양양지방에서 연안자망어업은 현지 단위로 그물 50닥(1닥의 길이는 약 50m, 무게는 약 50kg)을 가지고 자망2통(25닥 1통)을 구성한다. 아침에 어장에 나가 부설해 놓은 1통의 양망이 끝나면 다른 1통을 다시 부설하며, 이것을 매일 1회 반복한다. 때때로 그물

전체가 파손될 정도로 다른 어업과 수중에서 마찰을 일으켜 피해를 보는 경우도 잦기 때문에 여기에 대비키 위해 대개 3통의 자망그물을 준비해야 한다.

자망 1통의 구성비용은 약 1천만원 소요되며, 내용년수는 2년 정도이다. 대상자원의 회유경로를 따라 약 1,200m 길이의 자망을 정확히 설치한다는 것은 간단한 문제가 아니다. 양망작업은 건조상태의 어망 무게만 하여도 1통에 약 1,200kg(1닥 50kg×25닥)에 달하므로 수중의 어망중량은 적어도 이의 1.5배 내지 약 2배에 달하여 양망기의 힘을 빌리지 않으면 안 된다.

선박 총톤수 8톤미만 에서는 자동양망기 설치가 용량상 불가능하므로 대부분 유압식 기계양망에 의존한다. 이 어업에서 생산되는 가장 고가 어종은 물곰(물메기)으로, 10마리 기준 1상자가 현지에서 대·중·소로 구분하여 상자당 대 70,000원, 중 40,000원, 소 20,000원으로 각각 위판 된다. 어획후 생산물의 처리와 상품 선별작업은 마지막 단계의 어업경영 성과를 높이는데 결정적인 영향을 미치므로 어업후계자 수업은 이러한 수산물 유통과정에 대해서도 빼 놓을수 없는 분야이다.

사례어업 연안자망 1통의 연간 경영수지 상황과 경영성과는<표 VI-9>와 같다.

③ 종합분석

사례어업은 부자 2인협업의 가족어업이며, 년 순수익 규모 31,750천원, 매출이익율 40.8%, 자본이익율 29.4%라는 비교적 높은 수익성을 나타내고 있다. 지난 2년간의 경험

<표 VI-9> 남애리 연안자망 1통의 수지상황

구분		금액(천원)	비고
출어비	어구비	10,000	어망보수비
	연료비	4,800	76×63,000
	소모품비	2,000	
	주부식비	2,400	
	후생비	2,400	
	수리비	1,200	10,000×240
	기타	1,200	
	계	21,600	60.2%
경비	임금	1,200	임시노동
	판매비	3,250	생산금액×0.05
	조세공과	1,200	
	기타	1,200	
	감가상각비	5,000	선박, 어구
	계	11,850	33.0%
금융비용		2,400	6.8%
총비용		35,850	100%
총생산 금액		65,000	

에 비추어 앞으로도 이 정도의 어업수익은 충분히 기대할 수 있을 것으로 전망되며, 적어도 경제적 측면에서는 도시 생활 못지 않다. 이러한 수익성을 실현하는데는 고가어종 생산을 위한 자망어업의 어구어법 개조, 어장선택의 적중, 가족 경영에 의한 인건비 절감 등이 주효(奏效)했다고 볼 수 있다.

(2) 연안복합어업

① 연안복합어업의 역사

"연안복합어업"은 1996년 수산업법 개정과정에서 제도적으로 도입된 어업이다. 그러므로 아직 그의 정착과 성공여부가 정확히 밝혀져 있지 않다.

수산업법은 1990년 8월 1일 제13차 개정에서 우리나라의 전통적인 공동어업권제도에 관해 근본적인 변화를 가져오게 했는데, 여기에서 종전의 제2 및 제3종 공동어업권 제도를 폐지하고, 대신에 구획어업이라고 하는 새로운 연안어업 종류를 하나 더 신설한 것이다.

그러나 그 후 기존의 연안어업과 구획어업과의 마찰이 야기되자 1996년 12월 31일 정부는 하위법령인 수산업법시행령을 개정하고, 그 제27조에 "연안복합어업"을 신설하여 어업자 한 사람이 문어단지, 주낙(연안연승), 외줄낚시 및 채낚기 등 수종의 어업을 복합적으로 경영할 수 있게 하였다.

이러한 연안복합어업의 신설목적은 첫째, 소규모 연안 영세어업자들의 소득안정을 위해 어업의 계절성을 극복하고 둘째, 소형선박의 가동율을 높인다는 데 주안을 둔 것이라고 볼 수 있다. 90년대 이후 급격한 어촌인구의 감소와 어업 이탈현상, UR협상에 따른 수산물시장 개방 등으로 특히, 소규모 연안어업의 경영 불안이 심화되고 있었던 당시의 어촌사정을 감안할 때, 이와 같은 연안복합어업의 제도화는 현재도 그 의의가 평가되고 있는 것이다. 이상의 과정을 거쳐 성립된 연안복합어업의 2000년말 현재의 허가상황을 보면 <표 VI-10>과 같다.

② 연안복합어업의 결합모형

연안복합어업의 결합형태는 현행 4종류의 어업복합을 예를 들면, 그 유형은 다음과 같이 2종 결합에서부터 4종 결합까지 총 11종으로 가정할 수 있다[66].

---

66) 이러한 결합모형은 다음의 산식에 기초한다.
원소의 수 : n, 총 결합수 : N, $N = 2n - (n+1)$

<표 Ⅵ-10> 전국의 연안복합어업 허가현황(2000)[67]

(단위 : 건)

어선규모 / 지역	2톤미만	2~5톤	5톤이상	계
경 인	372	225	127	724
강 원	943	555	321	1,819
충 청	1,316	1,113	148	2,577
전 북	585	305	217	1,107
전 남	3,973	2,308	454	6,735
경 북	392	182	144	718
경 남	5,513	2,202	443	8,158
부 산	725	320	153	1,198
제 주	857	1,092	548	2,497
계	14,676	8,302	2,555	25,533
(%)	(53.5)	(32.5)	(10.0)	(100.0)
비조합원 (%)	937 (6.4)	671 (8.0)	105 (4.1)	1,713 (6.7)

주 : ( ) 내수치는 구성비임.
자료 : 수협중앙회, 2000년도 영어자금 소요액 조사결과보고, 2000, 12.

㉮ 4종 복합형 : 문어단지+연안연승(주낙)+외줄낚시+연안채낚기

㉯ 3종 복합형 : 문어단지+연안연승(주낙)+외줄낚시

㉰ 3종 복합형 : 문어단지+연안연승(주낙)+연안채낚기

㉱ 3종 복합형 : 문어단지+외줄낚시+연안채낚기

㉲ 3종 복합형 : 연안연승(주낙)+외줄낚시+연안채낚기

㉳ 2종 복합형 : 문어단지+연안연승(주낙)

㉴ 2종 복합형 : 문어단지+외줄낚시

㉵ 2종 복합형 : 문어단지+연안채낚기

㉶ 2종 복합형 : 연안연승(주낙)+외줄낚시

㉷ 2종 복합형 : 연안연승(주낙)+연안채낚기

㉸ 2종 복합형 : 외줄낚시+연안채낚기

67) 복합어업의 허가기간은 5년이며, 총톤수 10톤미만의 동력어선에 한해 허가된다.

③ 사례어업의 개요

2001년 7월 이 어업에 대한 현장조사를 통해 알려진 사례어업은 부산시수협 민락어촌계 소속 제7 삼육호 박도석씨의 연안복합어업이다.

박도석씨는 80년대까지 무허가 목선 4톤급으로 소형기선저인망어업을 경영하고 있었으나 최종목표는 허가어업으로 전환하여 정상적인 어업활동을 하는 것이었다.

박도석씨의 이러한 꿈이 실현된 것은 90년대초 이다. 그는 FRP 2톤급 연안연승어업으로 허가어업을 시작한 데 이어, 정부방침에 따라 어선 1척으로 여러 종류의 어업을 복합경영할 수 있다는 수협의 안내와 추천을 받아 2000년에 부산시로 부터 기존의 연안연승(주낙)에 외줄낚시와 연안 채낚기의 2개 업종을 추가하여 연안복합어업 허가를 받게 되었다.

5명의 가족이 자신의 어업에 의존해 생활하고 있고, 이 가운데는 2명의 자녀가 고등학교와 대학에 각각 재학하고 있으므로 1년에 약 6~7개월이면 어기가 끝나는 연안연승어업 하나만으로는 가족의 생계와 자녀들의 교육비조달에 어려움이 많았다.

따라서 그에 있어서 연안복합어업은 휴어기의 경제적 활용은 물론, 어가 소득 증대에 결정적인 기회가 되었다. 그는 복합어업허가와 함께 외줄낚시와 연안 채낚기의 두 업종에 대한 새로운 어구준비에 착수했으며, 선박도 신조선을 구입하기로 하였다. 이러한 박도석씨의 연안복합어업 경영 상황은 <표 VI-11>과 같다.

④ 경영계획과 조업성과

사례어업의 연간 조업수지는<표 VI-11, VI-12>와 같다.

연안복합어업의 어업별 어가소득 기여도를 파악하기 위하여 총수익과 연간 비용을 3종의 어업별로 배분해서 보면, 총생산금액 66,450천원 가운데서 약 90%를 연안연승어업이 차지하며, 나머지 두 업종은 10%미만이다. 어업 비용면에서는 연간 총비용 31,085천원 가운데서 연안연승어업이 80.6%를 점하며, 두 업종은 나머지 19.4%의 비용을 점한다.

⑤ 종합분석

박도석씨의 연안복합어업사례 분석이 시사하는 바는 다음과 같다.

첫째, 연안어업을 다각적으로 경영함으로써 연중 주년조업을 성립시키는데 기여하였다.

<표 Ⅵ-11> 연안복합어업 시설 및 조업실태
(부산시수협 민락어촌계 박도석씨 사례, 2000)

	수 량
어 업 종 류	연안복합(3종) 외줄낚시, 연안연승, 연안채낚기
어 선 척 수	1척(FRP)
어 선 톤 수	3.39톤(제7삼육호)
기 관 마 력 수	230Hp
어 구	3종(외줄낚시, 연안연승, 연안채낚기)
업 종 경 력	연안연승,10년
조 업 지	부산연안
조 업 일 수	300일
출 어 회 수	외줄낚시3개월, 연안연승7개월, 연안채낚기2개월
종 사 자 수	2인(본인1, 고용1인, 연안연승어업에 한함)
연간 생산량	5,280kg(연승 90%, 외줄낚기 6%, 채낚기 4%)
생 산 금 액	66,450천원

<표 Ⅵ-12> 연안복합어업의 어업별, 생산실적과 연간 어업체계
(부산시수협 민락어촌계 박도석씨의 사례, 2000)

<table>
<tr><td></td><td colspan="12">연안연승 외줄낚시 연안채낚기</td><td>계</td></tr>
<tr><td>생산어종</td><td colspan="12">게르치, 도다리 보리멸, 도다리 삼치, 방어
붕장어, 방어</td><td>6종; 게르치, 도다리, 보리멸, 삼치, 방어, 붕장어</td></tr>
<tr><td>조업기간</td><td colspan="12">11월-5월 6월-8월 9월-10월
(7개월) (3개월) (2개월)</td><td>12개월, 연중</td></tr>
<tr><td rowspan="2">어업체계</td><td>1월</td><td>2월</td><td>3월</td><td>4월</td><td>5월</td><td>6월</td><td>7월</td><td>8월</td><td>9월</td><td>10월</td><td>11월</td><td>12월</td><td rowspan="3">총5,280kg
(봄:3,750,여름:430
가을:300,겨울:800)</td></tr>
<tr><td colspan="5">연안연승</td><td colspan="3">외줄낚시</td><td colspan="2">연안채낚기</td><td colspan="2">연안연승</td></tr>
<tr><td>생산수량
(kg)</td><td colspan="12">봄 3,750(5개월) 여름 430(도다리:100, 보리멸:330)
겨울 800(2개월) 가을 300(삼치:100, 방어:200)</td></tr>
<tr><td>생산금액
(천원)</td><td colspan="12">봄 30*25*5=3,750만 여름 50*26*1=1,300만
겨울 20*20*2=800만 가을 50*20*1=1,000만</td><td>66,450</td></tr>
</table>

<표 Ⅵ-13> 연안복합어업 1통의 어업경영지상황
(부산시 민락어촌계, 박도석씨의 사례, 2000)

(단위 : 천원)

		연안연승	외줄낚시	연안채낚기	계
출어비	어구비	2,000	300	700	3,000
	연료비	2,800	1,200	800	4,800
	미끼대	3,600	500	300	4,400
	용기대	300	100	50	450
	얼음대	100	50	-	150
	주부식대	700	300	200	1,200
	소보품비	300	100	100	500
	후생비	700	100	100	900
	수리비	2,000	150	100	2,250
	계	12,500	2,800	2,350	17,650
경비	임금	7,000	-	-	7,000
	판매비	2,275	150	100	2,525
	보험료	600	-	-	600
	공과금	340	-	-	340
	감가상각비	1,771	200	200	2,171
	금융비용	560	144	96	800
	계	12,546	494	396	13,436
합 계		25,046	3,294	2,746	31,086
생산금액		59,150	4,300	3,000	66,450
순이익		34,104	1,008	254	35,366
(%)		(96.4)	(2.8)	(0.8)	(100.0)

종전까지 7개월(210일)밖에 조업하지 못하던 것이 복합어업허가와 함께 조업기간을 5개더 연장하여 어업별로 이를 배분하여 연중 조업체계를 갖추게 되었다. 즉, 11월부터 익년 5월까지는 연안연승어업에, 6월부터 8월까지 3개월간은 외줄낚시에, 그리고 9월부터 10월까지 2개월간은 연안채낚기 어업으로 연간조 업계획을 세워 운영해 나갔다.

둘째, 연안복합어업경영의 전문성을 살려 주력업종과 여기에 기술적 관련성이 가장 높은 업종을 서로 결합하여 복합 경영하는 전략을 세움으로써 경영 안정과 소득증대에 유용하게 활용하였다.

셋째, 어획대상어종을 고급화하고 어종별 생산목표를 정하여 어업별, 어기별 및 어종별 어업계획을 세워 조업계획을 실행해 나간 것이다.

(3) 정치망어업

① 정치망어업의 현황

우리나라의 정치망어업 역사는 오래된다. 그러나 현재와 같은 대모망, 각망, 낙망, 팔각망, 소대망 등으로 어구어법을 나누어 지역과 어장, 수심 및 대상어종에 따라 얕은 수심에서 깊은 수심에서까지 과학적으로 어구를 설치하여 어로를 할 수 있도록 하기 시작한 것은 일제이후부터 이다.

어업정한수제(漁業定限數制)란 면허어업이나 허가어업에 있어서 인허가(認許可)를 할 수 있는 최고한도의 수를 정해두는 것을 말하며, 간단히 어업정수제(漁業定數制)라고도 한다.

정치망어업의 연간 생산량 추이를 보면 2000년에 총 68,860M/T을 생산했으며, 1995년에는 64,512M/T, 1985년에는 84,103M/T의 생산실적을 각각 보이고 있으며, 최근의 어종구성은 어류 90%이상, 기타어종 10%미만으로 구성되는데, 어류는 멸치류 40%, 고등어류 24%, 기타어류 36%의 생산비중을 나타낸다. 따라서 정치망어업은 전형적인 어류생산 전문업종에 속한다고 할 수 있다.

② 사례어업의 개요

2000년말 현재 전국의 정치망어업 면허건수는 529건이며, 이 가운데서 99.2%가 수협조합원에 가입해 있다.

정치망어업은 어법이 소극적이긴 하나 고급어종과 자연산 활어를 주로 공급하는 업종이라는 점과 다른 어선어업에 비해서 경영안정성이 상대적으로 높은 점 등으로 인하여 연안 어업인들에 있어서는 관심이 높은 어업분야이다. 여기에다 면허 정한수제라고 하는 진입장벽이 설치되어 있어서 기존 어업자를 철저히 보호하고 있으므로 이 어업을 희망한다고 하여 누구나 쉽게 할 수 있는 것이 아니다.

사례어업은 현재 경남정치망수협 조합원에 가입해 있고, 지난 70년대부터 약 30년 가까이 정치망어업을 경영하고 있는 남해정치 면허번호 제64호이다. 경영자는 경남 남해군 이동면 화계리 소재 박영준씨이며, 어장 위치는 남해군 앵강만에 소재하고, 어장규모는

15.5ha로서 대규모 정치망어업에 속한다.

사례어업 선정 경위는 지난 하계방학(2000년 8월)에 경남정치망수협 강인홍 조합장의 협조를 얻어 사례업체를 비롯, 6건의 정치망어업경영체를 조사할 수 있었다. 이 가운데서 어업의 역사, 경영상태, 경영규모 및 생산물 조성 등의 면에서 남해정치 제64호가 가장 적합한 사례어업으로 판단된 것이다. 사례어업을 비롯한 6건의 조사대상 어업의 개요는<표 VI-14>와 같으며, 남해정치 64호의 정치망 1통에 대한 어업시설상황은 <표 VI-15>와 같다.

③ 경영구조

보통 정치망어업경영은 대개 3~5톤급 소형선 2척을 사용하는데, 그 가운데 1척은 5톤

<표 VI-14>정치망어업 6건 표본조사 현황(2000)

	남해정치 41호	동64호	동73호	거제정치 28호	동47호	동7호
조업지	남해 강림지선	남해 앵강만	미조지선	장목지선	능포지선	학동지선
어장규모(ha)	6.39	15.5	28.7	5.00	18.9	5.9
어선(척,톤)	2척 3.0톤	2척 3.5톤	3척 6.5톤	2척 2.9톤	2척 3.5톤	2척 3.5톤
종사자수(명)	9	7	10	6	9	8
생산량(kg)	192,308	230,769	171,153	192,307	160,256	256,410
생산금액(천원)	300,000	360,000	267,000	200,000	250,000	400,000
총생산비(천원)	119,952	119,986	125,853	99,362	99,302	113,149
순이익(천원)	180,048	240,014	141,147	200,638	150,698	286,589
시설종류	소대망	소대망	대모망	소대망	대모망	소대망
생산비중(%)	건멸치100	건멸치60 잡어40	건멸치6, 잡어94	건멸치80 잡어 20	건멸치100	건멸치87 잡어13
수익성(%)	60	66.7	52.8	66.8	60.3	71.7
노동생산성 (천원)	33,333	51,428	26,700	50,000	27,222	50,000
어장생산성	46,948	23,226	9,303	60,000	13,227	67,797

주 1) 생산량은 2000년도 경영조사자료의 정치망어획물 평균단가 1,560원을 역산함.
2) 금융비용은 2000년도 경영조사자료를 근거로 시설형태별 평균치를 적용함(소대망 8,820천원, 대모망 10,106천원).

<표 Ⅵ-15> 남해정치 제64호, 정치망어업 1통의 어업시설(2000)

	수 량	금 액 (천원)	비 고
어선척수(척)	2척	79,390	3.62톤 1척, 3.5톤 1척
어선총톤수	7.3톤	-	1 FRP 2척, TJSFUD 10년
총마력수	185HP	-	
선질,선령	7명	-	
어구	2통	86,200	1통은 망교환용
기타무형자산		28,376	
현금자산		23,756	
수협차입금		84,455	
종사자수	7명	-	
출어일수	210일	-	
출어회수	210일		
생산량	260,769kg		
생산금액	360,000		
업종	개량식 대모망		
어장규모	15.5ha		
건조시설	1개처	40,650	멸치 건조장 어장막
자산합계		258,372	

급이며, 다른 1척은 3톤급 소형어선이다. 두 선박에는 인력절감을 위해 기계식 양망기를 설치하며, 상대적으로 큰 선박이 주선(主船) 역할을 겸한다.

어구는 대개 2통을 구비하며, 이중 1통은 어장에 설치하고, 남은 1통은 망 교환용 예비이다. 1통의 어구제작비는 망지, 연승, 뜸 등의 자재비와 인건비 등을 합쳐 약 4천만원 가까이 소요되므로 2통 구비시 총 86,200천원을 요한다.

선원수는 전원 타인 노동에 의존하는데 보통 7명이며, 년중 8개월 정도의 상시고용형태에 임금제도는 고정급이다. 출어일수는 11월부터 익년 2월까지 년간 약 210~240일이며, 겨울철 약4개월은 철망시기로 휴어기에 들어간다.

대개 초출어 즉, 어기 시작은 매년 3월초 부터이다. 대부분의 정치망어업은 마른멸치용 소형멸치를 주 어획 대상으로 하기 때문에 1개소 이상의 멸치 건조장 시설을 갖추고 있으며 이를 어막(魚幕)이라 하는데 여기에 대한 시설투자비는 약 40,650천원이 소요된다.

<표 VI-16> 남해정치 제64호, 정치망 1통의 연간 경영수지 내역(2000)

		수량	금액(천원)	비고
출어비	어구비	어망류,로프 부자류	20,650	어망13,500 부자류7,500
	연료비	148D/M	11,340	경유140, 기타유8
	용기대	어상자 11,000개	7,150	어상자, 멸치박스
	소금대	250포	2,500	얼음, 소금
	소모품비	의류 등	1,400	
	주,부식비	80두	10,517	주식2,800 부식 7,717
	후생비	의료비 등	6,951	음료4,851 의료비2,100
	수리비	선체,기관	9,220	선체4,620 기관4,600
	계		69,728	
경비	임금	7인	84,000	어로장등 선원
	사무비		1,300	10,000×12
	판매비		18,000	360,000×5%
	공제,보험		7,526	선체,선원공제
	조세공과		220	업계평균
	기타		2,000	업계평균
	감가상각비		2,400	업계평균
	계		115,446	
	금융비용	이자	8,820	차입금이자
	총비용		193,994	출어비+경비+금융비용
수익	총수익	260,769kg	360,000	
	순이익		166,606	총수익-총비용

④ 어업성과

<표 VI-16>을 통해서 사례어업의 수지상황을 보면, 출어비에 해당하는 어로경비지출이 69,728천원으로서 35.9%를 점하며, 선원임금과 판매비 등의 경비지출이 115,446천원으로 59.5%이고, 그밖에 금융비용이 8,820천원으로 년간 4.5%를 점한다.

비용항목별로는 선원임금이 전체의 43.3%로 가장 높고, 다음은 어구비 10.6%, 세번째가 판매비 9.3%순이다.

사례어업은 연간 총생산량 230,769kg에 총 수입은 360백만원, 여기에서 어업경비를 공제한 어업 순이익은 166,606천원이다. 그리하여 매출액 이익율 46.3%, 총자본 이익율 64.5%, 자본회전율 1.39회 등의 높은 어업경영성과를 시현하고 있다.

⑤ 종합분석

사례어업은 어장면적 기준으로는 대규모 정치망에 속하나 어구규모 면에서는 중규모 정치망에 해당하며, 7명의 타인노동에 대한 인건비를 지급하고도 연간 166,606천원의 순수익을 올리고 있다.

이 정도의 어업이면 연안어업 가운데서도 수익규모, 수익성 및 부가가치 기여도 등의 면에 있어서 국가적으로도 장려해 나갈 필요가 있다. 이와 같은 정치망어업을 경쟁력 있는 연안어업으로 계속 발전시켜 나가기 위해서는 적어도 다음과 같은 몇 가지 과제가 해결되지 않으면 안 된다는 것이 현장조사에서 제기되었다.

첫째, 업종간 조업구역제도의 준수

정치망어업이 과거에 비하여 잡어혼획율이 현저히 저하되고, 멸치어획에만 주로 의존하게 된 주된 이유의 하나는 연안 가까이 서식 회유하는 자원이 멸치이외는 거의 없기 때문이다. 수산업법은 제52조는 어업조정과 단속에 관한 사항을 규정하고 있고, 동제54조에서는 어업별 허가 정한 수에 관한 규정을, 수산자원보호령 제17조를 통해서는 10개 어업에 대한 조업구역을, 또 동령 제4조에서는 특정어업에 대한 조업금지구역을 각각 설정해 놓고 있다. 그러나 이와 같은 어업별 조업구역제도와 조업금지 구역제도는 사실상 유명무실 할 정도로 현재 제구실을 못하고 있다.

둘째, 기술개발의 장려

현대와 같은 치열한 경쟁사회에서 개별경영이 존속할 수 있는 유일한 방법은 부단한 기술개발과 경영개선 노력밖에 없다. 그런데도 정치망어업의 경우 수산업법(제52조①)과 어업허가 및 신고 등에 관한 규칙, 어업면허 및 어장관리에 관한 규칙 등이 지나치게 엄하게 적용되어 일체의 어구어법 개량사업이 저지되고 있다. 그러므로 현실의 정치망어업 경영은 <그림 Ⅵ-3>에서 볼 수 있는 바와 같이 보호구역안의 자연조화에 전적으로 맡겨 놓는 극히 소극적 어업에서 벗어날 수 없는 것이다.

셋째, 조업자동화 사업의 촉진

정치망어업이 현행의 수산업법, 수산자원보호령 및 각종의 행정규제 범위안에서 추구할 수 있는 경영합리화 대책은 조업과정을 기계화하고, 여기에 자동화시스템을 도입함으로써 인건비를 절약하는 경영개선 노력 방법밖에 없다.

정치망어업경영에 있어서 현재 대형정치망은 약 8~9명, 중형정치망은 약 7~8명, 소형정치망은 약 5명의 인력을 요하며, 이들 인력은 주로 양망작업과 고기털이에 투입되는 노

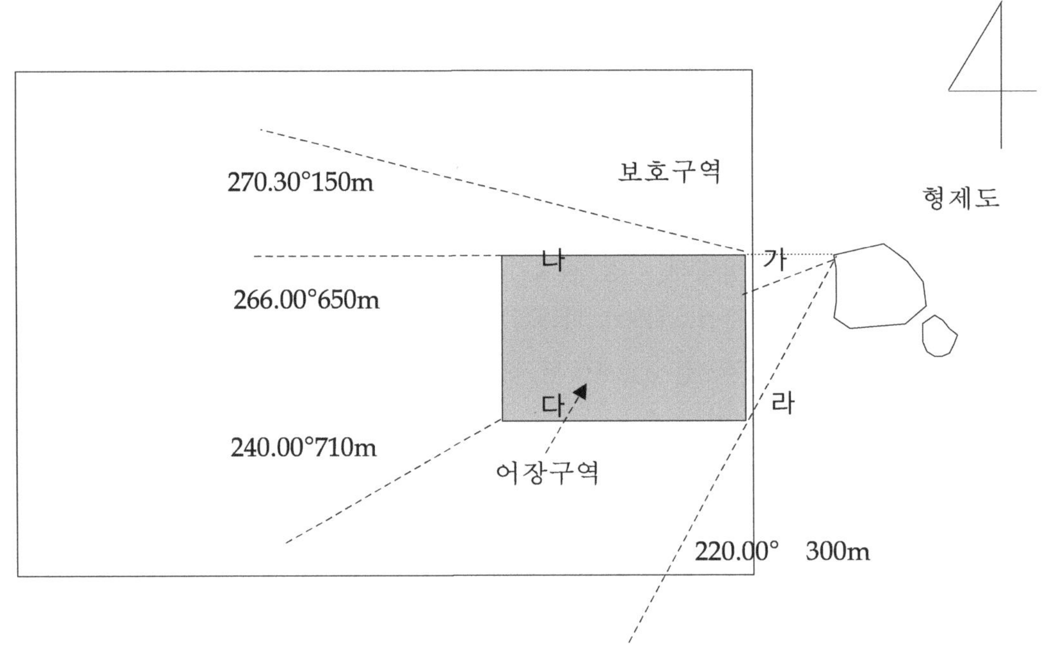

<그림 Ⅵ-3>사례어업의 어장도 (면적 15.5ha)

동이다. 이것을 더 고도화된 현대식 양망기계 캡스턴(capstain) 양망장치로 바꾸고, 고기털이 작업을 위해 고압펌프 장치를 갖추는 경우 작업시간의 단축과 함께 작업효율의 증대로 적어도 현재 사용 인력의 절반 가까운 생력화효과를 가져올 수 있다.

넷째, 어구 제작과 어장관리기능의 외주화

현재 정치망어업경영체가 직접 수행하는 어구제작과 망교환 및 어장관리과정을 분리하여 경영비를 절감하고 이러한 부문을 더 전문화시키기 위해서는 독립된 전문업체를 설립하여 이 부문을 외주형식으로 운영 할 필요가 있다.

정치망어업의 소요인력 배분을 보면 투양망 작업에 약 60%, 망교환과 어장 관리작업에 약 40%정도 투입되고 있다. 만일 뒤의 두어로 과정이 정치망어업 경영체로부터 분리 독립될 경우 적어도 2~3명의 인력절감 효과를 더 기대할 수 있다.

정치망은 기본적으로 <그림 Ⅵ-4> 같이 길그물(장등)과 통그물로 구성되고, 통그물은 다시 헛통, 원통 및 승망의 3대 부문으로 되어 있는데, 이 가운데서 수시로 망교환(網交換)을 요하는 부분은 원통부분이다.

정치망어업의 전문기능인은 전국적으로 극소수이며, 이들 대부분이 고령화된 상태에 있

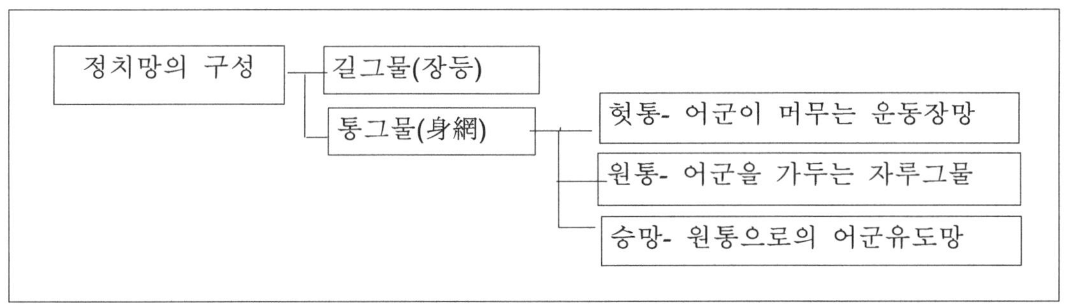

<그림 Ⅵ-4> 정치망의 기본구조

고, 이러한 전문 기능인력을 영세한 개별정치망 경영이 계속해서 확보해 나간다는 것은 어려운 일이다. 그러므로 만일 이러한 어구제작과 어장관리 부문을 외주형식(外注形式)으로 전문기업에 의해 수행하도록 하면, 경영효율의 향상과 함께 정치망어구어법기술의 장기적 보존과 축적에도 기여할 수 있다.

2. 근해어업 경영

1) 近海漁業의 範圍

근해어업이란 어장의 위치에 따라 연안어장과 원양어장 중간에 해당하는 어업이다. 간단히 말해, 연안어장 밖의 근해수역에서 성립되는 어업을 말한다.

수산업법 제 41조 ①을 보면 근해구역을 주 조업구역으로 하는 어업을 근해어업이라 하고, 동법 제41조①항에서는 해외어장을 주 조업구역으로 하여 성립되는 어업을 원양어업으로 규정하고 있다.

여기에 의해 우리나라 근해 어장범위를 추정해 보면, 연안어업의 전통수역이라 할 수 있는 연안 12해리 수역을 기점으로 하여 이 해역으로부터 해외어장과의 경계구역이 되는 동경 140도선 以西의 태평양해역과 북위 25도 以北으로 걸치는 우리나라 동서해역의 EEZ 이내 구역이 근해어업조업수역에 해당한다고 볼 수 있다.

우리나라 근해어장구역 안에는 일찍부터 어업개발의 역사를 가지고 있는 동중국해(동지나해)어장이 포함되어 있다. 동중국해에 대한 우리나라 어업의 진출 역사는 1948년으로 거슬러 올라가는데, 해방 직후 수산업 개발의 중요성을 인식한 정부는 1948년 2월 28일

조선수산업회(朝鮮水産業會)[68]의 지도아래 당시 기선저인망 선단을 지금의 동중국해에 처음 출어시킨 것이 동중국해 어장개발의 효시이다. 이후 계속해서 이 수역에 우리나라 어선의 조업진출과 함께 어장개발이 행해졌으며, 대현기선저인망, 근해안강망, 그리고 대형 산망 등 대규모 근해어업은 이 어장을 주 무대로 하여 조업 활동을 해 왔다.[69] 그러나 현재는 한일, 한중어업협정으로 이러한 동중국해 어장은 대부분 중·일의 주권수역에 편입됨으로 말미암아 우리나라 근해어장 범위는 크게 축소된 것이다.

근해어업의 특징은 첫째, 연안어업이 근거리어업, 지역어업인데 대하여 근해어업은 상대적으로 원거리어업이며, 전국범위의 어업 특징을 지닌다. 둘째, 근해어업이 원거리 어장으로 진출하는 어업이기 때문에 어선규모가 크고 출어기간이 긴 중소규모의 자본제적 어업으로 대부분이 성립되고 있다. 셋째, 연안어업이 지구별 수협의 대상어업인데 대하여 근해어업은 업종별 수협의 대상어업으로 되어 있다. 넷째, 어구 어법의 종류가 연안어업에 비하여 단순하고 전문성을 띠는 어업이 많다.

참고로 현재 우리나라의 관할경제수역 면적을 보면 총 348,478㎢ 이며, 이것은 다음과 같은 내용으로 구성 되어 있다.

① 과도수역 면적 28,703㎢

② 서해의 한중공동수역 면적 84,067㎢

③ 동해의 한일공동수역 중 한국 측 수역 면적 98,278㎢

④ 서해특정수역 면적 24,030㎢

⑤ EEZ 면적 합계 348,478㎢ [70]

2) 近海漁業의 種類

(1) 수산업법상의 종류

어업의 종류를 연안·근해 및 원양으로 구분하는 것은 어장위치에 따른 것이지만, 실제로는 어업별 어장경계와 위치가 불명확하므로 법률의 규정에 의해 어업의 구분과 종류를 구체화 할 수밖에 없다.

---

68) 조선수산업회(朝鮮水産業會)란 1944년 2월 18일 조선총독부의 수산단체 통합방침에 의해 조선어업조합중앙회를 개조하여 설립한 수산단체의 중앙기구로, 1949년 1월 한국수산업회를 말한다. 이것은 1952년 11월 대한수산중앙회로 각각 변천되었다가 1962년 4월 오늘의 수협중앙회로 개편되었다(수협중앙회, 수협20년사, 1980. 4).

69) 한국농촌경제연구원, 한국농정 40년사, 1989, p. 558.

70) 이것은 남한의 관할 면적이며, 남한국토 면적 9만㎢의 약 3.5배에 해당한다. 그러나 북한의 경제수역면적은 129,650㎢이며, 남북한 총 경제수역면적은 478,128㎢ 로서, 남북 총국토면적(220,130㎢)의 약 2.2배에 해당한다(최종화, 현대국제해양법, 세종출판사, 2000, ,p.20참조).

<표 Ⅵ-17> 근해어업의 종류, 허가규모 및 정한수

어업의 종류	어업의 명칭	제한톤수	정한수(건)
1) 대형기선저인망어업	1) 대형쌍끌이기선저인망	60톤 이상 140톤 미만, 동력어선	180
2) 중형기선저인망어업	2) 대형외끌이기선저인망	상동	80
3) 동해구트롤어업(대형)	3) 동해구기선저인망	20톤 이상 60톤 미만, 상동	42
4) 동해구트롤어업	4) 서남구기선저인망	상동	65
5) 근해선망어업(대형)	5) 대형트롤어업	70톤 이상 140톤 미만, 상동	60
6) 기선선인망어업	6) 동해구트롤어업	20톤 이상 60톤 미만, 상동	43
7) 근해채낚기어업	7) 대형선망	50톤 이상 130톤 미만, 상동	35
8) 근해자망어업	8) 기선권현망	40톤 미만 가공선 50톤 미만, 상동	경남 124 전남 16 전북 10
9) 근해안강망어업	9) 근해채낚기어업	8톤 이상 90톤 미만, 상동	비정한수제
10) 근해봉수망어업	10) 근해자망어업	8톤 이상 70톤 미만, 상동	비정한수제
11) 근해통발어업	11) 근해안강망어업	8톤 이상 90톤 미만, 상동	비정한수제
12) 근해연승어업	12) 근해봉수망어업	8톤 이상 70톤 미만, 상동	비정한수제
13) 잠수기어업	13) 장어통발	상동	비정한수제
14) 근해형망어업	기타통발	상동	비정한수제
	14) 근해연승어업	상동	비정한수제
	15) 잠수기어업	8톤 미만, 동력선	강원 20 전북 8 경북 11 인천 11 부산 7 경기 4 경남 122 전남 52 충남 14
	16) 근해 형망 어업	20톤 미만, 상동	인천·경기 100, 충남 180, 전북 260

주 : 1) 어업의 명칭은 수산 통계 연보에 의함

2) 기선 선인망, 잠수기 어업 및 근해형망어업은 수산업법 시행령(제25조)의 근해어업 규정에도 불구하고 연안 조업을 하는 어업임.

3) 최소한 8톤 이상, 최대 140톤 이상의 선박임.

자료 : 수산업법 시행령 제25조(1991. 2. 28 개정).

<표 VI-18> 일본의 근해어업 범위와 종류

도지사허가어업	허가기준	중소어업	대신지정어업	허가기준(근해)	허가기준(원양)	중소어업
중형선망어업	5~40톤 미만	○	근해저인망어업	15톤 이상	900~1,130톤	○
소형연어·송어자망어업	30톤 미만	○	이서저인망어업	15톤 이상	2,000~3,000톤	○
오징어낚기어업	100톤 이상 중형	○	근해참치어업	20톤 이상	400~560톤	○
오징어유자망어업	50톤 이상	○	모선식계어업	240~300톤	240~300톤	○
소형선망어업	50톤 미만	○	대형선망어업	40톤 이상	600~760톤	○
			중형선망어업	15톤 이상	600~760톤	○
			소형포경어업	120~150톤	120~150톤	○
			원양참치어업	80톤 이상	3,200~3,600톤	○
			중형연어유자망	30톤 이상	80~100톤	○
			중형송어유자망	30톤 이상	80~100톤	○

주: 1) 경영체 당 10톤 이상, 1,000톤 미만을 중소어업으로 규정하고, 이 계층을 근해어업과 같이 보므로 실제종류는 이보다 더 많다.
2) 합계톤 수 10톤 미만을 연안어업, 1,000톤 이상은 원양어업으로 규정한다.
자료: 일본 수산업법(1945년 개정), 제52조, 제66조.
農水産部令 第39號, 指定漁業に關する政令, 日本, 1980.

수산업법 제 41조 ①과 수산업법시행령 제 25조에서 각각 명시하고 있는 근해어업의 종류와 그의 어선규모 및 정한수 등을 보면 <표 VI-17>과 같다.

수산업법에서 근해어업을 수산청장의 허가어업으로 규정한 최초의 시기는 1970년이다. 그리고 어업진출해역을 연안과 원양에 대칭되는 어업으로서의 근해어업에 관한 것을 법에 처음 규정한 것은 1975년 12월 31일 개정된 법률 제 2863호의 수산업법이다. 당시 동법 제11조①항에서 '수산청장의 허가어업이란 "근해수역을 주조업구역으로 하는 어업"이라 정의하고, 그 종류를 동법 시행령 제 14조의 3에 명시함으로써 현재의 수산업법시행령 제 25조의 허가어업이 근해어업이라고 하는 개념으로 등장하게 되었다.

(2) 일본의 근해어업

우리나라의 근해어업에 해당하는 어업의 종류를 일본에서는 중소어업이라는 개념으로 구분하고 있는데, 그의 범위와 종류를 보면 <표 VI-18>과 같다. 따라서 일본의 근해어업 범위는 동력선 10톤 이상 총톤수 1,000톤 미만 규모의 어선어업 으로서, 근해수역(近海水

域)을 주조업구역으로 하고, 도지사 또는 수산청장으로부터 허가를 받아 어업활동을 하는 허가 어업을 말한다고 되어 있다.

(3) 근해어업의 변천

우리나라에 있어서 근해어업의 태동기는 50년대이다.

<표 Ⅵ-19>에 의하면, 이 시기에 수산업법은 연·근해, 원양어업 관계없이 어업종류를 모두 포경어업, 기선건착망어업(기선선망어업), 그리고 기선저인망어업의 3종 밖에 규정하지 않았다. 그러나 이것은 당시 수산업 구조상에서 본 상대적 의미의 근해어업일 뿐 지금처럼 법적으로 "근해어업"이라 명시한 것은 아니었다.

우리나라에 있어서 근해어업경영이 본격적으로 성립하기 시작한 것은 1966년 한일어업회담 성립 이후부터이다. 이 시기에 정부는 수산업법을 크게 개정하여 근해어업의 종류를 대형트롤을 비롯한 기존의 5종의 어업 외에 4종을 새로 추가하여 총 9종으로 확대하였는데, 여기에는 기선저인망어업이 대형과 중형으로 구분되고, 기선유망어업과 대형안강망어업, 그리고 새우트롤어업의 신설이 있었다.

근해어업의 종류는 70년대를 맞이하면서 더욱 세분화되기 시작했다. 70년대에는 2차례의 수산업법 개정이 있었는데, 하나는 1972년 10월 27일 제 8차 수산법 개정이며, 이 때 유자망어업의 신설과 함께 이것을 제1종과 제2종으로 나누고, 기선저인망어업의 명칭을 원양기선저인망으로 변경하였다. 1976년 7월 9일 제 9차 수산업법 개정에서는 근해일본조, 기선형망, 근해통발, 근해연승 및 근해봉수망어업 등 5종의 근해어업이 또 신설되었다. 그리하여 근해어업의 종류는 50년대의 5종에서 60년대에 9종으로, 다시 70년대 중반에는 17종으로 확대되었다.

근해어업의 종류가 현재와 같이 20종으로 다양하게 늘어난 것은 1985년 5월 29일 제 17차 수산업법 시행령 개정에서이다. 여기서 근해통발어업이 장어통발, 문어통발 및 기타 통발의 3종으로 세분되었으며, 다른 근해어업에서 새로운 분화가 일어났다.

이상을 종합해 보면, 근해어업에 대한 제도적 확대 과정은 크게 4단계로 나누어지는데, 그것은 (1) 50년대와 60년대의 창설기, (2) 70년대의 확대기, (3) 80년대의 다양화 시기, (4) 90년대 이후의 정비·통합 시기가 그것이다. 90년대 이후 근해어업은 어업간 분쟁과 국제어업 질서의 변동으로 인한 어장축소와 함께 크게 정비·통합되는 시기를 맞이하고 있다.

<표 VI-19> 근해어업 허가제도의 변천

50년대	60년대	70년대 중반	80년대
①대형포경어업	①대형포경어업	①근해포경어업	①근해포경어업
②트롤어업	②트롤어업	②근해트롤어업 대형트롤(100-550톤)	②근해트롤어업 대형트롤(100-170톤)
③공선어업	③새우트롤어업	③새우트롤(20-80톤)	③동해구트롤(20-80톤)
④기선건착망어업	④기선건착망어업	④기선선망어업 대형선망(70-150톤)	④기선선망어업 대형선망
⑤기선저인망어업	⑤고등어채낚기어업	⑤소형선망(5-30톤)	⑤소형선망(10-30톤)
	⑥대형기선저인망어업(50톤)	⑥근해채낚기어업 근해채낚기(10톤이상)	⑥근해채낚기어업 근해채낚기(10-100톤)
	⑦중형기선저인망어업(30톤)	⑦근해일본조(10톤이상)	⑦근해외줄낚시(10-100톤)
	⑧기선유망어업	⑧근해유자망어업 근해자망	⑧근해유자망어업 근해자망(10-100톤)
	⑨대형안강망어업	⑨근해유망	⑨근해유망(10-100톤)
		⑩근해안강망어업(10톤이상)	⑩대형기선저인망어업 쌍끌이대형기저(50-170톤)
		⑪대형기선저인망어업(50-170톤)	⑪외끌이대형기저(50-170톤)
		⑫중형기선저인망어업(20-80톤)	⑫중형기선저인망어업 동해구기저(20-80톤)
		⑬기선형망어업(25톤미만)	⑬서남구기저(20-80톤)
		⑭근해통발어업 장어통발(10톤이상)	⑭근해안강망어업
		⑮기타통발(10톤이상)	⑮기선형망어업
		⑯근해연승어업(10톤이상)	⑯근해통발어업 장어통발(10-100톤)
		⑰근해봉수망어업(10톤이상)	⑰문어통발(10-100톤)
			⑱기타통발(10-100톤)
			⑲근해연승어업(10톤)
			⑳근해봉수망어업(10톤)

자료: 수산업법(1953. 9.9 제정), 동 제4차 개정(1963.7.15) 동 제8차 개정(1972.10.15), 수산업법 시행령 제13차 개정, (1976.7.9), 어업허가규칙, 부령 제966호, 1985.3.2.

3) 근해어업의 경영구조

(1) 경영형태

우리나라 어업경영체는 대부분이 個人經營으로 되어 있으며, 이러한 분포는 역사적으로 큰 변동이 없다.

<표 Ⅵ-20>을 보면, 우리나라의 어업경영체수는 원양어업에서 천해양식업까지를 망라하여 1980년에 총129,460개 업체로 밝혀지는데, 이것은 원양어업 94個(0.1%), 근해어업 4,990個(3.9%), 연안어업 68,108個(52.6%), 및 천해양식어업 56,268個(43.5%)의 어업으로 구성되어있다.

<Ⅵ-20> 근해어업의 경영형태와 분포(1980)

(단위 : 개, 척, 톤)

어업 \ 구분	계	개인경영	법인경영	공동경영	어선척수	어선톤수	톤수/척수
대형트롤	88	80	1	7	84	9,728	115.8
동해구트롤	43	38	1	4	41		62.5
외끌이대형기저	32	320	21	9	132	10,354	78.4
쌍끌이대형기저	218				399		
외끌이중형기저	42	105	-	2	24	905	37.7
쌍끌이중형기저	65				115	5,788	50.3
대형선망	51	29	22	-	334	35,625	106.6
근해안강망	1,127	1,121	-	6	1,127	71,862	63.7
근해유자망	1,534	1,530	-	4	1,534	32,638	21.3
근해채낚기	719	707	1	11	719	29,832	41.5
근해연승	515	510	-	5	515	8,777	17.0
근해통발	456	455	1	-	456	13,612	29.8
계	4,990 (100.0)	4,895 (98.0)	47 (1.0)	48 (1.0)	5,500	262,389	47.7

주 : 1) 1척1통은 척수를, 2척 이상 1통은 통수를 각각 1 경영체로 규정함.
2) 겸업업종은 그중 주된 업종을 1경영체로 규정함.
3) 연안, 천해양식어업경영체는 총어업조사 자료를 기준함.

자료 : 1) 농림수산부, 제2차 총어업조사, 1980, pp. 40-46.
2) ________, 농림수산통계연보, 1981.

근해어업의 경영체수는 4,990個이며, 그의 구성은 개인경영 98%, 법인경영과 공동경영 각 1%로서, 거의 전체가 개인경영 수준이다. 그러나 경영규모면에 있어서는 연안어업의 개인경영과는 달리 모두 10톤 이상 어선으로 고용노동에 의해 지배되는 기업적 중소어업경영으로 성립되고 있다는 사실이다. 근해어업의 어획물 생산 비중은 전체생산량의 30%를 점한다. 여기에 대해 경영체수의 96%를 점하는 연안어업과 천해양식어업부문은 전체 생산량의 40%에 불과하다. 결국, 어업경영은 그의 형태에 따라 생산력에 현저한 차이가 발생한다는 것을 알 수 있다.

(2) 경영형태 발전의 부진 요인

원양어업과 근해어업 및 연안어업 가운데서 대규모 어업에 가까울수록 어업경영체의 法人化率이 상대적으로 높고, 그 밖에 어업은 대부분 개인경영형태로 존재한다. 어업경영 형태가 개인경영형태에서 공동경영과 나아가 법인경영으로, 그리고 어가경영에서 중소수산기업을 거쳐 대규모 수산경영으로 각각 성장하고, 진전해 나가는 것을 어업경영의 형태적 발전이라 말한다. 그러나 어업경영은 전반적으로 경영형태상의 진전이 부진한 편인데, 그 이유는 다음과 같이 분석할 수 있다.

첫째, 자본과 기술이 영세하고 후진적이라는 어업구조상의 이유에 기인하는 것이다. 대형선망 어업, 대형기선저인망어업, 대형트롤어업과 같은 것은 하나의 生産單位(統)를 구성하는데 있어서 수척의 선박과 다액의 어구비를 요하는 어업이다[71]. 그러나 그 밖의 근해어업경영은 평균 50톤 내외의 어선1척으로 하나의 경영체를 이루고 있기 때문에 여기에 특별한 경영형태적 대응을 요하는 어업전략문제가 그렇게 절실하지 않다는 것을 의미한다.

둘째, 생산의 불확실성으로 어업투자에 대한 유인조건이 원천적으로 미약하다는 점이다. 근해어업은 70年代를 거쳐 80年代까지는 대체로 거의 전 업종에 걸쳐 성장이 지속되었으나 80年代 중반 이후부터는 대형트롤, 대형선망 및 근해채낚기어업의 3대 업종을 제외하고는 일률적으로 생산정체 현상을 나타내고 있다. 여기에는 중형기선저인망, 동해구트롤, 그리고 근해안강망어업 등이 포함되는데, 이처럼 어업 전망이 불투명한 조건 하에서는 공동경영이나 회사기업 형태로 전환해야할 커다란 계기가 어업 내부에 존재하지 않는다는 것이다.

---

71) 대형기선망은 생산단위 1통당 평균 6척의 어선과 총톤수 841톤, 대형쌍끌이저인망은 생산단위 1통당 2척의 어선, 총톤수 약 300톤인데 비해, 기타 근해어업은 생산단위 1통당 평균 56톤급 어선 1척이다.

셋째, 조업어장의 협소화가 어업의 대규모화를 어렵게 만드는 중요 요인의 하나이며, 이로 인해 결국 경영형태의 고정성을 초래하게 된다.

넷째, 어업은 제도적으로 경영체수와 규모를 제한함으로 인해 개별경영의 독자적 성장과 발전에 한계를 주고 있다. 대부분의 근해어업은 道別, 또는 海域別로 어업의 許可定數가 정해져 있을 뿐 아니라, 水産業法의 정신에 입각하여 1人1件主義 원칙하에 주로 어업허가가 이루어짐에 따라 漁業의 자본集中 또는 多角的 漁業結合이 쉽지 않다. 여기에 비해 원양어업은 兼業許可가 행정적으로 뒷받침되고 있어, 어업규모화와 함께 경영형태의 진전을 가져오기가 상대적으로 용이한 것이다(수산청 훈령 제 313호 제8조, 원양어업에 관한 허가사무치취급 요령, 1977년 제정, 1983. 11. 개정).

물론, 개인경영이라고 하여 모든 경영활동이 제한적이라고는 볼 수 없다. 스미스(F.J. Smith,1975)의 지적처럼 간섭없는 의사결정권한의 행사, 간편한 어업조직(uncomplicated arrangement), 탄력성과 환경변화에 대한 적응력, 어업허가만 있으면 손쉽게 어업착수가 가능한 경영형태적 이점이 없는 것은 아니다.

그러나 이와 같은 개인경영의 형태적 이점에도 불구하고, 어업경영자가 어업확장을 통해 자신의 이상을 실현시키고자 하는데 있어서는 제약이 많다. 그리고 개인에 대한 無限責任制로 인하여 어업의 계속성에도 문제가 되기 때문에 개인 경영은 자본주의적 어업경영으로서는 어느 면에 있어서나 불리할 수 밖에 없는 것이다.

(3) 生産形態

기업이 생산하는 제품의 수와 생산 장치에 따라서 나타내는 생산방식을 생산형태라 한다. 여기에는 소수의 제품을 전문적으로 생산하는 전문생산 형태와 다수의 제품을 소량으로 결합하여 대량생산하는 다품종생산형태로 나눌 수 있다[72]. 근해어업을 생산어종에 대한 混獲率을 기준으로 하여 생산 관리적 측면에서 그의 생산형태를 구분하면 소어종 전문생산 경영과 다어종 소량생산 경영으로 나눌 수 있다.

정도의 차이는 있으나 대형선망, 대형트롤, 근해통발, 근해채낚기, 근해유자망 및 동해구트롤의 6개 업종은 소어종 전문생산경영에 해당하며, 대형쌍끌이기선저인망, 대형외끌이기선저인망, 동해구기선저인망, 서남구기선저인망, 근해안강망 등 5개 업종은 다어종소량생산경영에 속하는 것들이다.

72) 金基永, 生産管理, 法文社, 1981. pp.97-84.

근해어업의 어종 혼획 상황을 기준으로 3종이내의 어종생산비중이 당해 어업 총생산량의 60% 이상을 점하는 것을 소어종전문생산경영이라 하고, 그 이상 여러 어종을 생산하는 것을 다어종 소량생산 경영으로 각각 분류할 때, 이 두 생산 형태 간에는 최근 10년 사이에 현저한 성장차이가 존재한다. 즉, 전자에는 안정적 성장 형 어업경영체가 다수인데 대해, 후자에는 생산의 회복국면을 장기간 찾지 못하는 쇠퇴 형 어업에 속하는 어업들이 대다수이다.

(4) 경영규모

근해어업의 경영체당 규모는 업종별로 차이가 많다.

1990년의 어업경영조사에 의하면 자본규모 면에서 대형선망어업이 가장 큰 규모이며, 최소규모의 어업은 근해연승과 근해유자망어업이다. 근해어업에서 제 2위의 경영규모는 쌍끌이 대형 쌍끌이기선저인망어업이며, 제 3위는 대형트롤어업이고, 그밖에는 모두 중소규모경영에 해당한다고 볼 수 있다.

<표 VI-22>의 자본, 어선, 매출액, 생산량의 4대 규모지표 가운데서 어느 지표에 있어서나 대규모경영으로 분류되는 것은 앞의 3대 업종 이며, 그 밖의 업종은 각종 규모 지표가 비슷한 수준이다. 근해어업의 종류별 경영상의 특징은 <표 VI-23>에 잘 나타나 있는데, 이를 다시 설명하면 다음과 같다.

첫째, 대규모 근해어업은 중소규모어업에 비하여 법인화 율이 상대적으로 높고, 경영안정성과 노동생산성, 자본집약도, 주년조업도 및 자본회전율 등에 있어서 모두 우위에 있다.

둘째, 중소규모 근해어업경영은 모두 주년 조업도, 경영안정성, 노동생산성, 자본집약도, 자본회전율 및 생산원가 등 주요 경영지표에서 대규모경영보다 매우 불리하며, 불안정한 경영조건을 안고 있다.

셋째, 보험료, 감가상각비 등 고정비용 부담은 대규모 경영이 상대적으로 불리하다.

넷째, 대규모경영은 노동력 조달을 용이하게 하는 한편, 높은 기계화수준을 유지함으로써 조업안정과 어장확대에 유리한 조건을 가진다고 볼 수 있다.

미국의 어업경영을 중심으로 한 분석한 스미스(F. J. Smith 1975)에 의하면 대규모 어업경영의 특징으로서는 ① 장기조업에 의한 고정비용 체감, ② 능률적 어구의 적재, ③ 단위당 생산량의 증가, ④ 자연 지배력의 강화, ⑤ 소요비용을 능가하는 기술적 이점의

<표 Ⅵ-22> 근해어업의 경영규모별 분류(1989)

지표＼규모	대 규 모 경 영	중 규 모 경 영	소 규 모 경 영
투하자본규모 (억원)	대형선망(4.5), 대형쌍끌이(3.0) 대형트롤(2.5)	근해안강망(1.8), 근해채낚기(1.7) 동해구트롤(1.5), 중형쌍끌이(1.2) 근해통발(1.0)	외끌이중형(0.9), 외끌이대형(0.7) 근해유자망(0.4), 근해연승(0.3)
어선규모 (톤)	대형선망(841), 대형쌍끌이(214) 대형트롤(126), 중형쌍끌이(119)	근해채낚기(92), 근해안강망(90) 외끌이중형(85), 동해구트롤(75) 외끌이대형(60), 근해통발(64)	근해연승(21) 근해유자망(19)
매출액규모 (억원)	대형선망(22), 대형쌍끌이(7) 대형트롤(5), 중형쌍끌이(3)	근해안강망(1.9), 근해채낚기(1.8) 근해통발(1.6), 외끌이대형(1.4) 외끌이중형(1)	근해유자망(4.2) 근해연승(0.5) 동해구트롤(0.9)
생산량(M/T)	대형선망(8,271), 쌍끌이대형(469) 대형트롤(1,486)	쌍끌이중형(250), 근해안강망 (210) 외끌이중형(165), 대형외끌이 (155) 동해구트롤(135)	근해채낚기(96) 근해통발(55), 근해연승(24) 근해유자망(20)

주 : 투자자본규모 : 2억원 이상(대), 1～2억원(중), 1억원 미만(소).
　　어선규모 : 100톤 이상(대), 50～100억톤(중), 50톤 미만(소).
　　매출액규모 : 2억원 이상(대), 1～2억원(중), 1억원 미만(소).
　　생산량 : 300톤 이상(대), 100톤～300톤(중), 100톤 미만(소).
자료 : 수협중앙회, 어업경영조사보고, 1990.

<표 Ⅵ-23> 근해어업의 경영규모별 경영특징(1989)

지표＼형태	대규모 경영	중규모 경영	소규모 경영	평 균	비 고 (산식)
① 법 인 화 율	10%	0%	0%		법인경영체수/경영체수
② 주 년 조 업 도	76%	57%	45%	50%	출어일수/365
③ 경 영 안 정 성	80%	60%	56%	64%	자기자본/총자본
④ 노 동 생 산 성	14백만원	9백만원	5백만원	7백만원	부가가치총액/종업원 수
⑤ 자 본 집 약 도	24백만원	13백만원	6백만원	10백만원	총자본/종업원 수
⑥ 생 산 원 가	544천원	1,197천원	940천원	669천원	총비용/생산량
⑦ 자 본 회 전 율	1.6회	1.2회	1.3회	1.2회	생산금액/총자본
⑧ 관 리 비 부 담 율	14%	11%	6%	13%	관리비/매출액
⑨ 감 가 상 각 비 부 담 율	4%	3%	2%	4%	감가상각비/매출액
⑩ 수 선 유 지 비 부 담 율	9%	4%	7%	7%	수선유지비/매출액

자료 : 수협중앙회, 앞 책.

실현이 있는 반면, 불리성에 대하여는 ① 선원의 다수고용으로 인해 고정인건비 지출에 압박을 받을 가능성이 크다는 점, ② 만선의 기회가 적고 귀항이 장기화 될 경우 魚價에 대한 경영탄력성이 낮다는 점이 지적된다.

4) 재무구조의 특징

(1) 재무구조

근해어업의 경영재무구조를 수협중앙회 1990년도 어업경영조사 보고서에 의해서 보면, 3종의 대규모어업경영은 상대적으로 자기자본비율이 높고, 외부차입금에 대한 의존도가 낮은 대신, 그 밖의 중소규모의 어업경영은 대체로 자기자본비율이 낮고, 높은 외부차입금 의존도를 나타낸다.

일반적으로 대규모어업으로 분류되는 대형트롤 등 3종의 어업 평균 자기자본비율은 82%수준이며, 차입금의존도는 17%수준인데 비해, 근해안강망과 동해구트롤 등 중소규모 근해어업은 자기자본비율이 69%수준이며, 차입금의존도는 약 34%이다.

(2) 재무구조의 한·일 비교

한일 근해어업의 재무구조를 비교하기 위해서 동력선 10톤 이상 500톤 이내에 드는 중소규모어업을 선정하여 몇 가지 재무지표를 대비시켜 보면 <표 VI-24>와 같다.

양국 근해어업이 갖는 재무구조 상의 특징을 비교해 보면 다음과 같다.

첫째, 다같이 고정자산, 그 가운데서도 선박자산에 대한 재무비중이 높다.

둘째, 양국의 경영체 당 규모 차이는 총자산 규모 약 9배, 어선규모에서는 약 2.5배로 나타난다. 즉, 한국의 근해어업경영은 평균 51.4톤급 어선인데 비해, 일본의 중소어업경영은 평균 89.2톤급 어선으로 되어 있다.

셋째, 자산구성에 있어서 한국은 고정자산에 편중적인데 반해, 일본은 고정자산과 유동자산의 구성비율이 어느 정도의 균형관계를 유지하는 점이다.

이것은 日本의 근해어업은 자유 판매제 이므로 개별경영이 적절한 마케팅구사를 위해 일정수준의 재고자산 유지를 필요로 하는데 반해, 우리나라의 경우는 수협공판장에 대한 일괄위탁판매방식을 취하므로 개별경영이 재고품이나 매출채권 등의 유동자산을 보유할 필요성이 없는데서 기인하는 것이라 볼 수 있다.

<표 Ⅵ-24> 한·일 근해어업 재무구조

(단위 : 백만원, 백만엔, %)

구분 / 국별	유동자산	고정자산	계	유동부채	고정부채	자기자본	계
한 국	14	117	131	25	9	97	131
(1988)	(15.2)	(84.8)	(100.0)	(19.1)	(6.9)	(74.0)	(100.0)
일 본	90	98	188	95	89	4	188
(1987)	(47.8)	(52.2)	(100.0)	(50.4)	(47.6)	(20.2)	(100.0)

자료: 1) 수협중앙회, 앞 책, 1989.
2) 農林水産省, 漁業經濟調査報告, 日本, 統計情報局, 1987, p. 4.

5) 조업수지분석

(1) 어업경영수익

근해어업경영은 대부분이 수산물 단일생산에 지배되므로 경영의 최종 목표는 수산물 판매수입최대화에 두어진다. 물론, 판매수입으로부터 어업경비를 공제한 어업이익의 극대화가 궁극적인 목표이기는 하지만, 기본적으로 어업이익은 어업경영총수익의 크기에 의해 결정되므로 어업경영자의 1차적 경영목표는 어획물 판매 금액 최대화에 두어진다고 할 수 있다..

어업경영총수익은 「魚價×水産物生産量」의 가치액, 곧 어획물 총판매금액과 같으므로 만일에 魚價가 일정하면 생산량이 총수익을 좌우하게 되고, 반대로 생산량이 일정한 경우에는 魚價변동이 총수익규모를 결정하게 될 것이다. 여기에서 "어가-어획량-총수익" 간에는 「총수익= F(어가, 어획량)」으로 표현되는 밀접한 함수관계가 존재함을 알 수 있다. 이러한 어가, 어획량 및 수익과의 관계를 어가변동을 기준으로 하여 다음과 같은 내용으로 분석할 수 있다.[73)]

① 어가상승율 >어획량감소율 = 총수익 증가

② 어가상승율< 어획량감소율 = 총수익 감소

③ 어가상승율 = 어획량증가율 = 총수익 최대

어업경영자의 최대만족조건은 위의 ③의 경우라 할 수 있으나 어획량은 자원풍도, 어로

73) F. J. Smith, op. cit., pp. 29~30.

기술, 조업도 증가를 통해 실현되며, 이것은 다시 어선, 어구 및 어업노동력 등 경영요소의 결합문제와 밀접히 관련되어 있으므로 여기에서 필연적으로 어업경영요소의 적극적인 활용과 어업경영비의 합리적인 지출문제가 수반된다.

어업경영총수익(gross returns)은 총어획량에 단위당 어가를 곱한 수산물총생산금액을 말하므로 여기에서 어업외비용을 공제하면 어업이익(net returns)이 산출된다. 이러한 어업경영수익과 어업경영비와의 관계는 다시 다음과 같이 정리해 볼 수 있다.

① 어업경영총수익 = (어획물판매단가×생산량) + 어업경영외수익
= 어획물판매수입 + 어업경영외수익
② 어업경영순수익 = 어업경영총수익 - 어업비용
③ 어 업 이 익 = 어업경영총수익 - (어업비용+어업외비용)
= 어업경영순이익- 어업경영외수익

여기서 어업비용은 출어비, 임금, 판매비, 일반관리비 및 감가상각비 등 어업생산활동과 관련하여 지출된 비용전액을 말하며, 어업경영비총액은 다시 여기에다 차입금이자 등 어업경영외의 비용을 합친 것이다.

그러므로 어업경영자가 어업이익을 높이기 위해서는 첫째, 수산물생산량의 증가 둘째, 수산물판매단가(魚價)의 인상 셋째, 어업경영비를 절감하는 3대 관리방법밖에 없으므로 이러한 과제에 대해 모든 어업경영관리 노력을 집중해야 할 것이다.

(2) 출어비

어업경영체가 수산물생산을 위해 소비한 총비용 가운데서 특히 조업활동과정에 소요되는 비용을 出漁費(set up cost of fishing)라 한다.

어업에 따라 다르지만 근해 어업의 경우 출어비 비중은 총 비용의 약 50%를 점하며, 미국에서는 이것을 操業費用(operation expenses)[74], 또는 어획관련비용(expenses associated with fishing)[75]이라 하고, 일본에서는 어로경비라 하고 있다.

출어비는 <표 VI-25>에서 보는 바와 같이 어업생산수단의 운영비용, 항해소요비용, 선

74) Ibid, p.104.
75) Ibid.

<표 Ⅵ-25> 근해어업의 경영체당 출어비 구성(1988)

(단위 : 백만원, %)

구분 / 어업	변동비					고정비						합계	출어비 비율	총비용
	연료비	용기대	얼음대	계		어구비	소모품비	주부식비	수리비	계				
쌍끌이대형기저	100	15	13	128	(45.2)	22	27	27	79	15	(54.8)	283 (100.0)	54.4	521
외끌이대형기저	16	3	4	23	(37.3)	6	6	11	15	38	(62.3)	61 (100.0)	58.6	107
대형트롤	63	24	23	110	(51.4)	21	17	19	47	104	(48.6)	214 (100.0)	60.4	356
동해구기저	17	1	0.4	18.4	(44.4)	8	1	6	8	23	(55.6)	41.4 (100.0)	47.5	89
서남구기저	28	3	5	36	(56.3)	8	4	10	6	28	(43.7)	64 (100.0)	46.3	142
동해구트롤	21	0.3	2	23.3	(56.4)	4	1	6	7	18	(43.6)	41.3 (100.0)	50.2	83
근해통발	323	96	85	584	(54.1)	135	104	114	143	196	(45.9)	1,080 (100.0)	46.3	2,157
대형기선선망	15	1	1.5	17.5	(29)	4	28	5	6	43	(71)	60.5 (100.0)	57.9	105
근해안강망	22	7	9	38	(45.3)	16	5	10	15	46	(54.7)	84 (100.0)	52.1	162
근해채낚기	21	1	0.5	22.5	(60)	5	2	4	4	15	(40)	37.5 (100.0)	33.1	111
근해유자망	2	0.1	0.12	2.24	(40)	1.4	0.3	1	0.6	3.3	(60)	5.5 (100.0)	38.6	13
근해연승	4	0.6	0.5	5.1	(51.5)	1	0.4	2	1.4	4.8	(48.5)	9.9 (100.0)	31.8	26
평균	19	4	4	27	(45.5)	8	6	7	11	32	(54.5)	59 (100.0)	46.7	121
	(32.2)						(36.2)		(18.5)					

주 : 1) 일본중소어업 출어비 37.7%, 기타비용 52.7%, 주부식비에 복리후생비 포함
　　2) 비출어비 항목 : 임금, 일반관리비, 판매비, 어업외비용.

자료 : 수협중앙회, 앞책, 1989.

상에서의 어획물처리 및 보관을 위한 각종재료 및 용기대, 선박과 기관소모품비, 조업중 선원들의 주부식비와 후생복리비, 선체·기관 및 어구의 준비수리비 등을 모두 포함하는 비용이다. 이것은 일반기업의 제조경비에 해당한다고 볼 수 있다. 따라서 총 어업경영비에서 선원임금, 판매비, 일반관리비, 감가상각비 및 차입금이자 등은 여기에서 제외된다.

出漁費의 특징은 ① 어업생산활동에 따라 연속적으로 발생되는 것이 아니고 항차라고 하는 단위 조업기간별로 발생되며, ② 출어비 가운데는 변동비 성격의 비용과 고정비 성격의 비용이 다 포함되어 있으나 실제로 조업중에는 조업성과와 관계없이 고정비(fixed cost)로 모두 지출되는 비용이라는 점, ③ 이것은 또 모두 선원 임금계산의 기초가 되는 공동경비항목에 속하는 것이란 점, ④ 출어시에 소요경비전액을 준비해야 하고, 또, 이것은 出航前에 조달해야 하는 사전 생산준비금과 같은 성격을 띤다.

(3) 공동경비

공동경비(co-expenses)란 어업경영에서 발생하는 總經費 가운데서 선원과 선주(어업경영자) 곧, 노사가 공동 부담하는 경비 부분을 말하는 것으로, 어업경영의 특수개념이다.

공동경비의 내용으로는 ① 어선의 항해에 필요한 경비(연료비), ② 선원들의 해상생활에 필요한 경비(주부식비, 후생복리비), ③ 어로수단 확보에 필요한 경비(어선, 어구수선 및 유지비), ④ 수산물 상품화 경비(판매수수료, 어상자, 운반비, 저장비, 선별비 등)등을 들 수 있다.

공동경비는 그의 성격과 발생원천으로 보아 어선의 항해시간과 선원들의 해상활동 및 선박시설의 철저한 관리를 통하여 어느 정도 절약 가능한 어업경비의 성격이라 할 수 있다. 또 이것은 합리적으로 사용할 경우에는 생산효율을 더욱 높일 수 있는 어업경비이기도 한 것이다. 그러므로 어업경영의 노사 양측은 공동경비의 범위와 그 내용에 대해 깊은 관심을 갖게 되는데, 근해어업에서는 이 때문에 처음부터 고용계약과정에서 노사협정사항으로 이것을 정해 두는 것을 관례화하고 있다.

기선저인망어업의 단체협약서에 규정되어 있는 공동경비에 관한 사항을 보면 「공동경비란 첫 출어에서 부터 조업 종료시 까지 발생하는 모든 경비를 말하며, 그 범위는 다음과 같이 定한다」[76] 라고 하고, 이것을 아래의 9개 항목으로 정하고 있다.

① 어구비 ② 연료비 ③ 용기대 및 포장비 ④ 얼음대 및 냉동비 ⑤ 선박소모품비 ⑥ 선원 주·부식비 ⑦ 어선·어구수리비 ⑧ 생산물의 보관·운송 및 판매비용 ⑨기타 직접비.

위에서 보면 선원임금은 공동경비에서 제외되어 있다. 그리고 다른 공동 경비항목에 비하여 어선·어구 수선유지비에 대해서는 그 범위가 불분명하다. 일반적으로 어구보충비, 조업중 파손어구의 수선비 및 부품비까지는 공동경비에 포함되지만 신규 어망 및 어구의 구입비는 공동경비에서 제외된다고 보아야 한다.

어선수리비에 대해서는 기관수리비는 포함되지만, 선체 수리비의 경우는 年1回의 상가수리비만을 공동경비로 인정하는 것이 관례로 되어 있다. 따라서 조업중 파손수리비는 공동경비로 인정하되, 대규모 개조수리비(改造修理費)는 공동경비에 포함되지 않는다는 뜻이다. 어업에 따라서는 감가상각비를 공동경비에 포함시키는 경우도 있으나 보편화되어 있는 것은 아니다.

우리나라 근해어업의 종류별 공동경비 내용과 이의 구성비율을 보면 <표 VI-26>과 같다.

76) 1988년도 기선저인망어업 단체협약서 제 7항.

<표 Ⅵ-26> 근해어업경영의 공동경비내용(1998)

(단위 : 개, %)

어업종류	공동경비항목														수익분배 비율	
	어구비	연료비	용기대	얼음대	소모품비	주부식비	후생비	수리비	판매비	사무비	상각비	선원공제	재해보상	항목수	선원분	선주분
쌍끌이대형기저	〃	〃	〃	〃	〃	〃	〃	〃	〃	-	〃	〃	〃	12	45	55
외끌이대형기저	〃	〃	〃	〃	〃	〃	〃	〃	〃	-	〃	-	-	10	45	55
동해구기저	〃	〃	〃	〃	〃	〃	〃	〃	〃	-	〃	-	-	11	45	55
서남구기저	〃	〃	〃	〃	〃	〃	〃	〃	〃	〃	〃	〃	-	12	50	50
동해구트롤	〃	〃	〃	〃	〃	〃	〃	〃	〃	-	-	-	-	9	42	58
근해통발	〃	〃	-	〃	〃	〃	〃	〃	〃	〃	-	-	-	9	50	50
근해안강망	〃	〃	〃	〃	〃	〃	〃	-	〃	-	-	-	-	8	35	65
근해채낚기	〃	-	-	-	〃	〃	〃	-	〃	〃	-	-	-	6	-	-
근해유자망	〃	〃	〃	〃	〃	〃	〃	〃	〃	-	-	-	-	9	45	55
근해연승	〃	〃	〃	〃	〃	〃	〃	〃	〃	-	-	-	-	9	50	50
업종수	10	9	8	9	10	10	10	8	10	3	4	2	1-		49	51

주: 1) 공동비율제임금제도(짓가림제)하의 근해어업만 공동경비제가 있으며, 대형선망, 대형트롤 등은 그렇지 않다.
2) 선주 단독부담경비는 대체로 조세공과금, 어업외비용(차입금 이자). 관리비의 3항목임.
자료: 수협중앙회, 앞책, 1999, pp. 141～213.

대체로 공동경비의 비중은 총 어업경비의 약 50%(1998)를 점하며, 어업별로는 근해안강망어업이 가장 높고, 서남구 기저, 근해통발, 근해연승어업 등은 상대적으로 낮은 편이다.

3. 원양어업 경영

1) 원양어업의 종류

(1) 수산업법 상의 분류

수산업법 제 41조 ①에 의하면 "원양어업이란 해외수역을 조업구역으로 하는 어업"을 말한다고 되어 있으며, 다시 수산업법시행령77)에서는 그 종류를 어구어법에 근거하여

<표 VI-27>과 같이 10개 업종으로 구분하고, 모두 해양수산부장관 허가어업으로 규정하고 있다. 이러한 규정에 의하면 원양어업과 해외어업은 동의어라 할 수 있다.

수산업법에서 원양어업에 관한 사항이 최초로 규정된 것은 1963년 4월 제3차 수산업법

<표 VI-27> 우리나라 원양어업의 종류와 명칭에 대한 수산업법상의 규정

1971. 7 (수산업법시행령 제7조)	1976. 7 (수산업법시행령 제28조)	1976. 9(농수산부령 제639) 허가어업의 명칭과 어선의 규모 및 설비에 관한 규칙	1993. 6 (수산업법시행령 제26조, 현행)
① 원양연승어업 80톤 이상	① 좌동	① 좌동, 1) 참치연승 2) 도미연승 3) 은대구연승 4)도미연승	① 원양연승어업
② 원양기선저인망어업 80톤 이상	② 좌동	② 좌동	② 원양기선저인망어업
③ 원양트롤어업 200톤 이상	③ 좌동	③ 좌동, 1) 북양트롤 2) 해외트롤어업 3) 원양새우트롤	③ 원양트롤어업
④ 원양새우트롤어업 80톤 이상	④ 원양모선식어업	④ 좌동, 본선 500톤 이상, 동선 50톤이상	④ 원양선망어업
⑤ 원양포경 80톤 이상	⑤ 좌동	⑤ 좌동	⑤ 원양유자망어업
⑥ 원양선망어업 80톤 이상	⑥ 좌동	⑥ 좌동	⑥ 원양봉수망어업
⑦ 원양채낚기어업 80톤 이상	⑦ 좌동, 1)원양다랑어채낚기 2)원양오징어채낚기	⑦ 좌동	⑦ 원양채낚기어업
⑧ 원양유망어업 80톤 이상	⑧ 좌동	⑧ 좌동	⑧ 원양통발어업
⑨ 원양자망어업 80톤 이상	⑨ 좌동, 1) 게통발 2) 은대구통발 3) 새우통발	⑨ 좌동	⑨ 원양모선식어업
⑩ 원양봉수망어업 80톤 이상	⑩ 좌동	⑩ 좌동, 1) 게통발 2) 은대구통발 3) 새우통발	⑩ 원양안강망어업
수산업법상의 규정	원양새우트롤어업 삭제, 원양모선식, 어업시설, 원양통발어업신설	허가어업의 명칭과 어선의 규모 및 설비의 기준에 관한 규정(농수산부령 제639호 제정, 1976. 6. 15)에 의해 원양어업의 종류와 그 명칭을 구체화 함	어업허가 및 신고 등에 관한 규칙(해양수산부령)의 1999. 10. 16 최종 개정에도 불구하고 위 내용은 변동 없음

77) 수산업법 시행령 제26조(1993. 6 개정).

에서이다. 이때 동법 제11조에 허가어업의 종류를 종전의 6종에서 12종으로 확대하고, 처음으로 “원양연승어업”을 장관 허가 업종에 포함시킨 것이다. 당시는 1957년에 실시한 인도양참치연승어업의 시험조업이 성과를 거두어 제동산업 주(사장 : 심상준), 화양실업 주(사장 : 이채모), 주 동화(사장 : 나재선), 한국수산개발공사(사장 : 이한림) 등의 원양 수산회사가 설립되어 상업적 원양참치어업이 시작되는 과정에 있었으며, 10여척의 참치연승조업선이 이미 인도양과 남태평양에 진출해 있었던 때였다. 이러한 원양연승어업에 대한 수산업법상의 명시는 당시 원양어선의 해외진출을 합법화함과 동시에 앞으로의 우리나라 원양어업시대를 전망한 것이라 할 수 있다.

수산업법에 원양어업에 관한 독립조항이 신설되고, 현재와 같은 다양한 원양어업의 종류를 법령에 명기하기 시작한 것은 1971년(제7차 수산업법개정)이다. 개정수산업법에 근기하여 1971년 7월 수산업법 시행령(제7조)에서는 원양어업의 종류를 10종으로 나누어 규정하고, 각 어업별 허가기준을 설정한 것이다. 이러한 것은 그 안에 1967년부터 북양어업 진출이 본 궤도에 오르기 시작하였고, 대서양어업이 여러 업종으로 활발하게 발전하고 있었음에도 불구하고 법률적으로는 이들 원양어업에 대한 대응이 아직 이루어지지 않고 있었던 것을 말해 주는 것이다.

(2) 수산통계상의 분류

법률에서 정하고 있는 10종의 원양어업에 대하여 수산통계연보와 한국원양어업협회에서는 다시 대상자원과 조업어장을 기준으로 하여 원양어업통계지표를 크게 남태평어업, 북태평양어업, 대서양어업 및 인도양어업의 4대 수역어업으로 나누고, 다음의 10종의 원양어업을 분류하고 있다.

① 참치기지어업
② 참치독항어업
③ 참치선망어업
④ 북양트롤어업
⑤ 북해도트롤어업
⑥ 일반트롤어업
⑦ 새우트롤어업
⑧ 오징어채낚기
⑨ 꽁치봉수어업
⑩ 기타원양어업

(3) 수산정책상의 분류

수산정책상의 어업은 수산업법에 규정한 어업종류에 기초하여 정책 목적을 위하여 재

분류하는 어업종류를 말하는 것으로, 해양수산부는 원양어업 종류를 다음과 같이 5종으로 크게 나누고 있다. 이것이 정부의 정책상의 원양어업의 종류이다. 78).

① 참치어업
   참치연승어업
   참치선망어업

② 원양트롤어업
   북양트롤어업
   북해도트롤어업
   일반트롤어업
   새우트롤어업

③ 원양오징어어업
   오징어채낚기어업
   오징어유자망어업

④ 꽁치봉수망어업

⑤ 기타 원양어업
   저연승어업
   원양안강망어업
   원양통발어업
   원양모선식어업

2) 원양어업의 발달과정

1950년대 말에 태동한 우리나라의 원양어업은 지금까지 약 반세기를 거치는 동안 눈부신 성장을 거듭 하였으며, 이를 통해 국가경제 발전과 총 국민생산액을 끌어올리는 데 견인차 역할을 하였다.

우리나라의 원양어업시초는 제동산업(주) 소속 지남 1호가 1957년 당시 주한경제조정관실(OEC)79)과 상공부(해무청) 의 지원아래 공동시범사업으로 인도양 참치연승조업 시험출항에 성공을 거둠으로써 첫발을 내딛기 시작했다.

그 후 1962년부터 시작된 경제개발 5개년 계획의 추진과 함께 정부의 강력한 지원을 받으면서 원양어업의 어선척수는 1960년에 3척, 1965년에 65척, 1970년에 278척으로, 90년대에 와서는 무려 800척으로 크게 증가하는 발전을 가져 왔다. 그리고 조업어장은 초창기 인도양에 한정되어 있었던 것이 60년대 중반에는 남태평양과 대서양으로 확대되고, 60년대 말에는 부산수산대학 실습선(백경호)의 북태평양어장 조사와 시험조업의 성과에 힘입어 북태평양으로 까지 진출하는 어장개척의 역사를 보였다(표 VI-28참조).

---

78) 해양수산부, 수산업동향에 관한 연차보고서 각년도 참조.
79) OEC는 Office of the Economic Coordination for Korea의 약자로서 1953년 8월에 설치된 휴전후 한국의 경제문제조정임무를 담당한 미국의 "주한 경제조정관실"을 말한다. FAO와 상호제휴하여 한국의 농수산기술원조계획을 수립 추진하였으며, 1959년 3월을 기해 이 기구는 USOM(United States Operations Mission to Korea)으로 개편되어 국제연합의 지원아래 당시 한국의 전후복구사업을 계속해 나갔다.

<Ⅵ-28> 우리나라원양어업의 수역별 초기출어와 출어선단 현황

	최 초 출 어	수역의 구성	출어선단
1) 남태평양어장	1958. 1, 제동산업(주) 지남1호	남태평양, 뉴질랜드근해, 호주수역, 인도네시아근해	참치선단, 일반트롤선단
2) 북태평양어장	1967. 7, 부산수대 백경호(800톤)	베링해, 캄차카근해, 북해도근해, 멕시코만, 칠레근해, 중국수역, 베트남수역	명태트롤선단, 오징어선단, 꽁치선단, 일반트롤선단
3) 대서양어장	1965. 5, 수개공 601강화호(1,472톤)	남서대서양, 남동대서양, 북서대서양	일반트롤선단, 새우트롤선단, 오징어선단, 참치선단
4) 인도양어장	1957. 6, 제동산업(주) 참치연승 시험	이란근해, 바레인근해, 오만근해, 인도근해, 파키스탄근해, 소말리아근해, 사우디아라비아근해	참치선단, 일반트롤선단, 새우트롤선단
5) 남빙양어장			

따라서 이와 같은 우리나라 원양어업의 발전과정을 체제적으로 분석하기 위해서는 첫째, 개척기, 성장기, 쇠퇴기의 등으로 구분하여 살펴보는 산업 순환론적 단계구분 방식이 있다.[80)]

둘째는 이 보다 더 단순하게 제 1단계, 제 2단계, 제 3단계 등으로 연속적인 단계를 설정하여 분석하는 방법과,[81)] 더 간단하게 연대에 맞추어 60년대, 70년대, 80년대, 90년대 등의 시대별 구분에 의한 분석방법이 있다.

그리고 마지막으로, 경영자의 의사결정에 기초하여 산업창설단계, 산업확장 단계, 구조조정의 단계 및 결단의 시기 등으로 구분하는 방법이 있다[82)].

각각의 단계별 분석방법은 장단점과 특징이 있으므로 어느 하나의 방식만을 가장 우수한 것으로 주장하는 것은 곤란하다.

그러나 우리나라 원양어업의 발전과정을 분석함에 있어서는 <표 Ⅵ-29>와 같이 어장개척기와 그 확대화 과정, 이를 통한 출어 어선수의 동향과 생산의 신장, 어업기술개발 및 어

80) 산업순환론적 관점에서 우리나라 원양어업발전과정을 분석하고 있는 것은 "한국원양어업 30년사"를 들 수 있다. 여기서 우리나라 원양어업 발전과정을 1957~1962년까지를 여명기, 1963~1970년까지를 개척기, 이후 성장재편기 및 쇠퇴사양기의 4단계로 구분하여 분석하고 있다(한국원양어업협회, 「한국원양어업30년사」, 1990. 참조).

81) 여기에 대해서는 일본의 中井 昭가 일본의 북양어업재개 이후 40년 간의 발전과정을 제 1기(1945~1955)에서 제 4기(1974~1980)까지 4단계로 구분하여 분석한 바 있다(中井 昭, 北洋漁業の 構造變化, 成山堂, 1988 참조).

82) M. G. Blockford, Pioneering A Modern Small Business(三島康雄 譯 アラスかがに産業經營, 恒星社厚生閣, 1982 참조).

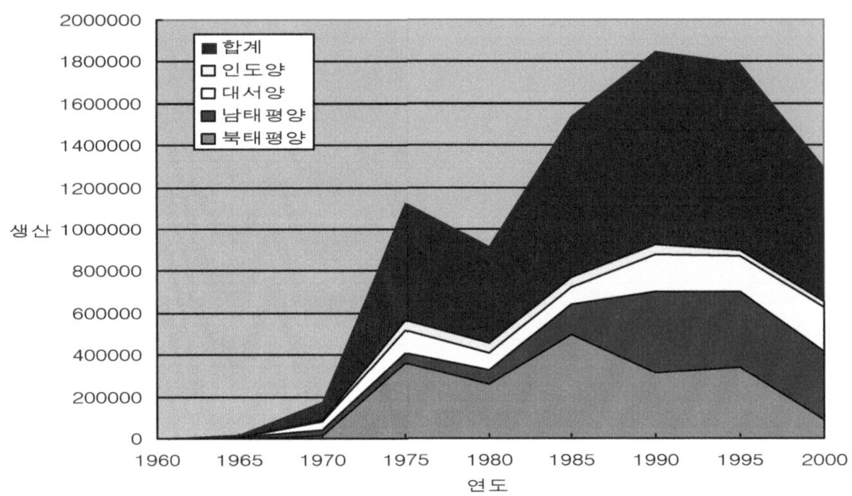

<그림 VI-3> 우리나라 원양어업의 총생산량과 수역별 생산량의 신장추세

<표 VI-29> 우리나라 원양어업의 발전단계 구분과 수역별 대응관계

	개척기(~1970)	성장기 (1971-1990)	정체기 (1991-1998)	쇠퇴기 (1998-현재)	주된 업종
북태평양어업	1996-1969	1970-1978	1980-1998	1999-현재	트롤선단 꽁치선단
남태평양어업	1958-1970	1971-1989	1995-1999	2000-현재	참치선단
대서양어업	1966-1970	1971-1992	1993-1997	1998-현재	일반트롤선단 오징어선단
인도양어업	1957-1970	1971-1990	1991-1997	1998-현재	일반트롤선단 참치선단
남빙양어업	-	-	개척기		

획물의 판로 개척 등 수산경영 제 요소와 조건의 종합과 통제과정에 중점을 두고 구분하는 개척기(1957~1970), 성장기(1971~1990), 정체기(1991~1998), 쇠퇴기(1998~현재) 및 재조정 대응기(현재 이후)로 구분하여 고찰하는 첫째의 분석 방법이 타당하다고 생각된다.

산업발전의 과정을 분석하는 데 있어서 가장 간단한 방법으로 산업생산의 장기변동추세를 많이 활용하게 되는데, 이것은 생산 그 자체야말로 모든 생산요소의 집약적 결과물이기 때문이다. 이러한 점에서 원양어업의 장기적 변동상태를 <그림 Ⅵ-3>을 통해서 보면, 원양어업 초창기부터 현재까지 약 45년에 걸쳐 일어나고 있는 수역별 생산 동향이 이러한 발전추세를 의미있게 나타내 주고 있다고 할 수 있을 것이다.

3) 원양어업의 경영구조

(1) 어선현황과 생산추이

우리나라 원양어업은 지난 1957년 참치연승 시험조업 진출 이후 1999년말 현재 550척의 원양어선이 5대양 25개 연안국에서 조업중이다. 현재 세계 수역에 출어하고 있는 우리나라 원양어선의 선단별 출어척수는 다음과 같으며. 초창기부터 현재까지 해역별 생산량 추세는 <표 Ⅵ-30>과 같다.

① 참치 선단(202척) : 남태평양 수역(키리바시, 파푸아뉴기니아), 인도양, 지중해
② 오징어선단(101척) : 남서대서양 수역(포클랜드, 알젠틴) 페루 수역, 북태평양
③ 명태 선단(34척) : 러시아 수역(오호츠크 및 북쿠릴수역 등)
④ 기타 선단(213척) : 인도네시아, 서부아프리카, 남빙양, 뉴질랜드 등
계 (550척)

(2) 경영규모

원양업체의 경영규모는 투하자본규모와 보유어선척수의 두 지표에 의해 파악할 수 있는데, 여기에 관한 자료가 <표 Ⅵ-31>이다. 1998년 기준 총 166개 원양업체가운데서 자본금 1억원 미만의 경영체가 전체의 56.6%이며, 1억원 이상은 43.4%이다. 그리고 어선

<표 Ⅵ-30> 수역별, 연도별 원양어업 생산추이

(단위 M/T)

	1960	1970	1980	1990	1995	2000
북태평양	0	12,708	258,905	312,218	337,632	87,830
남태평양	914	27,690	64,717	391,460	365,098	325,835
대서양	0	40,415	85,319	171,846	171,411	210,725
인도양	0	8,808	49,268	49,807	23,068	26,877
합계	914	89,621	458,209	925,331	897,209	651,267

<표 VI-31>원양업체의 경영규모(1998)

(단위: 개, %)

구 분	1991	1995	1998
전체 업체수	188(100.0)	183(100.0)	166(100.0)
자본금 기준 1억원 미만	119(63.3)	113(61.7)	94(56.6)
1억원 이상	69(36.7)	70(38.3)	72(43.4)
어선기준 1~2척 보유	98(52.1)	132(72.1)	116(69.9)
3척이상 보유	90(47.9)	52(27.9)	50(30.1)

자료 : 한국원양어업협회, IMF체제하의 원양어업 위기극복 방안, 1998. 10.

1~2척을 보유하고 있는 업체는 69.9%이, 3척 이상 보유업체는 30.1%에 불과하다.

(3) 재무구조

1985년부터 최근 1998년까지 14년 간의 자료에 의해 원양어업경영체의 주요 재무지표를 분석하고, 이것을 일반기업과 비교해 본 것이 <표 VI-32>이다.

여기서 보면, 먼저 부각되는 것이 부채비율이다. 원양어업의 평균부채비율은 지난 14년간 1,034.5%인데 대해, 식음료업의 부채비율은 429%, 제조업은 323%로 나타난다. 우리나라 기업들은 종류에 관계없이 국제표준부채비율(200%이내)보다 훨씬 높은 비율수치를 나타내는데, 그 중에서도 원양업체의 부채비율은 그 몇 배나 더 높다는 것을 알 수 있다.

이러한 원양수산기업의 취약한 재무구조로 인해 1997년 당시의 IMF 외환 위기상황을

<표 VI-32>우리나라 원양어업경영의 재무안정성 분석

(단위 : %)

	업 종	85	86	87	88	89	90	91	92	93	94	95	96	97	98	평균
자기자본구성비율	원양어업	7.7	9.0	14.2	21.7	22.4	14.8	10.4	9.6	15.4	14.1	7.7	8.7	2.1	19.3	12.7
	식음료업	20.6	20.2	20.9	21.8	22.9	19.3	19.2	18.5	18.5	17.9	19.2	17.1	14.2	19.9	19.3
	제조업	22.3	22.1	22.6	25.5	28.5	25.9	24.4	23.0	26.7	24.5	24.7	23.1	18.8	24.3	24.0
부채비율	원양어업	1,205	1,010	607	363	347.3	576.3	858.9	938.6	548.2	608.3	1204	1,055	4,742	419.0	103.5
	식음료업	385.7	395.7	378.6	357.9	336.8	471.8	421.9	443.1	440.9	457.6	421.4	484.1	602.3	403.0	429
	제조업	349.0	353.1	342.2	292.2	251.0	285.5	310.2	334.3	350.3	309.0	305.2	332.9	433.1	311.8	323

극복할 수 없어 많은 업체가 도산되기도 하였다.

우리나라 원양수산기업은 재무유동성 관계비율에 있어서도 지난 14년간 국제표준 유동비율 200%이상을 유지한 적이 거의 없으며, 대체적으로 60~80% 낮은 수준에 머물고 있다.

당좌비율은 표준비율을 100%이상 유지 하도록 강조하고 있으나, 여기에 대해서도 원양수산기업은 다른 산업보다도 매우 낮은 수준이다. 이러한 것은 원양어업이 계속되는 수익성 감소와 재고어획물의 과다 보유로 인해 자금사정이 어렵다는 것을 말해주는 것이다.

4) 조업수지분석

<표 Ⅵ-33>을 통해서 원양어업경영의 조업수지를 분석해 보면, 어선 척당 1999년도 기준 3,293,499천원의 총수익을 실현하고 있으며, 여기에 대한 어업지출은 총 2,803,153천원으로, 척당 490,346천원의 이익을 올리고 있다. 재무구조에 비해 매출액 이익률은 15%로 상대적으로 높은 수준이다.

어업별로는 <표 Ⅵ-34>와 <표 Ⅵ-35>과 같은 기간자료에 의하면, 원양트롤어업은 척당 어업총수익 4,830.468천원, 참치연승어업은 2,140,431천원이며, 매출액 이익률은 전자가 19%, 후자가 14%이다.

한편, 어업 비용구성을 보면 어느 어업에 있어서나 인건비지출이 가장 높고, 다음은 연료비로 나타난다. 생산자재비로 분류되는 연료비, 이료비, 운반보관비의 3개 비용항목은 전체어업지출의 평균 32.3%를 점한다. 이를 통해 볼 때 원양어업경영에 있어서 경영자가 관리할 수 있는 비용관리의 중점대상은 어업자재비임을 알 수 있다.

5) 원양수산기업의 자재 관리

(1) 자재관리 조직

원양수산기업가운데서 대표적 회사인 D수산의 경영관리조직과 자재관리기능을 통해서 우리나라 원양수산기업이 갖는 자재관리시스템을 살펴보기로 한다.

먼저, 일반기업의 자재관리 조직과 D수산의 자재관리조직을 서로 비교해 보면 <그림 Ⅵ-4>와 같다.

D수산의 자재 관리조직은 생산부장 책임 하에 자재관리 기능이 수행되는 중소제조기업

<표 VI-33> 전체 원양어업의 조업수지평균 분석 (척당기준)

(단위 천원/척)

	1997		1998		1999		평균	구성비
어업수지	2,412,263		2,939,462		3,293,499		2719.005	
어업지출	2,349,406	100.0	2,619,251	100.0	2,803,153	100.0	2590.603	100.0
지출내역								
노 임	434,222	18.5	475,259	18.1	557,598	19.9	289.026	18.9
연 료 비	379,762	16.2	397,554	15.2	363,818	13.0	380.378	14.7
이 료 비	64,235	2.7	56,492	2.2	62,557	2.2	61.095	
수 리 비	161,853	6.9	142,120	5.4	173,720	6.2	159.236	2.4
입 어 료	278,897	11.9	306,506	11.7	332,895	11.9	306.099	6.1
감가상각비	126,863	5.4	111,346	4.3	109,403	3.9	115.876	11.8
판매수수료	31,799	1.4	63,482	2.4	86,698	3.1	60.660	
운반보관비	339,315	14.4	357,022	13.6	484,366	17.3	393.88	4.5
보 험 료	85,894	3.7	89,326	3.4	91,521	3.3	88.915	2.3
기 타	446,567	19.0	620,144	23.7	540,577	19.3	358.768	15.2
어업이익	62,857		320,211		490,346		28.461	3.4
매출액이익률	3		11		15		4.7	25.2

자료 : 전국 47개 원양회사 표본조사자료, 2000.

<표 VI-34> 원양트롤어업의 척당 조업수지분석

(단위 천원/척)

	1997		1998		1999		평균	
어업수지	3,729,676		4,412,910		4,830,468		4,324,351	
어업지출	3,417,842	100.0	3,844,022	100.0	3,904,681	100.0	3,722,182	100.0
어업지출내역								
노 임	570,435	16.7	657,989	17.1	713,543	18.3	647,322	17.4
연 료 비	589,573	17.2	653,363	17.0	591,331	15.2	611,422	16.4
이 료 비	0	0.0	0	0.0	0	0.0	0	-
수 리 비	252,099	7.4	233,798	6.1	253,089	6.5	246,328	6.6
입 어 료	544,001	15.9	605,498	15.8	696,385	17.8	615,295	16.5
감가상각비	178,538	5.2	150,180	3.9	144,790	3.7	157,836	4.2
판매수수료	49,044	1.4	88,596	2.3	133,857	3.4	90,499	2.4
운반보관비	449,782	13.2	471,097	12.3	485,091	12.4	468,657	12.6
보 험 료	126,597	3.7	154,436	4.0	143,247	3.7	141,427	3.8
기 타	657,773	19.2	829,065	21.6	743,348	19.0	743,395	19.7
어업이익	311,834		568,888		925,787		602,169	16.1
매출액이익률	8.0		13.0		19.0		13.9	

<표 Ⅵ-35> 원양참치연승어업 의 척당 조업수지분석

(단위 천원/척)

	1997		1998		1999		평균	
어업수지	1,833,899		2,630,931		2,140,431		2,201,758	
어업지출	1,798,213	100.0	2,108,778	100.0	1,839,078	100.0	1,915,351	100.0
어업지출내역								
노 임	353,640	19.7	462,421	21.9	441,258	24.0	419,106	21.9
유 비	327,887	18.2	355,724	16.9	303,161	16.5	328,924	17.2
이 료 비	192,706	10.7	155,400	7.4	173,563	9.4	173,792	9.1
수 리 비	119,456	6.6	97,394	4.6	174,269	9.5	130,373	6.8
입 어 료	72,033	4.0	77,940	3.7	57,386	3.1	69,119	3.6
감가상각비	160,411	8.9	145,813	6.9	138,945	7.6	148,398	7.7
판매수수료	27,520	1.5	57,453	2.7	60,230	3.3	48,401	2.5
운반보관비	147,324	8.2	205,983	9.8	161,867	8.8	172,391	9.0
보 험 료	66,100	3.7	68,667	3.3	67,953	3.7	67,573	3.5
기 타	331,136	18.4	481,983	22.9	260,446	14.2	357,855	18.7
어업이익	35,686		522,153		301,353		286,398	15.0
매출액이익률	2.0		2.00		14.0		13.9	

자재관리조직과 유사다. 그러나 자재 책임자의 조직상의 지위는 원양수산기업이 더 높다는 것을 알수 있다.

D수산의 자재관리 조직을 구체적으로 살펴보면, 수산사업본부장 책임 하에 자재 팀을 구성하여 운영하며, 자재팀 최고 책임자는 이사(理事)급으로 되어 있고, 실무책임은 차장급(次長級)부장이 담당한다. 차장아래에 A, B 2개의 자재과를 두고 있는데, 과장 A는 D수산의 총 23척의 원양선박 가운데서 20척의 어업생산자재를, 과장 B는 나머지 13척의 어업생산자재를 각각 관리한다.

이와같은 원양수산기업의 자재관리시스템을 통해 우리나라 원양수산기업의 자재관리상의 특징을 지적하면 다음과 같다.

첫째, 자재관리 기능수행에 따른 간접경비의 절감.

둘째, 제조 및 생산기능의 원활한 수행

셋째, 자재관리기능의 전문화 제한

넷째, 자재관리 담당부문의 권한과 책임의 미약

다섯째, 자재관리부서의 총괄적 통제기능의 미약

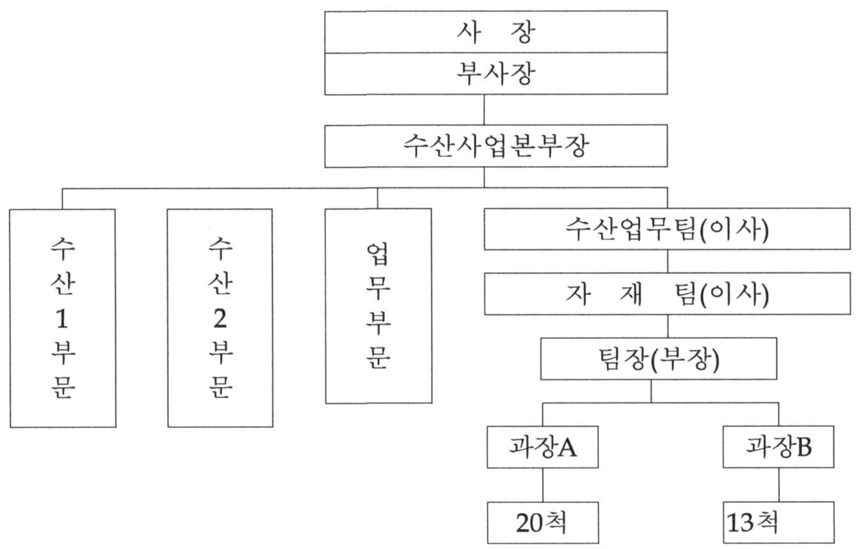

<그림 Ⅵ-4> D수산의 자재관리 조직도

위에서 첫째와 둘째는 장점이라 할 수 있고, 셋째와 넷째 및 다섯째는 단점으로 지적된다.

한편, 자재 관리팀 A, B 두과의 자재관리영역을 더 자세히 살펴보면 <표 Ⅵ-36>과 같이 과장A는 대서양트롤 4척, 북태평양트롤 2척, 대구저연승 4척, 참치연승 10척 합계 2척의 어선에 대한 자재관리업무를 담당하며, 과장 B는 대서양트롤 1척, 북태평양트롤 1척, 대구저연승 1척, 참치연승 10척 및 오징어 채낚기 1척 등 13척의 자재조달과 공급을 담당한다.

모든 경영활동은 전문화원칙이 존중될 때 관리효율이 높아진다는 것은 관리원칙으로 일반화 되어 있는데도, D수산의 경우 어업자재관리기능은 어업별로 소요자재의 종류, 규모, 소요시기 등의 차이점을 무시하고 단순히 선박수를 기준으로 하여 2개과 별로 자재업무를 나누어 관리하고 있는 것은 편의주의적 업무편성이라 할 수 있다.

D수산의 어업종류는 참치연승이 20척으로 가장 많고, 트롤어업이 7척으로 그 다음이며, 대구저연승 및 채낚기가 6척으로 세 번째이다. 어업별 자재비 소요액은 참치연승이 전체의 51.1%를 점하며, 트롤어업이 26.9%, 그리고 대구저연승 및 채낚기어업이 22%를 각각 점하고 있다. 따라서 어업자재관리의 전문화를 위해서는 그의 책임부서를 어업별로 설정하거나 또는 자재 종류별로 담당하게 하는 것이 합리적일 것이다.

<표 Ⅵ-36> D수산의 선박별 자재팀 업무분담

(단위 :척)

구분	어업별	100~500톤 미만	500~1,000톤 미만	1000~4000톤 미만	4000톤이상	합 계
과장A	대서양트롤	2	2			4
	북태평양트롤			2		2
	대구저연승	4				4
	참치연승	10				10
	계	16	2	2	0	20
과장B	대서양트롤			(1)		(1)
	북태평양트롤				1	1
	대구저연승	1(2)				1(2)
	참치연승	10				10
	오징어채낚기	1(3)				1(3)
	계	12(5)		(1)	1	13(6)
	합 계	28(5)	2	2(1)	1	33(6)

※ ( )안의 숫자는 계열회사 관리 선박 척수임.

한편, D수산의 전체경영조직과 총괄적 자재구매 흐름도를 보면 <그림 Ⅵ-5>, <그림 Ⅵ-6>과 같다. D수산은 기획조정실을 포함하여 최고경영자 산하에 5개 직능부서를 두고 있으며, 이 가운데서 4개 부서는 해당부문의 책임경영을 강화하기 위하여 사업본부장제(事業本部長制)를 채택하고 있다.

사업본부장제는 사업부제의 일종으로, 해당 사업부서에 대한 수익책임이 부과되며, 다만 비용책임 즉 예산편성권은 주어지지 않는다. 사업부제 가운데서도 완전독립사업부제인 경우에는 수지책임과 직능권한이 동시에 부여되고, 여기에 부가하여 하위직 인사권한까지 부여되지만, 사업본부장제에서는 수익활동 외의 책임과 권한은 최고경영자가 그대로 갖게 되는 집권적 조직형태로 유지된다

<그림 Ⅵ-6>을 통해 D원양수산기업의 자재구매에 대한 총괄적 업무 진행과정을 보면 먼저, 수산부는 선박으로부터 어구소요자재명세를 접수하고, 이를 품목별로 집계하여 소요량과 자재종류를 파악하게 되면, 다음에는 거래처로부터 견적서를 받아 거래처에 자재 발주를 의뢰한다. 그리고 자재팀에서는 세관에 선박별 자재적재 허가 신청을 하고, 발

주의뢰를 받은 거래처는 자재팀의 요청에 따라 자재의 선적을 행하며, 마지막으로 자재대금 지불과 함께 선박별 자재구매과정이 종료된다.

(2) 원양수산 기업의 자재비 구성

원양수산기업의 어업용 자재는 자재의 기능 또는 용도에 따라 어구에서 기타자재까지 약 8개 종류로 분류되며, 그 내용은 다음과 같다.

①어구 ②선용품 ③기관 ④전기통신 ⑤유류 ⑥주부식 ⑦이료 ⑧기타자재

이상 8종의 어업 자재에 대해 어업별 어선척당 연간 총자재 비지출을 보면 <표 VI-37>과 같다

(3) 어업자재비와 공동경비

<표 VI-38>은 D수산을 예로 들어, 원양어업 경영의 공동경비내역을 어업별로 비교한 것이다.

우리나라 원양어업에서 보편적으로 채용하고 있는 임금제도는 총생산금액에서 이러한 공동경비를 차감한 금액을 보합금(步合金)으로 하여 이것을 선박측(선주측)과 선원 측으로 양분하는 비율제(比率制)임금정산 방법을 취하고 있다.

이러한 공동경비를 업계에서는 항목경비(航目經費)라고도 하는데, 그의 지출 규모는 척당 많게는 년간 340억원에서 작게는 100억원에 가까우며, 그 대부분이 자재비에 해당된다는 것을 알 수 있다.

(4) 자재관리 방법의 개선

① 조달방식의 개선

현재 원양수산기업이 수행하고 있는 자재조달방식은 연료유에서부터 주부식품에 이르기까지 전품목을 전속자재취급상을 통해 일괄 집중구매 하는 방식이다.

이것을 Bait용 어류에 대해서는 동종업계가 공동구매하는 방식, 유류는 전문 유류상을 통한 조달, 주부식품은 농협 등 전문취급점을 통한 구매 등으로, 분산구매하는 형태로 개선할 필요가 있다. 수협을 통해 유류공급을 받기 위해서는 원양수산기업이 업종별 수협에 가입하거나, 일본에 있어서처럼 별도의 업종별 수협을 설립해야 한다.

발주처(發注處)가 품목별로 분산되어 있는 자재의 경우에는 출항에 맞추어 즉시 필요한

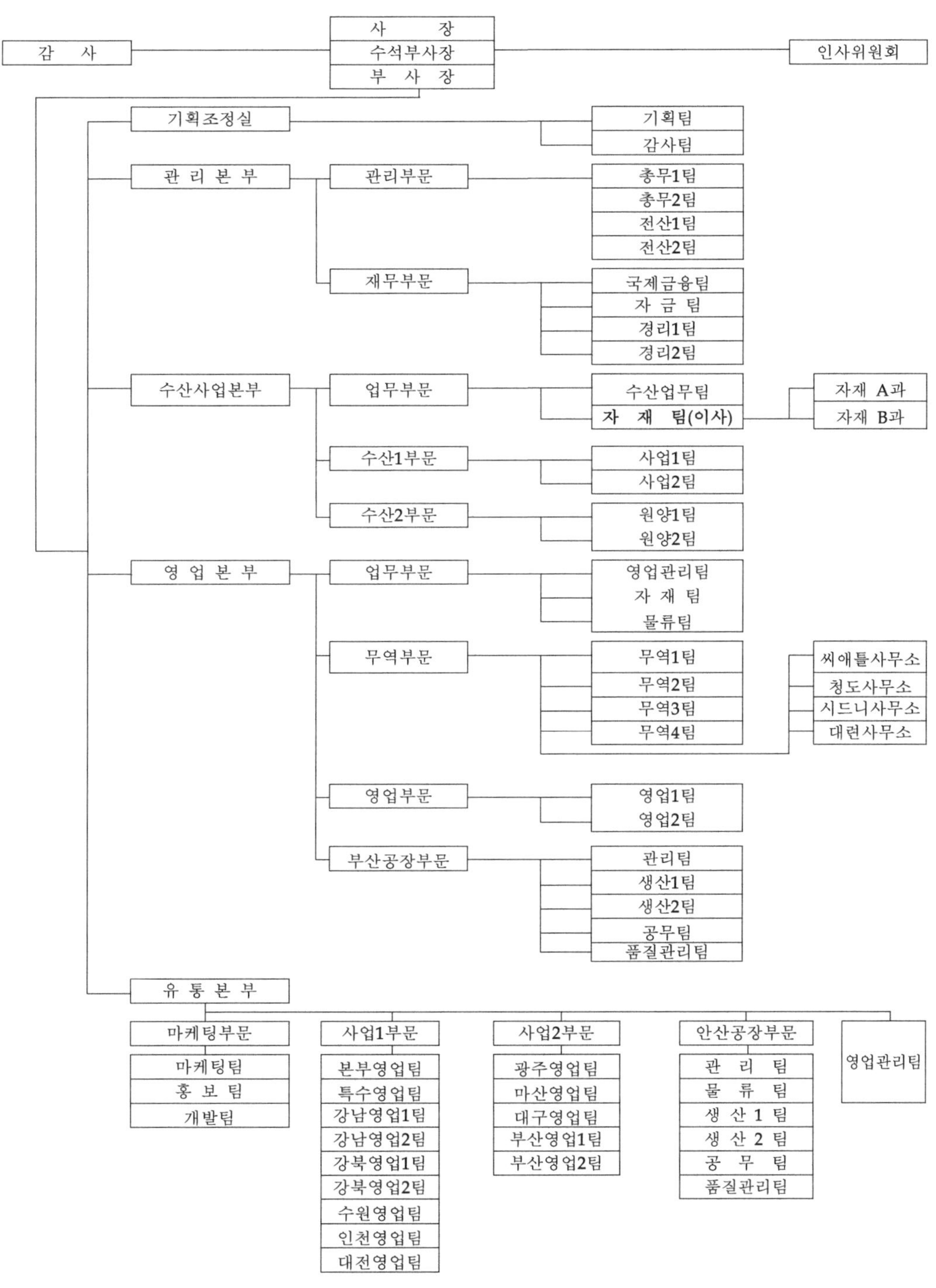

<그림 Ⅵ-5> D수산의 경영관리 조직도

<표 VI-37> D수산의 원양어업척당 자재비 지출(1999)

(단위 : 백만원, %)

비용항목 \ 어업별	대서양트롤	북양트롤	참치연승	대구저연승	합계
어 구 비	208	572	849	319	1,948
선 용 품	151	708	866	1,215	2,940
기 관 부 품	256	406	1,560	682	2,904
전기/통신부품	12	126	266	205	609
유 류 비	415	3,277	5,667	1,007	10,366
B A I T(이료)	-	-	3,198	1,047	4,245
주 부 식 대	43	721	903	481	2,148
기타자재비	197	69	264	116	646
계(A)	1,282	5,879	13,573	5,072	25,806
어로경비총액(B)	11,229	28,066	34,046	10,446	83,787
자재비비율(A/B)	11.4	20.9	39.9	48.6	30.8

주: 이료비 비중은 참치연승 23.6%, 대구저연승 10.0%임

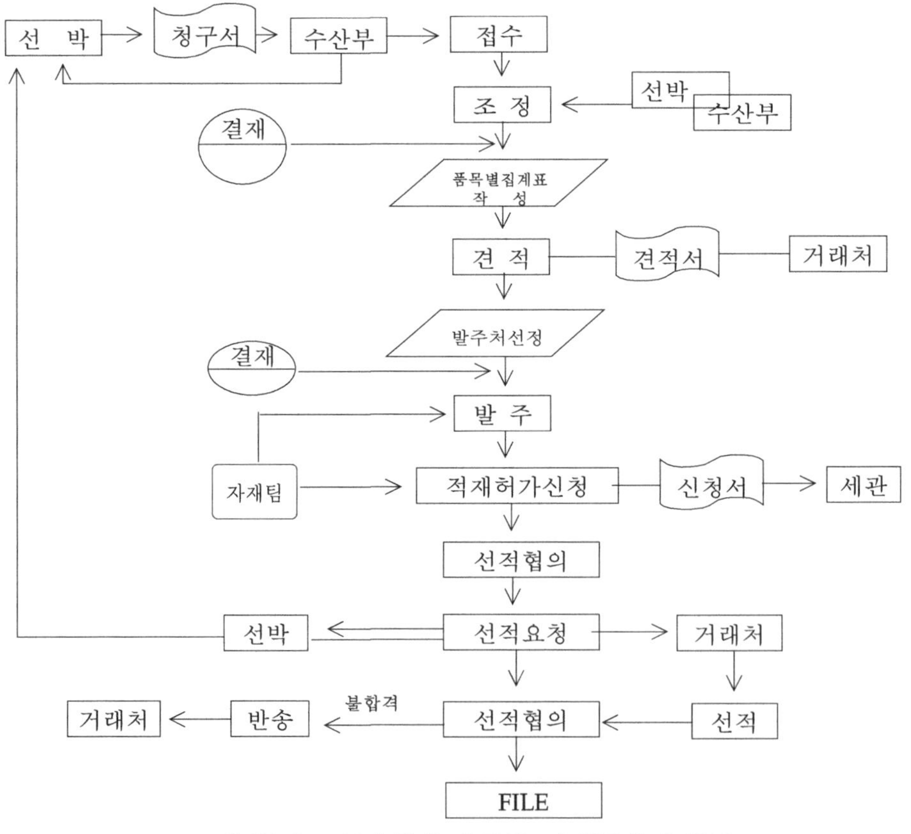

<그림 VI-6> D수산의 총괄적 자재구매 흐름도

<표 Ⅵ-38> 원양어업공동경비(내역(D수산)

	원양트롤	북양트롤	참치연승	대구저연승	자재비여부
소모품비	○	○	○	○	자재비
어구비	○	○	○	○	자재비
수리비	○	○	○	○	경비
운반비	○	○	○	○	경비
입어료	○	○	○	○	-
이료	×	-	○	○	자재비
포장용기비	○	○	○	○	자재비
식료대	○	○	○	○	자재비
외국선원경비	○	○	○	○	-
벌과금	○	○	○	-	-
관세	×	-	○	-	-
외국항양륙비	×	-	○	-	-
계(12항목)	9	9	9	9	6

자료 : D수산 어로계약서 참고, 2000. 1.

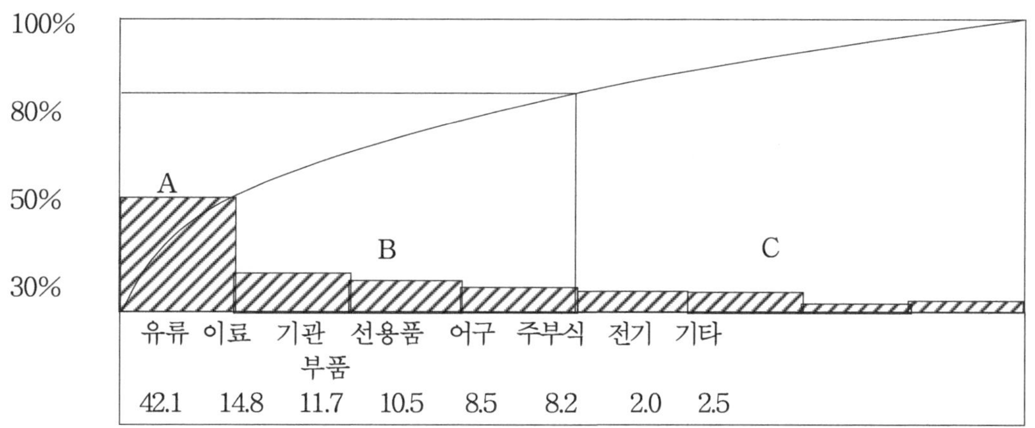

<그림 Ⅵ-7> D수산의 연간 소요자재의 ABC분석도

자재를 적기에 조달해야 하므로 이를 위해서는 구매리드타임(leadtime)을 고려하여 공급업체 관리에 철저를 기해야 한다. 공급업체 관리에 대해서는 Kitting system을 도입하도

록 한다[83].

② 차별적 중점관리

D수산과 같이 업종이 트롤, 참치연승, 대구저연승 및 오징어 채낚기 등으로 다각화 되어있는 원양어업의 경우에는 자재별 중점 구매방식이 이상적이다.

자재별 중점 구매란 자재관리를 자재의 용도나 중요성 및 자재 품목수에 따라 전문적으로 구입하고 관리하는 차별적 관리(differential management)를 말하는 것으로, 자재의 연간 품목별 사용누계치를 기준으로 사용가치가 높은 자재그룹과 낮은 그룹 및 중간치의 자재그룹으로 각각 나누어 이것을 중요도에 따라 중점적으로 관리해 나가는 것을 뜻한다.[84]

D수산의 최근 3개년(1997~1999)간의 연간평균 어업생산자재비 지출자료를 기초로(표 Ⅵ-39참조) 이것을 파레토분석도표(Pareto analysis)에 의해 나타낸 것이 <그림 Ⅵ-8>이며, 일명 이것을 ABC 분석도 라고도 한다.

<그림 Ⅵ-7>에서 보는 바와 같이 D수산에서 취급하는 어업자재 가운데서 A급자재는 유류단일품목이며, B급 자재는 이료와 기관부품 및 선용품의 3종을, 그리고 C급자재에는 어구, 주 부식, 전기/통신부품 및 기타자재의 4종이다.

일반적인 ABC분석법에 의하면 A급을 70~80%, B급을 15~20%, 그리고 C급을 5~10%로 분류하지만[85], 여기서는 유류단일품목의 취급비중이 워낙 높고, 또 어업경영에 있어서 그의 중요성에 비추어 이를 A급으로 구분하여 별도 관리하는 것이 어로조업의 안정성 유지와 원가절감에 효과적일 것으로 판단된다.

B급자재에는 이료, 기관부품 및 선용품의 3종의 자재품목이 포함되는데, 이 가운데서 상대적으로 중요한 것은 Bait(이료)라고 하는 참치연승과 대구저연승어업에 사용되는 이료자재이다. 따라서 이료(餌料)의 생산동향, 수출입사정, 가격동향, 이료의 질적가치 등은 이 어업의 성과와 밀접한 관계를 가지므로 이의 염가구입과 적기제작(適期製作)을 위해서 일괄구입 하는 것이 유리하며, 또한 유류자재와 같은 수준에서 별도로 관리하는 품목이 되어야 할 것이다.

---

83) Kitting System은 새로운 자재조달 방식의 하나로 공급업체관리의 신기법을 말하는데, 소요자재 공급방법에 따라 연속적 키팅(Sequential Kitting)과 뱃치키팅(Batch Kitting) 및 지역키팅(Zone Kitting)으로 구분된다. 더 자세한 것은 http://www.inforhain/Angust98/Warehousehtml을 참조바람.

84) 이순용; 생산관리론, 법문사, 2000, p.491.

85) 앞책, p.628.

<표 VI-39> D수산 3개년간 평균자재비와 ABC분석 자료

(단위 : 백만원, %)

	금액	구성비	누적비율	ABC분석	관리 방향
a 유 류	11,064	42.1	42.1	A급자재: 유류, 금액 42.1%	정밀, 중점관리
b Bait	3,905	14.8	26.9	B급자재 : 3개 품목, 금액 37%	적극적인 재고비용 절감, 관리의 전문화
c 기관부품	3,076	11.7	68.6		
d 선용품	2,755	10.5	79.1		
e 어 구	2,156	8.2	87.3	C급자재 : 4개품목, 금액 20.5%	다종, 소량, 저가이므로 위임관리
f 주부식	2,152	8.2	95.5		
g 전기/통신	523	2.0	97.5		
h 기 타	650	2.5	100		
계	26,281	100.0			

주 : D수산의 대서양트롤, 북양트롤, 참치연승, 대구저연승 및 오징어채낚기의 5대 업종 3 개년 평균자재비 총액임.

자료 : D수산 2000.

끝으로, C급 자재에 포함되는 것은 어구, 주・부식, 전기/통신자재, 주・부식 및 기타 자재류로 다양한데, 대신에 이의 전체 자재비에 대한 구성비율은 약 20.5%에 불과하다. 곧, 자재품목수와 종류에 비하여 상대적으로 지출비중이 낮으므로 이러한 것은 안전재고를 고려하여 경제적인 수준에서 관리하면 될 것이다

.

③ 관리시스템의 개선

D수산의 자재관리시스템과 같이 수산사업본부장 하에 A, B 2개의 자재팀을 구성하여 적당하게 선박척수를 나누어 생산자재 업무를 취급해 나가는 것은 일정한 기준에 따라 자재관리 업무를 구분하거나 관련시스템을 편성 운영하는 관리 원칙에 따르고 있는 것이 아니라는데 문제가 있다.

이러한 것에 대해서는 가급적 전문화의 원리에 따라서 트롤어업 자재팀, 낚기어업 자재팀 등으로 업무 부서를 재편성하여 자재관리의 전문화를 꾀하도록 하는 것이 합리적일 것이다.

4. 양식업 경영

1) 양식경영의 실태

(1) 면허건수 및 면적

천해양식업의 경영실태를 연도별로 면허건수와 면적을 통해서 보면 <표VI-40>과 같다. 어류양식업의 면허건수는 1985년에 122건에서 1995년에 1,335건으로 급증했으나 2001년 현재는 절반 이하로 감소하였다. 반면에, 면허면적(어장면적)은 2000년까지 계속 증가추세를 보였는데, 2001년에 와서는 1995년 수준으로 감소하고 있다.

이러한 것을 양식품목별로 보면, 패류양식은 면허건수와 면허면적 모두 1985~2000년까지 큰 변동이 없으며, 오히려 2001년에 들어서 약간 늘어났다. 해조류양식은 지난 10년 사이에 면허건수는 다소 줄어들었으나 면허면적은 증가추세에 있어 단위경영규모가 커지고 있다는 것을 알 수 있다. 마지막으로, 기타 양식은 1990년 이후 2000년까지 면허건수, 면허면적 모두 감소추세에서 2001년에 반전되어 면허건수와 면허면적 모두 증가하고 있다.

양식경영의 면허 건수와 면적을 어장이용주체중심으로 살펴보면 <표VI-41>과 같다. 전체 양식면허 건수는 2001년 기준 수협과 어촌계가 56.5%를 소유하며, 나머지 43.5%는 개인과, 협업경영조직 및 영어조합이 소유하고 있다. 어장면적은 수협과 어촌계에 전체의

<표VI-40> 양식어업의 품종별 면허건수 및 면허면적 추이

(단위 : 건, ha)

구분	계		어 류		패 류		해 조 류		기 타	
	건수	면적	건수	면적	건수	면적	건수	면적	건수	면적
1985	7,304	96,885	122	216	3,977	43,471	2,850	51,547	355	1,651
1990	8,513	113,02,6	770	1,206	4,292	40,071	2,779	68,428	672	3,266
1995	8,770	108,762	1,335	2,234	4,397	40,365	2,467	62,807	551	3,356
2000	8,465	121,980	741	3,346	4,813	43,599	2,584	73,902	327	1,132
2001	8,554	122,218	662	2,256	5,036	46,171	2,259	70,201	597	3,590
구성비	(100.0)	(100.0)	(7.7)	(1.8)	(58.8)	(37.8)	(26.4)	(57.4)	(7.1)	(3.0)

주 : 어류(넙치, 조피볼락, 숭어, 농어 등), 패류(굴, 피조개, 바지락, 고막, 홍합, 가리비 등), 해조류(김, 미역, 다시마 등), 기타(새우, 우렁쉥이, 갯지렁이, 해삼 등).

자료 : 해양수산부, 해양수산통계연보, 각 연도.

<표Ⅵ-41> 면허주체별 양식어장 면적 추이

(단위 : 건, ha)

구 분		1985	1990	1995	2000	2001	구성비
합 계	건수	7,304	8,513	78,770	8,462	8,554	100.0
	면적	96,885	113,026	106,912	121,973	122,218	100.0
수협·어촌계	건수	3,365	4,218	4,294	4,908	4,833	56.5
	면적	58,350	78,698	76,034	95,738	96,498	78.9
개인·협업·영어조합	건수	3,939	4,295	4,476	3,554	3,721	43.5
	면적	38,535	34,328	30,878	26,235	25,720	21.1

자료 : 해양수산부, 내부자료, 각년도.

<표Ⅵ-42> 양식품종별 생산량

(단위 : 천M/T)

구분	1985	1990	1995	1999	2000	2001	생산성 (MT/ha)
합계	788(100.0)	773(100.0)	997(100.0)	959(100.0)	919(100.0)	891(100.0)	7.3
어류	-	-	-	90(9.4)	91(9.9)	95(10.7)	42.1
패류	369(46.8)	326(42.2)	312(31.3)	354(36.9)	370(40.3)	368(41.3)	8.0
해조류	398(50.5)	412(53.3)	649(65.1)	492(51.3)	446(48.5)	409(45.9)	5.8
기타	21(2.7)	35(4.5)	39(3.7)	23(2.4)	12(1.3)	19(2.1)	5.3

주 : 생산성은 2001년 기준 양식어장면적당 생산량(생산량/면허면적)임.
자료 : 해양수산부, 해양수산통계연보, 각 연도.

78.9%가 집중해 있고, 나머지 21.1%는 개인과 영어조합 등이 보유하고 있다.

(2) 양식 품목별 생산

품목별 양식생산량은 <표Ⅵ-42>에서 보는 바와 같이 2001년 기준 해조류 양식 생산량이 49.5%로 가장 많고, 해조류 양식 생산량은 41.3%, 어류의 생산량은 10.7%, 기타 어종양식 생산량이 2.1%이다.

어류 양식 생산량은 90년대 초반까지만 하여도 소량이었으며, 전체 양식업 구조상에서 일정한 비중을 점할 정도도 아니었다. 그러나 90년대 말부터 이의, 양식 생산량은 전체 양식 생산량의 10%대로 육박했으며, 생산성도 패류나 해조류 양식에 비해 무려 5~8배나 높게 나타나고 있다.

2) 양식업의 경제적 특성

첫째, 어업에 비하여 생산의 불확실성 또는 위험성을 상당수준 완화할 수 있다. 어업은 대상 어업자원이 해황에 따라 변동이 매우 크지만 양식업은 자연생태계에 대한 인위적인 통제가 어느 정도 가능함으로 그만큼 생산에 있어서 불확실성을 경감 시킬 수 있는 것이다.

둘째, 양식업은 수면을 입체적으로 이용함으로써 단위생산성을 높게 유지할 수 있다. 어종에 따라 다르지만, 현재의 기술수준으로도 2001년 기준 어류양식은 헥타당 평균 42톤 생산이 가능하다. 여기에 비해 패류양식은 헥타당 8톤, 해조류 양식은 5.8톤 생산에 불과하다.

셋째, 어업은 어선을 이동하면서 어획하는 산업이지만 양식업은 양식시설에 의한 기르는 어업으로서, 그 만큼 생산에 대한 에너지 소비가 적고 직접 관리가 가능하다. 따라서 최근의 고 유가 시대에서는 바람직한 수산분야라 할 수 있을 것이다.

넷째, 내수면 양식의 경우는 현 단계로서는 거의 가치 없는 자원으로 되어있는 농토를 이용가치가 높게 효과적으로 이용 할 수 있을 뿐만 아니라 품종에 따라서는 상업적 양식과 유어 양식의 복합으로 농업과 내수면 양식의 양립이 가능하다.

다섯째, 어장탐색을 위한 노력이 불필요하며, 생산관리를 통해 계획생산이 가능하므로 최종 소비자 요구에 대응한 시장생산이 가능하다.

여섯째, 생명공학 등 첨단기술의 활용이 가능하여 생산물의 품질제고와 생산 능력의 획기적인 개선을 가져올 수 있다.

3) 양식업 경영형태

양식업 경영은 ① 양식대상, ② 양식기술수준 , ③ 양식장 이용방식, ④사료사용기준, ⑤ 양식시설소재, ⑥ 양식과정의 결합기준, ⑦ 양식경영의 성격 등에 따라 그의 형태를 다양하게 분류할 수 있다[86].

(1) 양식대상 기준

가장 일반적인 양식업경영형태의 분류방식은 양식대상생물을 기준으로 한 분류방식이

86) T.V.R Pillay, Aquaculture Development, Fishing News Books, 1994, p.97.

다. 양식업 경영의 최대 관심사는 어떠한 양식품목을 선택하는 것이 가장 유리한가 하는 것인데, 여기에 품목 선택 기준으로 중요한 것을 들면 다음과 같다[87].

① 사회적 수요가 많고, 경제성이 있는 품목
② 성장률이 빠른 품목
③ 환경변화에 잘 적응하며, 질병에 강한 품목
④ 종묘확보가 가능한 품목
⑤ 사료확보가 가능한 품목

우리나라 수산업법 제8조에서는 양식대상을 기준으로 양식업의 종류를 다음과 같이 4 종류로 법정화 하고 있다.

① 패류양식경영
- 바닥식 양식(bottoms culture)
- 수하식 양식(hanging culture)
- 탱크식 양식(tanks fish farming)

② 해조류양식경영
- 건홍식 양식(spreading level of hibi)
- 부류식 양식(floating twig culture)
- 수하식 양식(hanging culture)

③ 어류양식경영
- 축제식 양식(pens culture, enclosures culture)
- 지중식 양식(ponds culture)
- 가두리식 양식(cage culture)-조립식가두리, 교각형가두리, 원형가두리
- 뗏목식 양식(raceway culture, raft culture)
- 순환여과식 양식(recycling fishing farm)

④ 기타양식경영 - 새우, 우렁쉥이, 자라, 해삼, 등의 양식

(2) 양식 기술 기준

양식기술은 그의 성격과 내용을 어떻게 파악하느냐에 따라 여러 가지로 이해 할 수 있

87) 양재목 외 7인, 수산학개론, 도서출판 집현사, 1995. pp.225-236.

으나 수산생명체를 인위적으로 유지하고, 그의 생산과 재생산 과정을 사전에 예측하면서 계획적으로 이를 해명하는 지식과 기술로 정의된다. 보다 구체적으로는 <표 VI-43>과 같이 양식기술은 여러가지 생물지식과 양식방법으로 구성된 복합적 양식기술 시스템으로 이해할 수 있을 것이다. 이러한 양식 기술시스템은 크게 6개 부문기술로 구성되며, 그리하여 양식생산성의 증대, 품질의 향상 및 생산요소의 절약이라고 하는 3대 기능을 수행하면서 양식경영 효과를 높이는 데 기여한다.

따라서 양식 시스템은 총체적 양식기술 시스템 중 주로 양식생물의 생산 과정에 있어서 중추적 역할을 담당하는 部分養殖技術에 해당한다. 간단히 말해 양식의 施設形式 또는 養殖方法을 가리키는 것도 양식기술인 것이다.

양식경영이 어떠한 양식기술시스템을 채택하는가에 따라 양식경영의 규모와 형태, 그리고 기술보급의 범위와 속도는 다르게 나타난다. 어류양식업의 발전과정에서 보면, 양식기술의 채택문제는 소규모 자본의 참여가능성, 다수 어민의 참여확대, 계획적 생산 가능성, 시설의 구입과 설치의 간편성, 생산효율이 높은 것, 태풍 등 기상변동 시에 시설의 안정성 등이 중요한 기준이 되고 있다.

그러므로 양식어장면적을 넓게 점하면서 시설에 많은 자본을 필요로 하는 양식법 보다는 가두리 양식이나 육상 수조식 양식시스템이 양식 산업을 주도하게 되는 것이다. 이러한 양식기술과 그 변화에 초점을 두고 구분하는 양식경영 형태는 다음과 같다.

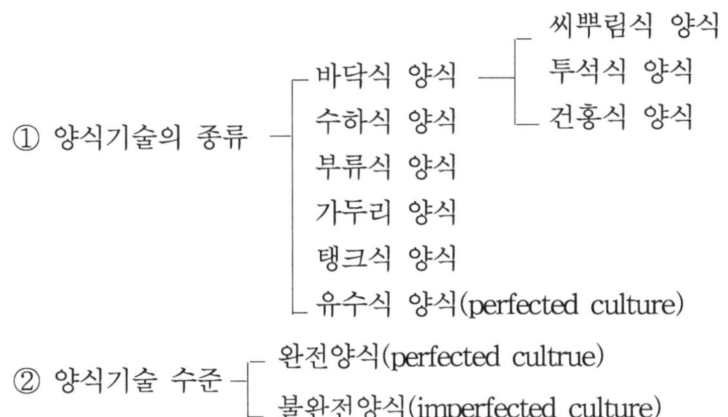

(3) 양식요소 결합 방법

어장, 노동 및 자본 등의 양식경영 요소를 결합하는 경제적 방식에 초점을두고 구분하

<표 Ⅵ-43> 양식기술시스템의 구성과 기능

양식기술시스템		기 능		경 영 효 과		
1. 생물생태학 2. 종묘의 생산기술 3. 사료의 영양개발 4. 사육기술 5. 어병진단 및 대책 6. 양식시스템의 개발	⇒	1) 생산성향상 2) 품질향상 3) 생산요소의 절약	⇒	1) 계획적 생산 2) 성과보장 3) 경영안정	⇒	경영발전

는 양식 경영 형태에는 다음의 3가지가 있다.[88)]

① 조방적 양식(extensive aquafarms)

② 반집약적 양식(semi-intensive aquafarms)

③ 집약적 양식(intensive aquafarms)

위에서 ①은 투석식, 살포식, 축제식, 수하식 등 저밀도양식(low-density culture)과 무급이양식업이 여기에 속한다. 통합양식의 대부분은 조방적 생산체계로 이루어지며, 또한 이들 형태는 대부분이 노동집약적이어서 상대적으로 넓은 토지면적 또는 수면적을 요한다.

②는 조방적, 집약적 두 양식방식의 중간형태이며, ③은 가두리식, 뗏목식, 육상수조식, 순환여과식, 급이양식 등 고밀도 양식(high-density culture)이 여기에 속한다. 집약적 양식은 복합양식(integrated aquafarms)과 어류, 새우 등 고부가가치어종(high valued species)을 주 대상으로 하는 자본집약적 양식체계로 되어 있어, 이러한 고밀도 양식시설을 필요로 한다. 여기에는 해상 가두리 탱크 및 육상수조 등이 있다.

(4) 사료사용여부

① 무급이양식(farm based non-feedings)

② 급이양식(farm based feedings)

88)Yung C. Shang, Aquaculture Economics : Basic Concepts and Method of Analysis, Westriew Press, Inc., 1981, p.13.

①은 패류, 조류, 기타수산동물의 조방적 양식(extensive aquaculture)으로서, 사료가 필요 없으며, 자연생산력을 이용하는 양식이다.

②는 어류 및 기타수산동물양식으로서, 주로 사료(food)나 비료(fertilizer) 등을 사용하여 양식하는 방법이다. 이러한 급 이양식은 모든 양식시설과 어장 및 경영요소를 집약적으로 결합하여 고밀도로 양식하기 때문에 사료, 비료, 영양제, 화학약품 등 인위적인 생산력이 많이 사용되며, 이 점에서 고비용 양식(high expensive culture)형태를 띠게 된다.[89]

한편, Phillay(1994)는 종묘생산기술과 양식공정의 인위적 통제 수준 양면을 중심으로 불완전양식과 완전양식의 두 양식형태로 구분한다.[90] 전자는 자연종묘 또는 자연채묘에 의한 양식을 말하며, 패류와 조류양식은 여기에 속한다. 후자는「인공부화-종묘의 인공생산-양성-관리-채취」전 과정을 인위적 통제 하에 두는 양식을 말하며, 우리나라 어류양식은 현재 대부분이 이 단계에 거의 이르고 있다. 이 점에서 종묘의 인공부화, 대량생산, 사료개발, 양성기술 등에 관한 생물학적 연구와 고도의 양식기술개발 및 장기적 경험의 축적 등은 완전 양식 분야의 확대에 크게 기여 할 전망이다.

(5) 양식시설 장소 중심

① 해면양식(open-water farming)

② 육상양식(land-based farming)

위에서 ①은 투석식, 살포식, 수하식, 건홍식, 가두리식, 복합양식 등이 여기에 속하며, 다시 이것은 천해 양식과 심해 양식으로 구분된다. ②는 수조식, 순환여과식, 탱크식, 지중양식 및 통합양식을 통해 주로 행해나가는 양식이다.[91]

(6) 양식과정의 결합방식 중심[92]

①통합양식(integrated cuture) - 수직적 통합양식, 수평적 통합양식

② 복합양식(polyculture) - 다품종 양식, 입체식 양식

③ 단일양식(monoculture) - 단일품목 양식

---

89) T.V.R.Pillay, op.cit.

90) Ibid, pp.49-58.

91) lbid, pp.78.

92) Ibid, pp.78-79.

Pillay(1994)는 양식대상 품목과 양식과정의 결합시스템(farming systems)을 기준으로 하여 양식경영을 위의 3형태로 구분하고 있다. 이 가운데서 ①의 통합양식이란 양식과정과 양식 요소를 하나의 양식주체가 통합하여 행해 나가는 양식시스템이며, 다시 이것은 수직적 통합양식과 수평적 통합양식으로 구분하고 있다. 수직적 통합양식은 종묘생산, 양성, 사료생산, 시장판매 등의 과정을 하나의 양식조직에 집중시켜 조직적, 통일적으로 수행하는 양식경영시스템을 말한다. 수평적 통합양식은 종묘생산, 사료생산, 양성 및 시장판매 등에 이르는 제 활동을 별도의 양식조직으로 분산(decentralization)시켜, 독립적, 전문적으로 수행하는 양식경영시스템이다.93)

②는 동일 양식어장이나 양식시설 내에 다품종양식을 하는 것으로, 우리나라 수산업법 제8조에 규정하고 있는 「양식장의 특성 등을 고려하여 패류양식에 한해 대상품목을 2종 이상 복합적으로 양식할 수 있다」라는 내용은 이러한 복합양식의 법정화라 볼 수 있다. 또 다른 복합양식으로는 양식품목별로 ㉠ 상층양식, ㉡ 중층양식, ㉢ 하층양식으로 양식시설을 집약하여 양식하는 방법이 있다. 복합양식은 고밀도양식의 최고수준이라 할 수 있으며, 한정된 양식 어장에서 최대의 생산 효율을 목적으로 할 때 이 같은 양식시스템을 필요로 한다.

③은 단일 전문양식을 말하는데, 구체적으로는 보다 생산성이 높고, 더 경제적인 단일의 양식품종을 대상으로 양식자본과 기술을 여기에 집중시키는 양식방법이다.

(7) 생산전략 중심의 분류

① 생산지향적 양식(production-oriented aquaculture)

② 시장지향적 양식(market-oriented aquaculture)

①은 생물학적 특성에 기초한 생산지향적 양식(production-oriented aquaculture)이다. 이 단계는 수산시험연구 결과를 양식생산에 단순히 적용시킨 데 불과하며, 양식업에 대한 투자의 경제성이나 기회비용과 같은 것은 크게 문제삼지 않는 비상업적 양식단계이다. 이것은 양식산업의 초기단계(traditinal aquaculture)에 해당하는 것으로, 양식물에 대한 소비자들의 수용성, 시장가격 및 시장개척 등은 부차적인 문제이며, 오직 양식기술의 산업화 가능성만이 최대의 관심사가 된다.

그러나 ②는 ㉠ 시장지향적 양식(market-oriented aquaculture), ㉡ 계약양식(contract

93) Ibid, pp.78-79.

farming), ⓒ 환경친화적 양식(environment-friendly farming)으로 다시 구분되며, ㉠은 또 ⓐ 조기생산전략, ⓑ 장기생산전략, ⓒ 출하형 양식전략, ⓓ 소비자중심의 양식전략(consumers-oriented aquaculture) 등으로 세분화할 수 있다.

예를 들어, 일본의 방어양식에 있어서 상품화단계를 보면 1마리당 400g 전후에서 시작하여 최대 5-7㎏ 전후까지 4단계를 갖는데, 1단계는 3-4개월 양성하여 400g 크기의 중간종묘로 상품화하는 양식이며, 2단계는 6개월정도 양성하여 마리당 1㎏ 크기의 1년어 생산물을 집중 출하하는 양식이다. 이것을 조기생산전략이라 한다. 3단계는 다시 이로부터 마리당 3-4㎏까지 더 양성하여 출하하는 단계이며, 마지막 4단계는 2년 이상 장기간 양성하여 마리당 5-7㎏ 크기의 대형 상품으로 만드는 생산전략이다. 이 단계를 장기생산전략이라 한다.

장기생산전략(長期生産戰略)은 다른말로는 다년어 생산체제라고도 하는데, 이러한 장기생산전략은 양식기간이 길어, 그로 인한 과다한 사료비 지출 등 많은 운전자금을 필요로 한다. 그렇지만 기대되는 효과로서는 첫째, 집중출하에 따른 어가 하락의 방지 둘째, 업무용 어류수요94)에 대응하여 중량이 클수록 단위당 어가를 유리하게 유지할 수 있는 이점 셋째, 종묘 구입난으로부터의 해방이라고 하는 경영상의 이점이 있다.

한편, 연중출하를 목표로 양식종묘의 사육기간과 방양시기를 다양하게 선택하여 여기에 적합한 종묘크기와 방양시기 및 양식공정을 조절하면서 계획적인 양식을 해 나가는 것을 출하형 양식전략이라 한다. 그리고 양식물의 규격, 질, 맛, 색택, 종류 등을 소비자 취향에 맞추어 양식하는 것이 소비자 중심 양식 전략이다.

이상의 내용가운데서 생산지향 양식과 시장지향 양식의 두 생산공정을 비교해 보면 <그림 Ⅵ-9>와 같다.

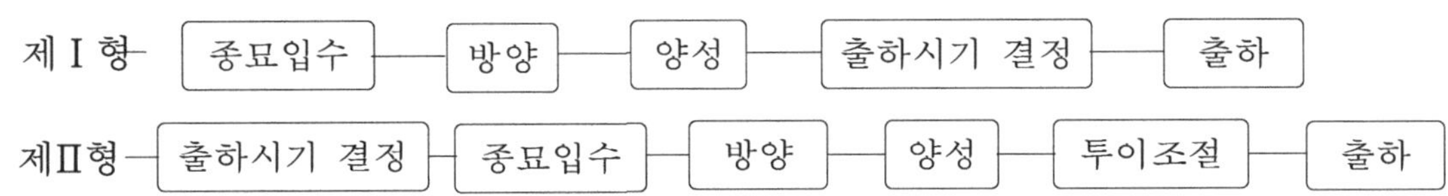

<그림 Ⅵ-9 >생산지향 양식과 시장지향 양식의 공정비교
(Ⅰ형: 생산지향형, Ⅱ형: 시장지향형)

94) 업무용 어류수요란 어류의 최종수요가 아닌 그 직전 단계의 수요를 가리키는 것으로, 예를 들어 식품가공용, 생선 횟감용, 생선 초밥용 또는 한 마리를 몇 개의 토막으로 나누어 판매하는 분할판매용 등으로 소비되는 어류상품을 가리킨다.

(8) 양식경영의 성격중심[95]

양식경영의 목적이 가족 생계를 위한 어가소득 목적에 두어지는가, 그렇지 않으면 영리목적의 기업적 양식인가에 따라 가족양식과 기업적 양식으로 구분되며, 또 양식기술이 생물성장의 자연주기 안에 한정되는 지, 반대로 이를 극복하는 지에 따라서 단속적 양식과 연속적 양식으로도 형태구분을 할 수 있다.

① 가족양식(family farming) - 패류, 조류, 기타어종의 소규모양식

② 기업적 양식(commercial aquaculture) - 어류양식, 기타어종양식, 복합양식

③ 단속적 양식(seasonal farming) - 계절적 양식

④ 연속적 양식(continuous farming) - 연중 양식, 복합양식

위에서 ③은 생물성장의 자연주기를 벗어나지 못하는 양식단계를 가리키는 것으로, 그 때문에 양식 생산에 적합지 못한 어한기(season off)에는 양식생산이 중단되며, 시설의 경제적 이용이 불가능하다.

그러나 ④는 생물성장의 자연주기에 관계없이 연중생산이 가능한 양식이다. 다종복합양식 또는 치어와 중간종묘를 번갈아 가면서 양식하거나 여러종의 양식대상 생물을 선택적으로 결합하는 방양체계(stocking system)의 변환을 통해 생산의 계절성을 과학적, 인위적, 전략적으로 극복해 나가는 것이 연속적 양식(連續的 養殖)이다. 이것은 연중 계속해서 양식물을 생산하고 수익을 올릴 수 있으므로 기업적 양식경영의 전제조건이 된다.

4) 양식경영의 경제 분석

양식업을 합리적으로 경영하기 위해서는 과학적인 방법을 통해 의사결정을 해나가야 한다. 즉, 앞으로 양식어장을 추가로 개발할 것인가·아닌가, 개발한다면 얼마나 할 것인가 하는 국가적 차원의 의사결정은 물론, 양식업에 참여하는 개별 경영체에 있어서는 어떤 품종을 양식할 것인가, 그리고 양식시설규모를 얼마로 할 것인가 하는 개별적인 의사결정에 이르기까지 해결해야 할 문제가 많다.

지금까지는 국가차원이나 개별 양식어업자 차원에서 이러한 의사결정을 함에 있어서 기술적인 요소가 주된 고려사항이었으며, 경제적 분석은 거의 소홀히 이루어져 왔는데, 이것은 양식업의 경제분석에 필요한 방법론이 제대로 확립되어 있지 않은데서도 주원인

95) T.V.R.Pillay, op .cit, p.78, 101.

이 있다고 볼 수 있다.

이러한 과정에서 미국의 경제학자 Shang은 1981년과 1990년에 "양식경제분석이라는 저서를 연속 보급하면서 양식업에 대한 경제 분석을 시도하고 있는데, 여기에서는 Shang이 제시하고 있는 양식업의 대표적인 경제 분석방법을 소개하고자 한다.

(1) 비용·수익 분석

비용·수익분석은 일반적으로 양식어장 운영의 경제성 또는 양식성과를 평가하는데 사용하는 분석방법이다. 이 분석방법은 양식방법 선택 또는 양식장의 규모 및 위치를 결정하는데 있어서 활용할 수 있으며, 크게 다음의 세 단계를 거쳐 진행된다.

첫째, 생산비분석이다. 생산비는 다시 고정비와 변동비로 나누며, 고정비는 글자 그대로 생산량에 따라 크게 변하지 않는 비용으로서 초기투자비용에 대한 이자, 양식장 임차료(해당되는 경우에 한함), 세금(면허세 포함), 감가상각비, 상시고용인건비 등을 들 수 있고, 변동비는 양식활동과 양식생산량에 비례하여 나타나는 금전적 지출이다. 이때 주의할 것은 자기 자본이나 자기자산을 투자했을 경우 기회비용을 고려해야한다.

기회비용(機會費用)이라 함은 어업자가 양식에 자본이나 자산을 투자함으로써 그것을 타용도에 쓰지 못하게 되는데 따른 희생된 소득에 해당하는 경제가치이다. 또한 감가상각비는 정액법 또는 정률법에 의해 계산할 수 있는데, 어떤 방법을 사용하더라도 큰 문제가 없다. 한편, 변동비는 생산수준에 따라 변동되는 비용이므로 사료비, 약제비, 임시고용임금, 단기이자 등을 여기에 포함시킨다.

둘째, 총수익분석이다. 이것은 일정 기간 생산한 양식 생산물중량에 가격을 곱하여 구할 수 있는데, 총생산량은 현금은 물론, 외상으로 판매된 수량까지 모두 합쳐야 한다. 이때 한가지 유의할 사항은 장기적인 관점에서 계속 양식을 한다고 가정한 위에서 재고가치의 변화를 고려해야 한다.

셋째, 경제성분석으로서, 이것은 앞에서 제시한 양식비용 및 수익자료를 가지고 다음과 같이 여러 측면에서 다양하게 분석해 나간다.

① 투입요소 생산성(어장 또는 토지, 노동, 자본, 사료 등)

② 산출단위당 생산량

③ 순이익(총수익-총비용)

④ 자본투자수익률

(2) 부분예산 분석

이것은 양식을 하는 과정에서 생산분야에 부분적인 변화를 주어야 할 때 이것이 바람직한가, 아닌가를 분석하는 것이다.

즉, 새로운 양식기술이나 새로운 설비를 도입 또는 추가한다던지, 현재 양식시설을 보완 및 수리하는 것 등이다. 예를 들면, 육상양식업경영에 있어서 경쟁력 제고를 위해 지수식 양식시스템을 고밀도의 순환 여과식 양식시스템으로 전환코자 할 경우 이러한 분석방법은 매우 유용한 방법이 된다. 이때 다음과 같은 절차를 거쳐 분석해 나간다.

첫째, 변화로부터 나타나는 모든 수익을 알아내고 계량화 한다.

둘째, 변화로부터 발생하는 모든 비용을 알아내고 계량화 한다.

셋째, 이러한 수익과 비용의 변화를 서로 비교하여 수익이 비용보다 클 때 이를 수용한다.

(3) 현금흐름 분석

이것은 양식경영자가 대외 지불시점에 있어서 지불의무를 수행할 능력이 있는가 없는가를 평가하는데 사용된다. 일반적으로 사업이 잘 운영되어 수익을 올리고 있는데도 불구하고 현금의 흐름이 원활하지 못하여 소위 “흑자도산”의 위기에 처할 수도 있기 때문이다. 현금 흐름 분석시에는 현금유입, 현금유출 외에 금융상황을 동시에 고려할 필요가 있는데, 재고증가 등 비현금 수입과 감가상각비와 재고감소 등 비현금지출을 고려하지 않을 때에는 중요한 문제점이 발생한다.

(4) 생산함수 분석

이것은 양식 생산과 이윤에 미치는 요소들의 상호관계를 고려하고, 산출(생산)과 투입요소(설명변수)와의 물리적, 한계적 관계를 예측하는데 그 목적이 있다. 다시 말해, 양식생산에 어떤 생산요소가 어느 정도로 영향을 미치는 가를 파악함으로써 합리적인 의사결정을 가능케 한다.

생산함수 분석을 위해서는 필요한 산출 및 투입에 관한 자료를 수집해야 하는데, 이들 변수는 표준화되고, 질적으로 동일해야하며, 특정 기간에 사용되는 것이어야 한다. 그리고 실제 분석을 함에 있어서는 통상 콥-더글러스(Cobb-Douglas)생산함수 등이 이용되며, 회귀분석을 할 때에는 그 결과에 대해서 몇 가지 검증을 거쳐야 한다.

이러한 절차는 모두 개인용 컴퓨터를 이용하여 쉽게 처리 할 수 있으며, 분석결과는 개인의 의사결정 외에도 국가적 차원에서 양식품종별 양식장개발 등을 결정하는 데 있어서 유용하게 활용할 수 있다.

(5) 선형계획

이것은 주어진 자원의 제약 하에서 이윤을 최대로 하거나 비용을 최소화하는 양식물 생산방식을 결정하는데 사용된다. 따라서 이 방법은 둘 이상의 품종을 양식하는 개별 양식 경영에 있어서나 국가적 차원에서 바람직한 품종별 양식어장 개발 계획을 수립하는데도 유용하게 활용될 수 있다. 실제 양식업계에서는 정부에서 지역별, 품종별 적정규모를 산정, 제시해 줌으로써 과잉투자를 예방하고 건전한 발전이 가능토록 해줄 것을 많이 요구하고 있는데, 이때 이 분석방법은 유력한 수단이 될 수 있다.

이러한 분석을 위해서는 자원의 한계를 나타내는 제약식을 먼저 설정하고, 이윤최대 또는 비용최소 목표를 정한 후(어떻게 목표를 정하든 그 결과는 같다) 목적식을 설정하여 그래프나 수작업 또는 컴퓨터를 이용하여 계산 할 수 있다.

(6) 위험과 불확실성 분석

양식업은 그 과정에서 많은 위험과 불확실성을 내포하게 되는데, 통상 이러한 불확실성(不確實性)은 관리 부주의나 가격변동 등 외부시장 요인 외에도 최근에는 적조등 해양환경의 변화로 인한 재해에 의해 더 큰 영향을 받고 있다. 이러한 자연재해는 어류나 패류, 기타 수산동물 할 것 없이 전체 양식품종에 걸쳐 발생하고 있는 것이 중대한 문제이다.

따라서 이러한 양식위험과 경영상의 불확실성에 대응하기 위한 목표치로서의 기댓값은 여러 가지로 설정할 수 있다. ①관측치의 단순평균값, ②관측치 별로 경영자의 가중치를 부여하여 가중평균한 값, ③결과에 확률을 곱하여 구한 값 등이 있을 수 있다. 이 밖에도 평균값을 기준으로하여 상하의 표준편차를 고려하는 방법(즉 이 범위의 값을 가질 확률), 변동계수(표준편차/기대값)를 이용하는 방법 등이 있다.

Ⅶ. 어업생산관리

1. 어업생산관리의 내용

1) 생산관리의 의의

(1) 생산형태와 생산관리

생산이란 노동력, 원자재, 기계, 기술 등의 생산제요소를 결합하여 최종적으로 기업이 목표로 하는 품질수준의 제품을 산출하는 생산요소의 변환과정(transformation process)이다.

이러한 생산형태에는 기본적으로 첫째, 자연물을 그대로 채취하는 것으로 끝나는 수산업, 농업, 임업, 광업 등과 같은 1차 산업이 있는가 하면 둘째, 자연생산물을 원료나 소재로 하여 제품을 가공, 제조하는 2차 산업(제조업)과 셋째, 1, 2차 산업의 생산물을 운반, 보관, 판매하는 3차 산업의 3형태가 있다. 그러나 생산의 실제 형태는 이보다 훨씬 더 복잡한데, 그 내용을 들면 다음과 같다.

① 자연물의 채취 생산 —— 1차 산업: 농업, 수산업, 임업, 광업
② 자연물의 육성 생산 —— 1차 산업: 농업, 축산업, 임업, 양식업
③ ①, ②를 원료 또는 재료로 하는 제품 생산—— 2차 산업: 제조업, 가공조업, 건설, 토목업
④ ①, ②, ③의 생산물을 보관, 운반, 판매하는 서비스업 —— 3차 산업 : 유통업 보관, 운수업
⑤ ①, ②, ③, ④의 활동을 촉진, 지원하는 서비스업 —— 3차 산업 : 금융, 보험업 정보통신, 관광·레저산업

이 가운데서 지금까지 현대적 생산관리의 주된 대상은 ③의 산업생산 활동에 한정되어 왔다. 이 생산형태는 제조공정을 인위적으로 통제할 수 있어, 계획적인 생산관리가 가능하기 때문이다. 또한 ④, ⑤의 생산형태에 대해서는 최근에 생산관리에 맞먹는 마케팅관리를 통해 그의 운영을 커버(cover)해 나가고 있다.

따라서 위의 5대 생산형태 가운데서 ①, ②의 생산에 대해서만 지금까지 생산과정의 인

위적 통제가 곤란하고, 공정의 분화가 명확하지 않다는 점을 이유로 하여 현대적 생산관리 개념에서 제외되어왔다.

그러나 T. E. Vollman(1973)은 이러한 생산관리연구에 대해 비판론을 제기한바 있다. 위의 5대 생산형태 모두가 비록 차이는 있지만 엄밀히 관찰하면 최종 산출물을 얻기까지는 필요한 여러 가지 생산요소가 투입되어야 하고, 또 몇 단계의 생산공정이 반드시 존재한다는 사실과 현대에 와서는 여러 가지 복잡한 시설과 많은 자재를 투입하지 않고는 농수산업과 같은 1차 산업도 실제 성립이 불가능하다는 점을 들어 현대 생산관리 이론의 적용을 강조하고 있다.

그러므로 공업생산을 포함한 모든 생산형태는 현대적 생산관리의 대상이 될 수 있고, 또 그와 같은 생산관리개념에서 이들 산업의 생산과정을 면밀히 관찰할 필요가 있다는 것이 Vollman(1973)의 지적이다.96)

따라서 광의의 생산관리 영역에는 모든 생산형태를 다 포괄할 수 있어야 하며, 금후의 생산관리연구는 지금까지 소홀하게 취급되어온 다른 산업분야에 대해서까지 연구를 확대, 집중 하는 것이 생산관리 연구자들의 새로운 임무 일 것이다.

(2) 어업생산관리의 의의

어업생산관리란 <그림 Ⅶ-1>에서 볼 수 있는 바와 같이 수산경영의 중심 직능인 수산물 생산활동의 합리화와 능률화를 목표로 하는 수산경영직능의 하나이다. 다시말해 해상의 어로작업이나 양식과정 뿐만 아니고, 육상에 있어서 수산물 생산을 위한 자재 조달과 출어 준비 등 수산물 생산관련의 제 과정을 사전에 예측하고, 계획하여 수산물생산 목표를 원활하게 통제해 나가는 것을 기본직능으로 하는 것이 수산경영의 어업생산관리인 것이다.97)

수산경영 목적의 효과적 달성을 위해서 어업생산의 제 과정을 예측하여 이를 사전에 계획하고, 실제의 생산활동을 통해 계획적 생산과정 하나 하나를 통제해 나가는 이와 같은 어업생산관리가 갖는 의의는 다음 4가지 점으로 요약할 수가 있다.

① 생산목표의 원활한 달성

96) T. E. Vollamn, Operation Management, Addison-Wesley Publishing Co., 1973.
97) 여기서 어업생산의 제 과정에 대해서는 본문 p.194 참조.

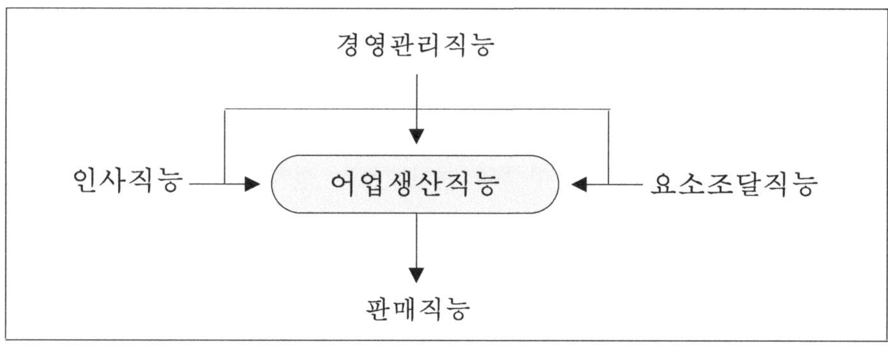

<그림 Ⅶ-1> 수산경영의 직능체계

수산경영 목적(이익)을 위한 수산물생산목표에는 생산수량, 생산품질, 생산시기, 생산원가 등이 있으며, 어업생산관리는 이러한 생산목표의 원활한 달성을 촉진하고 가능케 한다.

② 저렴한 생산비의 실현

어업생산관리의 기본과제는 수산경영 성과의 증대, 각종 어업생산 자재와 물자의 절약, 노동력의 절약, 시간의 절약 및 선박과 시설물의 가동율 향상을 꾀하는데 있으며, 궁극적으로는 이러한 어업 생산관리를 통하여 수산물 생산의 단위당 원가를 절감 시키는데 기여 한다.

③ 생산활동의 안전과 생산물의 적기 공급

어업생산관리는 식품으로 공급되는 수산물의 안전성을 유지하고, 생산물의 출하시기를 조정하며, 그 실천을 가능하게 하는 역할을 담당한다. 이를 위해 선내 어획물 처리와 보관 및 수송을 책임지며, 양식업의 경우는 사료 및 영양관리, 투이 관리, 어류에 대한 세균 및 질병관리 등을 생산관리 영역으로 한다.

④ 생산 합리화 원리의 개발

생산의 합리화 원리란 다음의 3가지 개발 내용을 가리키는데, 철저한 어업생산관리는 종국적으로 어업생산에 있어서 이 3가지 생산의 합리화 원리를 개발하여 생산효율을 증진하고 원가절감을 실현시키는데 있다.

가. 표준화(standardization) - 치어·치패의 규격화, 최종양식물의 균등화, 어구·어법및 어로공정의 표준화

나. 단순화(simplification) - 부품과 생산요소의 절약, 낭비억제, 기계화, 자동화 추진

다. 전문화(specialization) - 어업 및 양식 생산기술의 특화, 생산업종의 전문화

(2) 어업생산관리의 내용

그렇다면 구체적으로 어업생산관리의 대상에는 어떠한 내용이 포함될 수 있는가가 주된 관심사라 할 수 있겠는데, 여기에는 크게 수산물 생산을 위한 투입관리, 생산공정관리 및 최종 생산물의 산출관리라고 하는 3대 과정이 포함되며, 산출관리에는 생산물의 처리와 품질관리 및 수송계획까지 포함된다. 이러한 어업생산관리의 보다 구체적인 내용을 살펴보면 <그림 Ⅶ-2>와 같다.

첫째, 투입관리에는 ① 수산물 수요예측을 포함하여 ② 어업생산계획이 포함되며, 둘째 공정관리는 ③ 조업계획과 ④ 작업관리를 통해 이루어지고, 마지막으로 산출관리는 ⑤ 어획관리와 생산물 관리를 통해 생산과정이 전반적으로 운영 및 통제 된다. 이러한 어업생산관리의 내용을 한편으로는 어업생산관리의 대상 또는 생산관리의 요소라고도 한다.

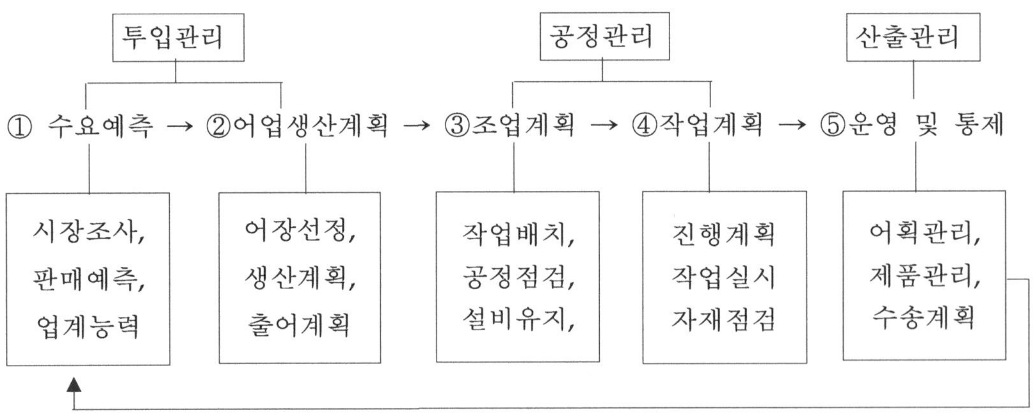

<그림 Ⅶ-2> 어업생산관리의 내용

2. 생산계획과 정보

1) 생산계획의 정보

생산관리의 출발점은 생산계획이며, 생산계획은 당해 기업제품에 대한 수요예측으로부터 시작된다.

경영자는 당해 기업이 일정한 기간 안에 어떠한 종류의 제품을 어느 정도의 품질 수준으로 생산 할 것인가를 미리 예측하고, 계획하여 이를 토대로 하여 생산능력의 결정과 생산요소의 조달을 포함한 생산실행계획을 수립하고, 아울러 시장출하 계획까지 수립하여야 한다. 이러한 내용을 포함한 기업의 계획을 생산계획(production planning)이라 한다.

다시 말해, 어떠한 제품을, 얼마만큼 생산하여, 언제까지 이것을 시장에 공급할 것인가에 대한 내용을 포함하는 계획이 생산계획이다.

생산계획을 수립하는데 있어서는 먼저 당해 기업의 생산활동과 관련된 기술 또는 중요한 정보를 광범위하게 수집하고, 제품수요를 예측한 다음, 이러한 분석자료를 기초로하여 생산계획을 수립하여야 한다.

생산계획수립을 위한 정보내용으로서는 ① 기업내 정보로서 ㉠ 현재의 작업능력, ㉡ 재고수준, ㉢ 생산요소 확보상태 등이며, ② 기업 외의 정보로서는 ㉠ 관련산업의 제도, ㉡ 경쟁업체의 동향, ㉢ 원자재 수급시장, ㉣ 자사제품의 시장수요, ㉤ 관련 기술정보, ㉥ 국내외의 경제사정 등 6가지를 들 수 있다. 이 가운데서 가장 핵심정보는 당해 제품에 대한 시장수요이다.

2) 수요 예측방법

제품에 대한 수요예측(demand forecasting)은 해당 기업의 생산수량계획과 판매예측에 관한 정보분석을 토대로 하여 실시해 나가는데, 여기에 대한 예측방법으로서는 계량적 기법과 정성적 기법의 두 가지 상반되는 방법이 있다.

정성적 기법은 계량화할 수 없거나 통계자료 준비가 어려운 경우에 주로 사용되며, 경영자나 전문가의 의견이 중요한 예측 자료로 활용된다. 그러나 이것은 주관성이 개입될 가능성이 크므로 객관적인 수요예측방법은 계량적 기법이라 할 수 있는데, 여기에는 다음과 같은 것이 있다.

(1) 의견분석법

정성적 기법의 하나로서, 가장 손쉽게 이용되는 수요예측법이다. 경영자나 판매담당자가 경험이나 직관 또는 전문가의 의견에 기초하여 수요를 예측해 나간다. 이 방법은 전문적인 기술이나 통계기법을 이용하지 않고도 간단히 수요를 예측할 수 있으므로 이용빈도가 높다. 그러나 이 방법은 주관적 판단에 의존하기 때문에 객관성에 문제가 있고, 특히, 수요의 기복 현상이 심한 상품인 경우에는 예측의 정도(精度)가 낮다.

(2) 시계열 분석

이것은 과거의 제품생산실적이나 상품판매 자료로부터 지금까지의 추세와 변동경향을 예측하여 통계계열이 어떻게 변화하는가를 보고 수요를 판단하는 방법이다. 여기에는 다시 다음의 4가지 분석방법이 있다.

① 경향변동 분석(trend variation) - 장기간에 걸쳐 상품수요의 변동경향을 분석하는 방법
② 계절변동 분석(seasonal variation) - 되풀이되는 변동을 분석하는 방법
③ 순환변동 분석(cyclical variation) - 상품판매실적이 일정 주기를 나타내지 않고 상하운동을 되풀이하는 순환변동을 통해 분석하는 방법
④ 불규칙변동 분석(irregular variation) - 상품판매실적에 있어서 돌발적인 변동을 보이는 원인을 파악하는 방법

(3) 평균법(Semi average method)

이것은 전체 시계열 자료를 반반씩 나누거나, 적당한 등급으로 나누어 산술평균값에 의해 시장을 판단하는 방법이다. 이 방식은 간단하면서도 객관적 평가를 내릴 수 있다. 그러나 많은 변량을 몇 개의 등분으로 나누어 산출 평균한 값을 가지고 판단해야 하므로 극단적인 계열에 크게 영향을 받게 되며, 추세선이 곡선을 나타낼 때에는 적용할 수가 없는 문제가 있다.

$$\overline{X} = \frac{x_1 + x_2 + \cdots + x_n}{n} = \sum_{t=0}^{n} \frac{x_i}{n} \quad \cdots\cdots ①$$

$\overline{X}$: 평균값, x_i : 변량, n : 기간

자료의 시계열이 많을 때에는 3개 기간 혹은 5개 기간으로 나누어 기간산술평균값을 구하고, 이것을 도표상에 연결하여 생산 또는 판매의 경향선을 파악해 나간다. 이 기법은 계산이 비교적 간편하고 이해하기 쉬우며, 경향선의 움직임을 보다 정밀하게 엿볼 수 있다. 그러나 경기변동에 의해 죄우되는 생산량(판매량)의 기복현상과 계절 변동을 갖는 제품에 대해서는 이를 충분히 파악할 수는 없는 한계가 있다.

① 기간산출평균 $\overline{X}$는 3개 기간, 5개 기간, 7개 기간 등 기수(畿數)를 취한다. 이는 평균의 정도를 높이기 위해서이다.

② 평균의 기간 계산은 순차로 1개항씩 이동시켜 가면서 계산한다.

③ 이동평균값의 기점은 중간변량을 각각 정하여 예측선을 긋는다.

(4) 희귀분석방법

실제자료와 경향치와의 편차의 자승을 최소화시켜 회귀방정식을 구하고, 여기에 의해 경향선을 그리는 방법인데, 이것을 회기분석방법이라 한다. 이 방법은 시계열의 변동경향을 예측하는데 있어서 가장 합리적인 방법으로 알려져 있다.

기간을 X, 생산량을 Y로 하면, X, Y의 관계는 다음 ②식과 같이 표시된다.

$$Y=a+bX \quad \cdots\cdots ②$$

$$XY=aX+bX2 \quad \cdots\cdots ③$$

②식에서 a, b를 구하기 위해서는 식의 양변에 X를 곱하여 ③식을 취하고, 다시 ③식에 대하여 기간 n을 고려하여 n기간까지를 편미분하면 ②식은 ④식이 된다. ③식은 또 ⑤, ⑥식으로 변형시킬 수 있으며, ③, ④식을 연립방정식으로 풀면 ⑦식과 ⑧식을 얻는다. 여기에 의해 a를 구할 수 있으며, 또 ⑦식을 ⑥식에 대입하면 ⑧식을 통해 b를 구할 수 있다

$$\sum y= na + b\sum x \quad \cdots\cdots ④$$

$$na = \sum y- b\sum x \quad \cdots\cdots ⑤$$

$$\sum xy= a\sum x+ b\sum x^2 \quad \cdots\cdots ⑥$$

$$a=\frac{\sum y- b\sum x}{n} \quad \cdots\cdots ⑦$$

$$b=\frac{\sum x\sum y- n\sum xy}{(\sum x)^2 - n\sum x^2} \quad \cdots\cdots ⑧$$

3) 어업생산계획의 구조

어업생산계획이란 수산경영체가 실제조업활동에 들어가기 전에 어장의 선정, 어기의 고려, 출어회수, 어획대상물의 예정, 항차별, 일별 및 투양망당 생산량 등을 면밀히 예측하여 수립하는 계획을 말한다.

이러한 어업생산계획에의 의하여 어업에 임하지 않고, 단순히 "어장-귀항"을 반복하거나, 다른 선박을 뒤따라 다니면서 조업을 하다가 귀항한다든지 하는 관습적 생산활동 으로서는 아무런 조업성과를 기대 할 수 없다. 결과적으로 그와 같은 수산경영은 도태될 수밖에 없게 되는데, 이러한 어업활동을 관습적 어업(慣習的 漁業, drifting fisheries), 또는 무계획적 어업이라 한다.

그러나 어업에는 어기(漁期, fishing season)라고 하는 자연적인 생산주기가 정해져 있으며, 넓은 수역에는 자원이 풍부하게 서식 회유하는 곳이 대체로 일정하므로 이러한 내용을 잘 이용하면 어기별, 항차별 또는 어장별로 연간 생산계획을 합리적으로 수립할 수가 있다. 또 현대의 어업은 어군탐지기를 비롯해서 과학적 어로기기가 다양하게 개발되어 있어, 계획적 조업활동이 얼마든지 가능하게 되어 있는 것이다.

이와 같은 어업생산 계획은 연간 생산계획을 기본으로 하여 어장별 생산계획, 어기별 생산계획, 항차별 생산계획, 일별 생산계획 및 투양망당 생산계획을 차례로 나누어 수립하며, 다시 이를 뒷받침하는 것이 작업계획과 자재계획이다. 이러한 어업 생산계획은 일반 생산관리의 총괄 생산계획에 해당한다. 어업생산계획의 내용과 구성체계 및 계획간 상호관계를 보면 <그림 Ⅶ-3>과 같다.

(1) 연간생산계획

연간 어업생산계획(年間漁業生産計劃)은 어업주년생산계획(漁業周年生産計劃)이라고도 하는데, 1년을 통하여 계속적으로 어로조업이나 수산물 양식활동을 행해 나간다는 전제에서 수립하는 어획물생산계획이다

상향식 어업생산계획에서는 이것은 하위단계의 어기별, 항차별 및 일별 생산계획을 지배하며, 하향식 어업 생산계획에서는 이러한 하위단계의 생산계획을 기초로 하여 연간 어업 생산계획을 수립한다. 한편, 연간 어업생산계획은 단순히 어획물 생산계획으로서만 그치는 것이 아니고, 연간 조업계획과 작업계획 및 자재 공급계획도 함께 수립하여 이를 어업생산 기본계획으로 삼아야 한다.

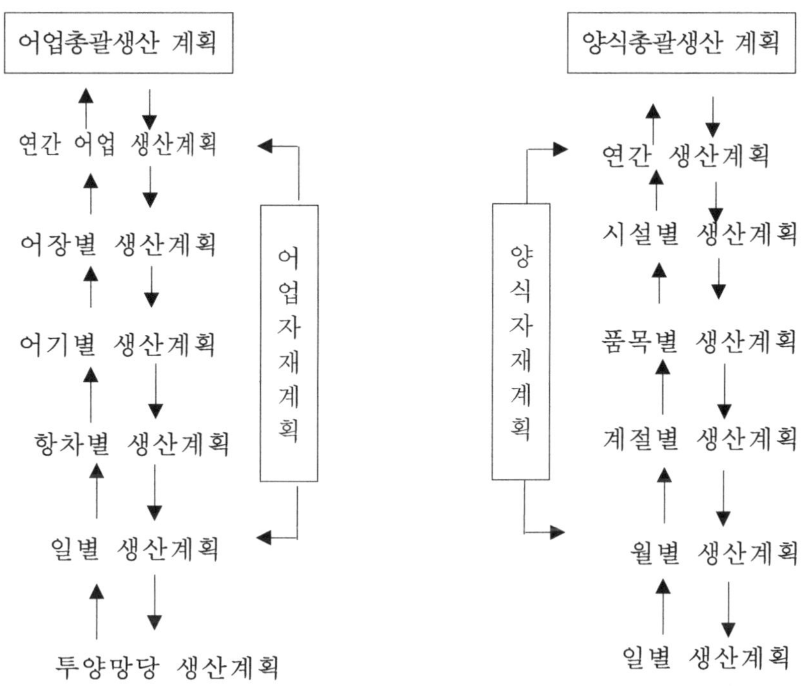

<그림 Ⅶ-3> 어업생산계획의 구조

원양어업이나 근해어업과 같은 기업적 어업은 투자자금의 원활한 회수와 고용노동력의 지속적 확보를 위해서 이러한 연간어업생산계획 수립이 반드시 필요하다. 그렇다고 계절적인 어업이나 소규모 연안어업에서는 연간 생산계획이 필요치 않다는 뜻은 아니다. 연안 소규모어업에 있어서도 지금까지의 어업경험을 기초로 하여 연간 어업생산계획을 수립할 수가 있으며, 이때 수협이나 어촌지도기관의 도움을 받으면 이러한 어업생산계획의 작성은 쉽게 이루어질 수 있다.

간단한 연간 어업생산계획표를 예시하면 <표 Ⅶ-1>과 같다.

(2) 어기별 생산계획

원양어업은 연중 계속 조업이 가능하지만, 그밖에 대부분의 어업은 봄 어기와 가을

<표 Ⅶ-1> 연간 어업생산계획표(예시)

	제1항차	제2항차	제3항차	제4항차	제n항차	합계	비고
출 항 지 출 항 일 귀 항 지 귀 항 일 조업기간 조 업 지 조업회수 예정어획량1) 실제어획량2)							
총어획량3)							
수리기간							

주 : 1) 예정어획량은 1조업회당 어업생산계획을 표시함.
2) 실제어획량은 1조업회당 어업생산실적을 표시함.
3) 총어획량은 항차별 어업생산실적을 표시함.
자료: 장수호, 수산경영학, 친학사, 1967, p.157.

어기 또는 봄, 여름, 가을, 겨울어기 등으로 1년을 통하여 2회 또는 수회의 어업시기 곧,어기(漁期)를 맞이한다. 그러므로 어업시기가 아닌 때에는 선박과 선원 모두가 일시 조업을 중단하는 휴어기(休漁期)를 맞는다. 이러한 어기에 해당되는 어로조업계획을 어기별 생산계획 또는 계절별 어업생산계획(季節別 漁業生産計劃)이라 한다. 이것은 연간 어업 생산계획의 기초가 되며, 그 아래 단계인 항차별, 일별 및 투양망당 생산계획에 의해 달성된다.

(3) 항차별 생산계획

어업에 있어서 항차(航次)는 어로조업을 위하여 출항한 선박이 1회의 조업을 마치고 귀항하는 단위어업기간(fishing term)을 일컫는 것으로서, 어업경영에서는 이것이 생산의 한 단위기간 개념으로 널리 쓰이고 있다.[98] 조업어장이 원거리에 위치하는 어업의 경우에는 항차 회수가 적지만 조업어장이 근거리에 위치하는 어업의 경우에는 항차수가 많다. 다시 어선의 규모와 항차회수와의 관계는 대형어선은 항차 회수가 적고, 소형어선은 항차 회수

98) F. J. Smith, op. cit., p.33, 이순용, 앞책, p.80.

가 잦다. 따라서 조업기간과 항차회수 및 어선규모와 항차회수와의 관계는 각각 반비례적이다.

어선의 규모는 적재능력(積載能力)을 나타내므로 항차별 생산계획은 1회의 어업기간 동안에 어획한 생산물의 최대 적재능력에 해당하는 어획물 생산계획을 말하며, 여기에 의해 일별 생산계획 또는 투양망당 생산계획이 수립된다. 그러나 상위단계의 연간 어업생산계획에서 보면, 이것은 어업 실행계획으로서의 성격을 지닌다.

우리나라 연·근해어업의 연간 출어일수, 항차회수 및 항차당 조업 일 수 등을 분석하면 <표 Ⅶ-2>와 같다.

<표 Ⅶ-2> 우리나라 연근해어업별 출어일수(2000)

	어업명	연간출어일수(일)		연간항차회수(회)	1항차당 출어일수(일)	
		'99	'98		'99	'98
1	쌍끌이대형기선저인망	253	243	10	50.6	24.3
2	외끌이대형기선저인망	187	195	16	12.5	12.2
3	대형트롤	258	226	36	6.1	6.3
4	동해구기선저인망	139	159	159	1.0	1.0
5	서남구기선저인망	229	235	19	12.7	12.4
6	동해구트롤	183	193	85	2.5	2.3
7	대형선망	263	254	11	23.9	23.1
8	기선권현망	191	196	196	1.0	1.0
9	근해통발	205	210	13	17.1	16.2
10	잠수기	213	203	203	1.0	1.0
11	근해안강망	226	231	14	14.1	16.5
12	근해채낚기	203	168	15	11.3	11.2
13	근해자망	165	157	70	2.3	2.2
14	근해연승	181	174	34	5.0	5.1
	평균	196	188	49	3.8	3.8

주 : 항차당 조업일수 = 연간출어일수 ÷ 연간항차회수
자료: 수협중앙회, 어업경영조사보고, 2000, p.29.

(4) 일별 생산계획

일별 생산계획은 1항차 내에 달성할 수 있는 생산계획을 일별로 분할 작성한 생산계획

이다. 다시 말해, 1항차 기간동안에 매일 달성해야 할 어획물 생산수량과 여기에 따르는 작업계획을 합친 것이 일별 어업생산계획이다. 이것은 항차별 생산계획을 뒷받침하며, 1일 투양망 횟수를 기초로 작성된다.

항차기간이 긴 원양어업이나 근해어업에 있어서는 항차별 생산계획과 일별 생산계획은 별도로 수립하는 것이 바람직하지만 1일 1항차 단위로 조업하는 연안어업에 있어서는 항차별 생산계획과 일별 생산계획은 대체로 일치한다.

(5) 투양망당 생산계획

투양망당 생산계획은 1회 조업시에 예상되는 어획물 생산수량과 여기에 대응하는 작업계획을 합친 것을 말한다. 어업에 따라서는 1일 1회 조업으로 끝나는 어업(연안어업)이 있는가 하면, 1일에 수회 조업을 반복해 나가는것도 있다. 이때 1회의 투망(投網, getting net)으로부터 어획되는 수산물 생산량을 투양망당 생산이라 하여 어업 생산관리에 있어서는 중요한 개념으로 인식 되고 있다.

3. 출어준비

어업생산은 바다에서 수일 또는 수개월간 어선을 이용하여 어로작업을 수행한 결과에 의해 일어나므로 이때 일정한 조업기간(1항차)에 필요로 하는 각종의 생산수단을 준비해서 조업에 임하는 것을 출어준비(出漁準備, set-up fishing)라 한다. 그리고 여기에 따르는 비용을 출어비용(出漁費用, set-up cost of fishing, provision cost of fishing)이라 한다.

여기에는 어선의 수리와 정비, 어선운항에 필요한 연료, 어구자재, 식수, 얼음, 선박용수, 식량, 어상자 등 각종 선수품(船需品)을 준비해야 하므로 수산경영자는 이러한 어로자재의 충분한 조달과 필요한 노동력을 사전에 확보하여 출어에 대비하야 하는 것이다.

4. 어로공정의 관리

1) 어로조업 계획

연간 어업생산계획이 수립되면, 다음 단계는 출어준비를 비롯해서 구체적인 어로조업계획을 세워 연간 어업 생산계획을 뒷받침해 주어야 한다. 어로조업계획(漁撈操業計劃,

plan of fishing operation)은 각종 생산자재의 조달과 확보, 어선원의 확보 및 교육, 선박의 수리 및 어구의 점검과 확보 등을 포함한 어로작업 실시에 필요한 사전계획으로서, 연간어업 생산계획에 기초하여 작성한다. 이점에서 어로 조업계획은 연간어업 생산계획의 하위계획이다.

구체적으로 어로 조업계획에 포함되는 내용으로서는 ① 어망, 어구 및 각종 어로기기의 구입과 점검 및 정비작업, ② 선박의 수리 및 정비작업, ③ 조업기간 동안의 식량, 선박용수, 식수, 연료, 사료, 얼음, 기타 소모품 등 물자의 조달, ④ 선원인력의 조달, 확보 및 교육훈련, ⑤선원의 작업배치 계획 등을 들 수 있다.

업계에서는 이러한 어로 조업계획을 출어계획(出漁計劃)과도 같은 뜻으로 쓰고 있다. 그러나 출어계획이 조업이전에 수립하는 육상에서의 계획이라 한다면 어로 조업계획은 출어계획을 포함한 선상의 조업실행 계획까지 담고 있는 점에서 양자는 엄밀하게 다른 개념으로 이해되어야 할 것이다.

2) 어로공정의 분석

(1) 생산공정과 어로공정

생산공정(production process)은 최종생산물을 제조 산출하는데 있어서 투입되는 생산자재(materials)의 흐름과 생산 작업을 결합한 자재와 작업의 집합체를 말한다.[99]

기업에 있어서 생산계획을 원활하게 추진해 나가기 위해서는 조업계획 수립에 이어 생산 공정을 분석하고, 이 가운데서 애로공정과 지체공정이 어떤 것인가를 파악하여 여기에 대한 개선점을 빨리 찾아 공정의 균형과 효율을 높여 나가도록 해야 한다.

공정효율(process efficiency)이란 작업의 표준화와 전문화라고 하는 2대 요소에 의해 실현되는 것으로, 이를 위해서는 투입자재와 작업의 범위 및 작업시간 등의 표준화와 전문화, 기계화 및 자동화가 필수적이다.

생산 공정을 분석하는 방법은 <그림 Ⅶ-4>를 통해서 볼 수 있는 바와 같이 크게 세 가지 관점이 있다.

하나는 생산의 흐름을 기준으로 하는 연속적 생산 공정(continuous processing)과 단속적 생산 공정(intermittent processing)의 구분이다. 둘째는 생산 기술적 관점에서 파악하는 뱃지 생산시스템(batch production system)과 개별생산시스템으로의 구분이다. 셋째는

99) 김기영, 앞책, p.108.

공정절차 분석이다.

연속적 생산 공정은 모든 생산 공정이 동시적으로 진행되며, 또한 생산과정이 자동화되어 최종제품 생산이 단절되지 않고 계속해서 일어나는 흐름공정으로 된 생산체계를 말한다. 화학제품, 자동차생산, 가전제품, 공장 내의 자재운반공정 등은 여기에 속하며, 대체로 일관작업(一貫作業)[100]에 의한 대량생산체제(mass production system)를 이루고 있을때 전체 공정은 연속적 공정으로 진행된다.

그러나 단속적 생산 공정(斷續的生産工程)은 건축업, 조선업, 가구제품 등과 같이 공정의 흐름이 비연속적이며, 중간재 생산의 장소가 이동성을 띠고, 최종제품 생산 또한 불규칙적, 개별적으로 일어나는 생산방식이다. 뱃지 생산시스템으로 는 화학공정과 조립공정이 대표적이며, 개별생산시스템으로서는 기계공정과 성형공정이 대표적이다.

어업생산은 이러한 생산 공정 가운데서 단속적 공정의 대표적 형태라 할 수 있다. 어로공정은 어업별 생산방식에 차이는 있으나 기선저인망어업이나 트롤어업과 같은 것은 뱃지 생산시스템에 유사하며, 연승어업과 채낚기 어업 등은 개별생산시스템에 가깝다고 볼 수 있다.

공정절차란 작업순서(rowting)를 말하며, 여기에는 작업순서, 작업명, 작업별 설비 및 소요자재, 소요인원, 그리고 표준시간 등이 포함되며, 생산관리에 있어서 이러한 것은 공정분석의 중심 내용이 된다.

예를 들어, 제조업의 경우는 대개 「준비작업-제조작업-운반작업-검사작업-저장작업」의 작업순서가 정해지며, 이것을 한편으로는 작업내용이라고도 말하는데, 이러한 작업

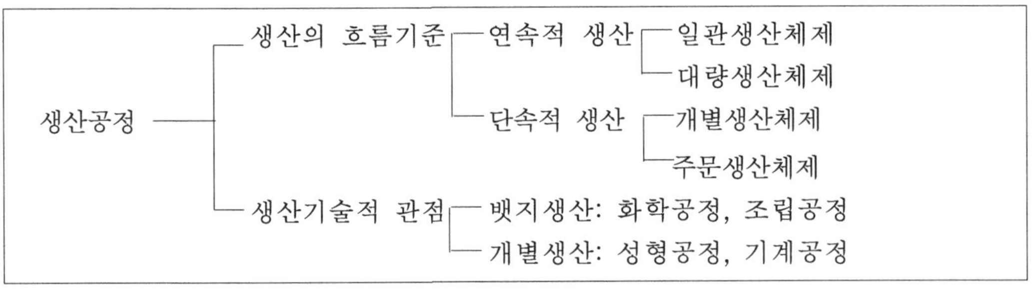

<그림 Ⅶ-4> 생산공정의 구분

100) 일관작업(一貫作業)이란 원료에서부터 최종제품이 생산되는 과정이 하나의 작업장소에서 연속적 공정을 거쳐 통일적으로 일어나는 생산체제를 말한다. 이러한 생산기술의 합리화에 의해 평균생산비의 절감과 대량생산을 가능게 한다.

<표 Ⅶ-3> 작업분석표

작업순서	작업명	작업장	설비 및 자재	소요인원	표준시간	실제시간	비고
①	준비작업						
②	실제작업						
|							
ⓝ	최종작업						
비고							

자료: 김기영, 앞책 p.355.

내용에 기초하여 작업장소, 소요인원 등을 표시하는 <표 Ⅶ-3>과 같은 작업분석표(operating sheet)를 작성하고, 여기에 기초하여 구체적으로 작업내용 하나하나를 분석해 나가야 한다

3) 어로공정의 특징

(1) 총 공정

어로공정(漁撈工程)은 어업 생산공정과 같은 뜻으로, 선박과 어구 등 생산설비를 이용하여 수중의 생산물을 포획하는 일련의 생산과정을 말한다. 따라서 어로공정은 어업 생산공정 또는 어업생산과정(fisheries production porcess)이라고도 한다.

이러한 어로공정은 주로 수중생산물을 추출하는 작업으로 이루어지는데, 일반적인 과정을 보면, 그의 총 공정은 다음과 같이 구성된다.

① 준비작업 - ② 항해작업 - ③ 탐색작업 - ④ 어획작업 - ⑤ 어획물 처리가공 작업 - ⑥ 운반작업 - ⑦ 양육작업

위에서 ① 준비작업은 어선의 출항에 앞서 1항차기간에 소요되는 각종 물자의 조달, 생산설비의 점검등에 관련된 출어준비계획의 실행을 말한다. ② 항해작업은 어업기지를 출발하여 어장에까지 도달하는 작업으로, 넓게는 준비작업에 해당한다고 볼 수 있다. ③ 탐색작업은 항해작업을 통해 어장에 도달한 선박이 채포대상자원을 확인, 발견하는 작업이다. ④는 생산목표인 수산물을 투양망작업을 통해 실제로 어획하는 어로작업이며, 협의의 어로작업에 속한다. ⑤는 어획물을 선상에서 처리, 선별, 가공하는 작업으로서, 실제공정

은 이보다 훨씬 복잡하고 많은 시간과 노력을 요한다. ⑥ ⑦은 어획물의 양육지 운반 및 하역작업을 포함하는 것으로, 어로공정의 최종 단계에 해당한다.

(2) 주요공정의 통합과 분할

어로공정은 다시 그 내용을 어로공정과 어획물 처리공정 및 운반공정이라고 하는 3대 공정으로 통합할 수 있으며, 이것을 어로공정의 주요 공정이라 한다. 주요공정의 각각의 구성은 다음과 같다.

어로공정(생산공정) : ①, ②, ③, ④의 공정

어획물처리・가공공정 : ⑤의 공정

운반공정 : ⑥, ⑦의 공정

이상의 어로공정은 다음과 같이 그 특징을 지적할 수 있다.

첫째, 어로공정은 모두가 기능이 서로 다른 이질적인 작업요소로 구성되어 있고, 비연속성을 띤다.

둘째, 어로공정은 동시진행이 아닌 전후 작업관계 위에서 순차적, 단계적으로 진행된다.

셋째, 주요공정은 ①, ②의 준비공정과 ③, ④, ⑤의 주 작업공정 및 ⑥, ⑦의 마무리 공정의 3대 공정으로 구성되어 있다..

넷째, 어로공정 가운데서 애로공정(critical process)이라 할 수 있는 것은 해상에서, 그것도 위험하고 협소한 선상에서 일어나는 "어군탐색작업-어획작업-어획물처리작업"의 3대 주 작업공정이라 할 수 있다. 이 가운데서도 특히, ④의 어획작업은 가장 중요한 기능을 갖는 핵심공정(core process)으로서, 『투망 - 인망 - 양망』 또는 『투승 - 대기-양승』의 과정을 되풀이 하는 공정을 말하는데, 이같은 작업의 반복적 진행을 통하여 어획물이 생산된다. 그리고 모든 어로공정은 동시진행이 아니라 전후관계 위에서 순차적 단계적으로 진행된다.

다섯째, 어로공정의 시간구조를 보면, 주작업공정의 소요시간보다는 준비작업의 소요시간이 더 길고, 또 운반작업공정도 장시간을 요하는 특징을 나타낸다. 다시 말해, 전체 어로공정 가운데서 순수 작업시간(정미시간, 正味時間)은 매우 짧으며, 또 작업시간은 해황 등 자연변화에 따라 수시로 변동하는 가변적 성격을 띤다. 반면에 항해시간, 어장탐색시간 및 어획물 운반 양육시간 등 준비공정은 상대적으로 장시간을 요한다.

5. 생산조직의 결정

1) 어업생산조직

어업생산계획이 수립되면 다음 단계는 어업생산조직을 편성하는 과정에 들어간다.

어업생산조직이란 어업생산수단과 어로작업자가 결합하여 어업 생산활동을 지속시켜 나가는 어로작업체계를 말한다. 간단히 주된 어업생산 수단인 어선의 결합조직이 어업 생산 조직이다.

구체적인 어업생산 조직은 (1) 선박결합중심, (2) 생산방식 중심의 크게 양대 측면에서 살펴 볼 수 있는데, 그 유형은 <그림 Ⅶ-5>와 같다.

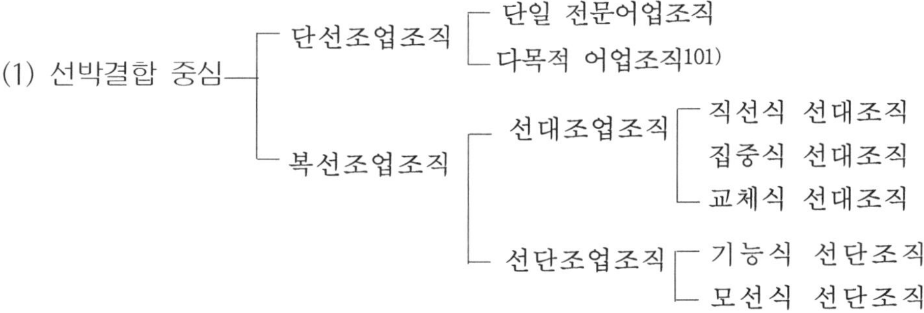

<그림 Ⅶ-5> 어업생산조직의 유형

2) 단선 조업조직

어업생산조직은 먼저, 1척의 어선으로 어로조업이 가능한 단선 조업조직과 2척 이상의 어선을 결합하여 조업을 행해 나가는 복선 조업조직으로 나눌 수 있다.[102]

우리나라 근해어업에 있어서 트롤어업, 연승어업, 유자망어업, 소형정치망어업 등은 1척

101) 이것을 종합형 어선(combination boat) 또는 다목적 어선(multipurpose boat)이라 말함(F. J. Smith, op.cit.,pp.130-135).
102) 舟羽招彦, 漁業における適正規模, 漁業經濟研究, 第 12巻 第4号, 1964,pp.5-6.

의 어선에 의해 조업을 완결 해나가는 단선조업조직의 대표적인 어업들이다.

1척의 어선이 단독으로 출어하여 조업을 완료하고 어업기지에 귀항한 후 다시 출어하여 조업활동을 반복해 나가는 어업생산조직을 단선 조업조직(單線 操業組織)이라 한다. 이러한 어업들은 거의 대부분이 다른 기능 선박의 조력을 받지 않고, 어선 1척이 단독으로 출어하여「출어-조업-양륙」의 어로과정과 운반과정 전부를 완결(完決)해 나가는 조업방식이다. 그러므로 단선조업 조직은 대개 1항차 기간이 짧고, 또한 경영규모도 작은 것이 특징이다.[103]

소규모 수산경영은 단선 조업조직이 주류를 이루게 되지만, 다수의 어선을 보유하는 수산기업의 경우에도 어로기술상 선대나 선단을 구성하지 않고 선박별로 어업목표를 부여하여 개별어선의 선장 책임 하에 어로활동을 수행해 나가는 단선 조업체제를 갖는 경우가 많다.

단선조업조직의 특징은 다음과 같다.

첫째, 항차당 조업일수가 짧고, 척당 생산성이 상대적으로 낮은 점,

둘째, 빈번한 입출항으로 인해 항해비용의 부담이 상대적으로 높은 점,

셋째, 겸업으로 어업을 하거나 소규모 가족경영에 적합한 어업생산조직임.

넷째, 운반기능을 함께 하므로 어획물 적재능력과 선도유지에 한계가 있음.

다섯째, 선장 1인에 의한 독자적 어로관리 체제임.

3) 복선 조업조직

2척 이상의 어선을 기능적으로 결합하여 통일된 생산단위를 조직하고 동일한 어업목표를 수행해 나가는 어업생산조직을 복선 조업조직(複線 操業組織)이라 한다.

이러한 어업은 대개 항차당 출어일수가 길고, 연간 어로일수도 장기성을 띠므로 단선조업조직과 비교하여 어업경영규모가 큰 특징을 갖는다. 또한 조업범위가 넓고 선박별로 어업생산 기능을 분업화 할 수 있어, 어선과 어구의 대형화 및 근대화를 촉구하게 된다. 그러나 복선조업 조직은 해황이 거칠 때는 선단의 민첩한 대응이 곤란하고, 또 어황이 계속 부진할 경우 조업경비 부담이 크다. 그리고 인력난 시대에 있어서는 선원확보의 어려움으로 적기출어가 힘들 때가 많다.[104]

---

103) 장수호, 伊豆淺吉 등은 이러한 단선조업조직을 "단독조직" 또는 "단독어업생산조직"으로 규정하기도 한다 (장수호,, 앞책, p.122, 伊豆淺吉, 水産經營學, 恒星社厚生閣, 1966, p.34).

복선 조업조직은 그 안에서 다시 두 종류의 생산조직으로 나누어지는데, 하나는 동일한 기능을 갖는 2척 이상의 어선을 결합하여 조업에 임하는 선대식 조업형태(선대조직)이며, 다른 하나는 서로 다른 작업기능을 갖는 선박들을 기능별로 전문화시켜 어로활동을 통일적으로 수행해 나가는 선단식 조업형태(선단조직)이다. 쌍끌이기선저인망어업은 전자의 대표적인 어업이며, 대형기선선망어업과 기선권현망어업은 후자의 대표적인 것으로 들 수가 있다.

4) 선대식조업 조직

2척의 저인망어선을 결합하여 하나의 선대를 편성하고 주로 저서어종을 생산하는 쌍끌이 기선저인망어업은 단선조업 조직인 외끌이기선저인망어업과 비교하여 어로기술상으로는 그물의 전개간격과 예망시간(曳網時間)을 임의로 조절할 수 있기 때문에 어획성과와 경영의 안정성 유지에 이점이 있다. 예망선(曳網船) 2척 가운데서 1척을 주선(主船, main boat)105), 다른 1척을 종선(從船, subordinate boats)106)이라 하며, 주선의 지휘 하에서 선대의 어로활동이 통일적으로 수행된다.

따라서 동일한 기능이나 동일한 어법을 갖는 어선 2척 이상을 집단화하여 선대(船隊)를 편성하고, 해상에서 어황과 해황정보를 서로 교환하면서 선대장(船隊長)의 지휘하에 어선 집단 전체가 통일적으로 어로조업을 행해 나가는 어업생산조직을 선대식 조직(船隊式組織)이라 한다.

어업생산조직을 이러한 선대형태로 편성하기 위해서는 첫째, 어선, 어구, 어망, 기타 소모품의 규격이 표준화되어 있어야 하고, 둘째는 비용지출의 범위도 거의 통일되어 있어야 하는 두 가지 조건을 필요로 한다. 그렇게 되어야만 조업에 임하는 각 어선의 경영성과를 비교하기가 용이하다. 선대식 조직은 다시 선대의 결합과 운영방법에 따라 직선식 선대조직과 집중식 선대조직 및 교체적 선대조직의 3형태로 나누어진다.

(1) 직선식 선대조직(直線式 船隊組織)

각각 독립적인 어로활동을 하는 조업선 2척 이상을 결합한 어업생산조직으로, 어선별로

---

104) 장수호, 앞 책, p.122, 伊豆淺吉, 앞 책, p.76.

105) 주선(主船)의 기능은 두척 이상의 어선 선대 편성에서 선원수가 종선보다 많고, 어로장과 통신장이 승선하여 어탐과 투망 및 양망의 과정을 지휘하는 등 어로작업과정을 총괄지휘하는 역할을 담당 하는 것을 말한다.

106) 종선(從船)의 기능은 주선과 마찬가지로 어장에 나아가 어로작업을 전개하나, 주선과 다른 점은 어로작업을 주선의 지휘 하에 행하는 점이다. 선원수는 주선보다 적다.

어획목표를 별도로 부여하고 부여된 어업목표를 위하여 각 선박은 독자적으로 어로활동을 수행해 나간다. 그러나 해상의 안정과 어로정보의 상호교류를 위해서는 선박간 협동을 유지하면서 조업할 필요가 있다. 직선식 선대조직에 있어서는 선대를 구성하는 어선간에 주종(主從)의 관계가 성립되지 않으며, 어로성과도 선별로 평가된다. 이 점에서 직선식 선대조직은 수평적 선대조직(水平的 船隊組織)이라고도 볼 수 있다. 직선식 선대조직의 해상에서의 선대편제모형은 <그림 Ⅶ-6>과 같다.

(2) 집중식 선대조직(集中式 船隊組織)

동일 기능을 갖는 어선을 주선(主船)과 종선(從船)으로 나누어 하나의 선대를 편성하고, 개별선박이 아닌 선대 자체에 어획목표를 부여하여 어로조업에 임하게 하는 어업생산조직을 집중식 선대조직이라 하며, <그림 Ⅶ-7>과 같은 모형으로 결합되어 진다.

여기서 동일기능이란 어로 또는 운반기능 등 단일 기능을 가리키며, 어로작업에 있어서 뿐만 아니라 해상운반 작업에 있어서도 선대조직으로 편성하여 운영할 수 있다.

선대조직의 대표적인 어업은 대형쌍끌이 기선저인망 어업을 들 수 있다. 이 어업은 같은 기능을 갖는 어로작업선 2척에 의해 협동적으로 어로조업을 하는데, 이 때 1척은 해상작업을 총괄지휘하면서 투양망 작업도 겸한다. 나머지 1척도 동일한 투양망 작업에 참여하나, 단지 주선의 지휘와 통솔 하에 있는 것이 앞의 직선식 선대 조직과 다른 점이다.

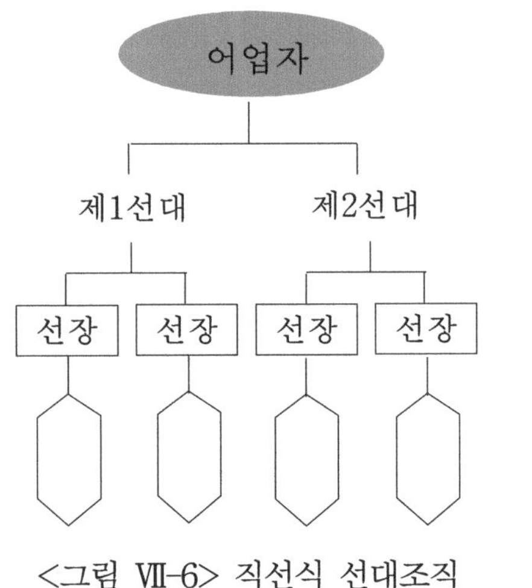

<그림 Ⅶ-6> 직선식 선대조직

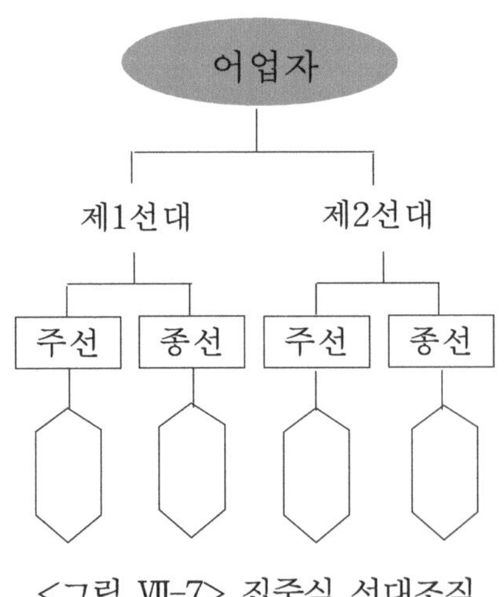

<그림 Ⅶ-7> 집중식 선대조직

(3) 교체식 선대조직(交替式 船隊組織)

동일 기능을 갖는 어선을 수 척으로 결합하여 하나의 선대(船隊)를 이루게 하고, 해상에 있어서 어로활동을 어선별(漁船別)로 교대하면서 생산활동을 독립적, 연속적으로 해 나가는 어업생산조직을 교체식 선대조직이라 한다. 이의 결합방식은 <그림 Ⅶ-8> 및 <그림 Ⅶ-9>에서 보는 바와 같다.

여기서 A, B의 두 어선이 어장에 먼저 나가서 어로작업을 한 후, 그 중 한 척(B)의 어획물을 다른 한 척(A)에 옮겨 실어주고, B는 어로작업을 계속하며, 어획물을 옮겨 받아 만선이 된 A선이 어항으로 귀항하면, 작업을 계속한 어선 B는 뒤이어 도착한 동료 어선C와 교대하여 C의 어획물을 옮겨 싣고 귀항한다. 이와 같이 하나의 선단이 1척식 교대하면서 "작업-귀항"을 반복해 나가는 것이 교체식 선대 조직의 특징이다.[107)]

이것은 각 어선의 개별적인 어장황래를 지양하고 어업자의 어업 계획하에여러 척의 어선을 윤번제(輪番制)로 하여 어장에 출어시켜 생산을 계속적으로 진행시킴으로써 ①어기의 집중적 이용, ②총 항해시간 단축, ③총 작업시간 확대, ④어획물의 선도유지를 통한 어업 경영성과의 극대화 실현, ⑤선원들에 대한 적당한 휴식 기회의 제공 등의 이점을 누릴 수가 있다.

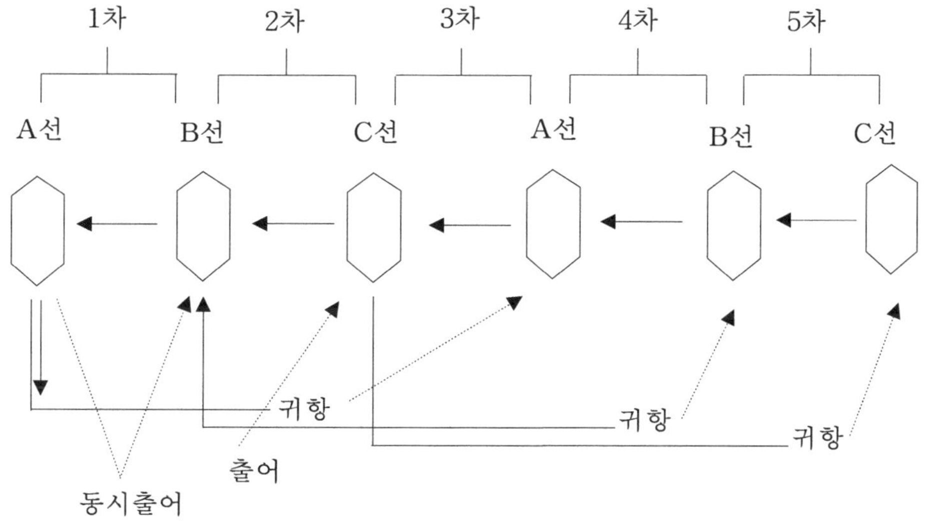

<그림 Ⅶ-8> 3척 교체식 선대조직

107) 장수호, 어민을 위한 수산경영, 한국세무경영사, 1983, p.84.

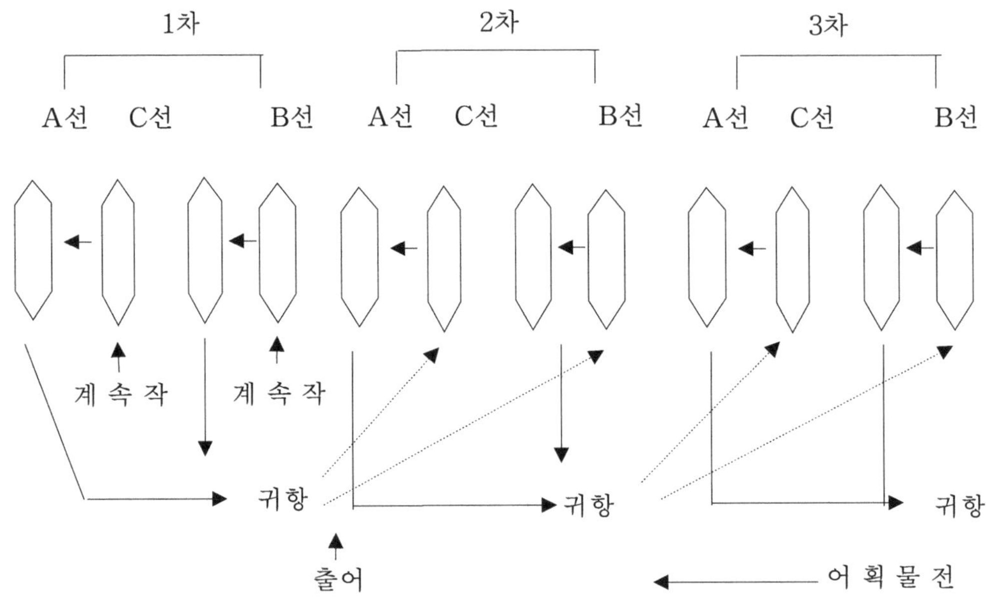

<그림 Ⅶ-9> 4척 교체식 선대조직

5) 선단식 조업조직(船團式 操業組織)

선대식 조업조직에는 모선과 같은 역할을 하는 어선은 배치되지 않는다. 여기에 비해 근해어업의 대표적인 선단조업조직인 대형기선선망어업의 선단조직을 보면「어탐-집어-어획-운반」의 4대 기능을 어선별로 배치하여 하나의 대형선단이 구성되는데, 구체적으로 한 선단에는 등선 1척, 어탐선 2-3척, 어로선 1척, 운반선 2척을 합쳐 총 6-7척의 어선을 필요로 한다. 이러한 선단조직은 다른 어업생산 조직에 비하여 해상작업조직과 어로지휘 체계가 한층 복잡한 다원적 기능조직으로서의 특징을 갖는다.

선단식 조업조직은 <그림 Ⅶ-10>, <그림 Ⅶ-11>에서 보는 바와 같이 주로 대형의 가공선이나 운반선을 중심으로 어탐선(조사선), 집어선, 어로작업선 가공선, 운반선 등 기능별로 어선을 전문화시켜서 하나의 통일된 생산단위(선단, 船團, fleet system)를 구성하고, 선단장의 지휘와 책임 하에 조업활동을 해나가는 어업생산 조직이다.

선단식 조업조직은 1척의 어선에 의해 어군탐색, 어로작업 및 어획물 운반의 전 기능을 종합적으로 수행하는 단선 조업조직의 한계를 극복하기 위해 어업생산기능을 선박별로

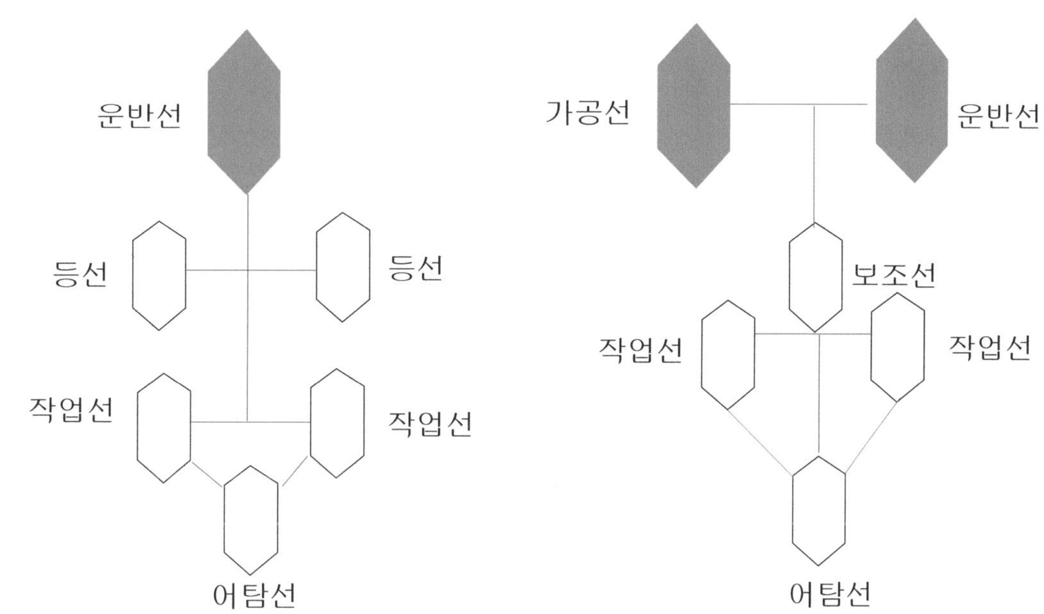

<그림 Ⅶ-10>기능식 선단조직(대형선망어업) <그림 Ⅶ-11> 기능식 선단조직(기선선인망어업)

전문화시켜 하나의 통일된 어업생산단위(선단)를 구성하고, 선박별로 기능을 분화함으로써 전체적으로 어업경영성과를 최대화 하고자 하는데 목적을 두는 어업생산 시스템이다.

이와 같은 선단식 조업조직은 제조업의 기능식 조직(機能式 組織)에 해당하는 것으로, 어업경영에 있어서 최고단계의 생산체제라 할 수 있다. 선단식 조업조직을 구성하기 위해서는 어로 분업화의 원칙에 따라 각 기능별로 어선을 전문화하고, 어선별로 기능선원을 확보해야 하는 것이 필수조건이다. 그러므로 하나의 선단을 구성하는데 있어서는 막대한 자본을 필요로 하게 되며, 이보다 더 중요한 것은 어획대상 자원이 풍부해야 한다.

선단식 조업조직의 어업생산과정을 보면, 어탐선이 먼저 어장에 나아가 어군을 탐색하고, 뒤이어 어로 작업선이 어장에 도착하면, 어탐선의 지시에 따라 어로조업을 계속 한다. 어획물은 어로작업선을 뒤딸아 어장에 나와 있는 냉동, 냉장시설을 갖춘 운반선이나 통조림등의 가공시설을 갖춘 대형의 공모선(工母船)에 옮겨서 처리, 가공하는 것으로 어업생산 공정이 종결된다.

모선이 어획물의 가공 처리기능을 갖추었을 때에는 이러한 어선을 공모선(工母船, factory ship)이라 한다. 공모선에서 가공된 수산물은 운반선에 의해 항구로 실어 나르게 되는데, 이 때 운반선은 어장에 출어하고 있는 각 어선의 선수품(船需品) 수송업무를 겸한다. 선단구성 있어서 공모선이 배치되지 않고 운반선(運搬船)만 배치되는 경우에는 운반선이 모선(母船)역활을 하는데, 이 경우 운반선은 대개 대형화 되어있다.

6) 모선식 어업조직(母船式 漁業組織)

모선식 조업조직은 어선의 구성방법에 따라 기능별로 어선이 전문기능을 독립적으로 수행하는 기능식 모선조업조직((機能式 母船操業組織)과 공모선을 중심으로 결합하는 모

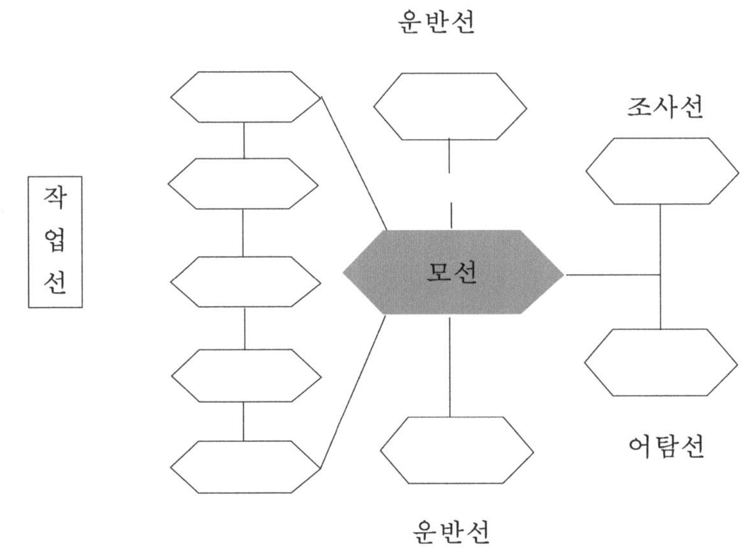

주 : 1) 모선의 크기는 수천톤에서 수만톤까지 다양함.
2) 작업선은 <그림>의 수보다 많은 20-30여척으로 구성되기도 함.
3) 모선에는 제조, 가공, 처리, 선수품 창고, 무선국, 선의실, 심지어 헬리콥터장까지 설치하는 등 현대적 공장 시설을 갖춤.

<그림 Ⅶ-12> 대규모 기능식 모선 조직(우리나라 개척호의 예)

선식 조업조직으로 구분된다. <그림 Ⅶ-12>는 가공기능을 갖춘 대형의 공모선을 중심으로 어로선과 운반선을 결합한 기능식 모선조업 조직의 모형이다.

모선식 어업조직에는 소형 작업선을 공모선에 탑재(搭載)해 다니면서 조업장소에 도착하면 모선으로부터 소형작업선을 하선시켜 조업에 임하게 하는 순수 모선중심의 선단체제를 갖는 탑재식 모선조직(搭載式 母船組織)과 어로작업선과 모선이 분리된 상태에서 공

모선을 중심으로 선단체제를 갖추는 독항식 모선조직(獨航式 母船組織)의 두형태가 있다. 다시 탑재식 모선조직은 필요한 부속선을 모두 탑재하여 선단을 구성하는 완전탑재식 모선조직과 일부 소형어선만 탑재하는 반탑재식 모선조직(半搭載式 母船組織)으로 나누어진다.

모선식 어업조직에 있어서 모선(母船)의 종류는 통조림가공선, 어묵 또는 어분가공선, 냉동가공선, 종합가공선(냉동, 냉장, 어분 및 통조림 등의 기능을 종합적으로 구비) 등이 있다. 이 가운데서 종합가공선이 모선으로서 가장 이상적인 모선조건으로 갖춘 것이며, 공모선이 여기에 해당한다.

모선식 어업조직에 있어서 독항선(獨航船)의 종류로는 조사선, 어탐선, 등선, 어로작업선, 운반선 등이며, 심지어 어탐용 항공기까지 선단의 일원으로 되어있는 경우도 있다. 이 가운데서 중심기능을 갖는 독항선은 어로작업선(catcher boad)이다.

모선식 조직의 조업방법은 조사선과 어로작업선이 모선보다 수일 앞서서 어업기지를 출발하며, 모선은 그 뒤를 따라 출항하는데, 조업어장에 도착하면 이때부터 모선은 어업기지 역할을 수행한다. 모선식 어업조직의 최고지휘자는 선단장(船團長)이라 하며, 모선에 승선하여 선단구성원 전원과 자선(子船)을 총 지휘한다.

Ⅷ. 어업노무관리

1. 어업노무관리의 의의

1) 현대기업의 인사관리

기업노무관리 문제는 노무제공자에 대한 지휘 감독과 통제 및 급여관리가 지금까지 중심과제였다. 이러한 기업노무관리를 전통적인 인사관리(人事管理)라 한다. 전통적인 인사관리 아래에서는 노사(勞使)가 고용주와 피용자라는 주종적 관계(主從的 關係)에서 주로 기업의 노동자문제를 다루어 나가므로, 노동자의 인격관리와 같은 것은 그다지 중요한 과제가 되지 않는다. 다시 말해 기업노무관리는 기업내의 단순한 노동력관리(labour management)에 그치거나, 하나의 생산수단으로 노동자를 인식 하고 있는 것이 기업노무관리 또는 전통적인 인사관리의 특징이다.

그러나 현대의 기업인사관리(personnel management)에서는 노무 그 자체를 인격적 존재인 인간의 노동으로 인식하여 다른 생산요소와 구별하고자 하며, 이것이 전통적 기업 인사관리와 중요한 차이점이다. 구체적으로 첫째, 노동자를 다른 생산의 제 요소를 통제하는 주체적인 존재로 보며, 둘째는 노동자를 경영자와 함께 기업을 구성하는 양대 주체의 하나로 인식하고, 셋째 노동자를 인격적 주체로 인식하여 노무제공자인 인간 그 자체를 관리하고 개발해 나간다는 것이다. 이러한 기업의 노무관리 철학이 현대기업의 인사관리 방식이다.

기업 인사관리개념의 이와 같은 변화는 자동적으로 기업노무관리의 범위와 내용의 확대를 가져오게 되는데, 그것은 기업의 노동력 관리는 물론, 종업원의 인사 전반(人事 全般)에 관한 것을 관리대상으로 하여 다음과 같은 사항을 인사관리의 중요영역으로 삼게 된다..

① 인력의 모집, ② 선발과 채용, ③ 배치전환, ④ 승진, ⑤ 훈련과 양성, ⑥ 종업원의 능력개발, ⑦ 동기부여, ⑧ 임금관리, ⑨ 안전과 후생, ⑩ 노사문제.

이상의 현대 인사관리 내용을 다시 영역별로 구분하면, 고용관리(①, ②), 평가관리(③, ④), 개발관리(⑤, ⑥, ⑦), 보상관리(⑧, ⑨) 및 노사관계관리(⑩)의 5대 영역으로 나누어진다.

전통적인 인사관리 하에서는 위의 ①, ②, ③, ④에 해당하는 고용관리와 평가관리, 그리고 ⑧에 해당하는 임금관리가 중심이었으나 현대의 인사관리는 개발관리, 보상관리 및 노사관리에 더 비중을 두어 노동자를 기업의 인적자원(人的資源)으로 인식하고 관리해 나간다는 것이 근본적으로 다른 점이다.

2) 어업노무관리의 의의

어업노무관리제도 위에서와 같은 현대적 인사관리의 내용과 다를 게 없어야 할 것이다. 다시 말해, 어업노무관리는 어업생산활동의 기본요소인 선상노동력의 제공자임과 동시에 하나의 인격적 주체로서 어선원들을 관리하고 대우해 나가야 한다는 뜻이다.

그러나 어선원 관리를 주 내용으로 하는 수산경영의 인사관리는 아직도 전통적인 노무관리 수준을 벗어나지 못하고 있는 것이 현실이다.

그것은 첫째, 수산기업의 영세성으로 어선원의 능력개발과, 보상관리를 충분히 실시해 나갈 입장이 되지 못한다는 점에 있다. 둘째는 선주, 곧 수산경영자들의 의식의 부족이다. 여기에 대해서는 대부분의 수산경영자들은 임금만 지불하면 선원들은 어떠한 선상작업에도 기꺼히 응해야 한다는 강압적 사고방식을 갖거나, 어업경영 사정을 이유로 선원임금 수준의 현실화를 기피하는 태도 등을 들 수 있다. 셋째는 어업인구의 급격한 감소와 수산업에 대한 기피현상으로 기업 내부의 노동력 관리보다는 필요한 선원인력 확보 문제가 더 어려운 현실에 놓여 있다.

따라서 수산업 인력문제의 원활한 해결과 어선원들의 승선 동기를 증진 시키기 위해서는 수산기업에 있어서도 현대적 인사관리제도가 존중되어야 할 것이며, 선원들을 포함한 모든 수산경영체 종사자들을 당해 수산경영의 인적자원으로 인식 할 수 있도록 수산경영자 스스로가 먼저 노력을 아끼지 않아야 할 것이다.

2. 어업노동의 수급조건

1) 어업노동력의 공급조건

산업노동의 공급조건은 그 나라의 경제활동인구와 임금수준, 노동력시장의 발달 및 교육훈련의 4대 요인에 의해 결정된다. 경제활동인구(economically active population)란 재화와 용역생산에 노동력을 제공할 수 있는 노동가능연령을 말한다. 우리나라에 있어서는 이 범위를 만 14세 이상으로 규정하고 있으나 일본은 15세, 미국은 16세 이상이다.

그러므로 산업노동력의 장기적 공급조건은 총인구에서 점하는 경제활동인구의 규모와 이러한 인구의 경제활동참가율[108]에 의해 결정된다.

따라서 산업별 노동력 공급조건은 <그림 Ⅷ-1>에서 볼 수 있는 바와 같이 기본적으로 개개 산업별 인구와 경제활동인구[109] 및 경제활동 참가율에 따라서 결정됨을 알 수 있다.

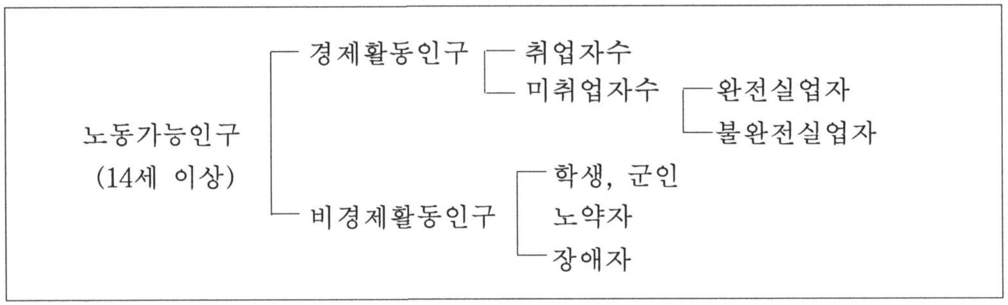

<그림 Ⅷ-1> 노동가능인구와 경제활동인구

마찬가지로 수산노동력의 공급조건은 ① 수산인구 규모, ② 어가 세대원수, ③ 어업노동시장, ④ 어촌의 발달 및 ⑤ 수산인력 양성정책이라고 하는 비교적 독자적인 공급원에 의해 결정된다고 봐야 할 것이다. 그러나 현재로서는 이러한 수산노동력 독자적 공급조건이 모두 불리한 상황에 놓여 있어 어업노동력의 수급 사정은 좋지 않게 되어있다.

수산업 부문에 있어서 수산업 종사자(취업자)수는 어가경영의 자영어업 종사자와 수산기업의 피용자(被庸者)수를 합친 개념이다. 이 가운데서 어가경영 종사인력은 어가 세대원수에 의해 그 규모와 조건이 결정되며, 수산기업의 피용어업 종사자 공급조건은 수산인구수, 어가 세대원수, 그리고 어업노동시장과 전문인력 양성정책 등에 의해 좌우된다.

(1) 어업 노동시장

어업노동시장이란 어업노동력의 공급과 수요가 이루어지는 시장으로서, 그 형태는 시장 성립의 지역적 범위에 따라 ① 동일지역 노동시장, ② 지방 범위의 노동시장, ③ 어항 중심의 노동시장, ④ 전국 범위의 노동시장으로 구분할 수 있다. 그리고 노동력 공급기관

---

108) 김석현, 인사관리론, 무역경영사, 1984, p.64.
109) 경제활동참가율=경제활동인구/노동가능연령의 인구(14세 이상).

은 ① 인력양성기관, ② 직업알선기관, 그리고 ③ 정부정책으로서 어업인 후계자정책과 외국인 선원고용제도 등을 들 수 있다.

이 가운데서 연안 및 근해어업의 노동력은 위의 동일지역 노동시장과 지방범위의 노동시장에 주로 의존하며, 근해 및 원양어업의 노동력은 위의 ③, ④의 시장에 대한 의존도가 높다. 그러나 전체로 보면 우리나라 수산업에 있어서 노동력의 주된 공급원은 여전히 동일지역 노동시장인 어촌 범위에 한정되어 있어, 일반노동시장에 비해 대단히 탄력성이 낮다고 할 수 있다.

(2) 인력양성기관110)

어선원 공급의 공식적인 창구로는 수산계 고교와 대학의 졸업생, 한국해양연수원 수료생을 들 수가 있다. 우리나라의 수산계 학교는 중등교육기관에 해당하는 수산 계 고등학교와 고등교육기관에 해당하는 2년제 및 4년제 대학으로 구분된다. 1997년 현재 수산계 고등학교의 학생수는 1990년대 중반까지는 다소 감소하였으나 최근에는 오히려 학급수와 학생수가 다같이 증가되었다(<표 Ⅷ-1>참조). 그러나 이와 같은 추세는 최근들어 몇몇 수고가 2년제 대학으로 전환됨에 따라 다시 수산고교에 의존하는 기능선원수의 감소가 예상된다.

또한 정부는 농어촌종합대책과 실업계 고등학교 교육과를 연계시킨다는 방침하에 농업계 고등학교에는 "자영학과", 수산계 고등학교에는 "자영수산과"를 설치하여 인력을 배출코자 1985년부터 이를 설치・운영하고 있다. 이에 수산계 고등학교에서는 1987년에 주문진 수산고교를 시작으로 거제, 대천, 완도, 포항 등 수산고등학교가 차례로 자영수산과를 설치하여

농어촌후계<표 Ⅷ-1> 수산계 고등학교의 학생수 변화추이

(단위 : 명, %)

구 분	1992	1993	1994	1995	1996
학 생 수	5,781	5,443	5,566	6,285	6,360
1992년 기준 변화율	100.0	94.2	96.3	108.7	110.0

주 : 한국수산회, 「수산연감」, 1998.

110) 여기에 대해서는 최정윤외 2인, 동북아지역 어업인력의 협력방안에 관한 연구, 수산경영론집 제31권 제1조, 2000.1을 참조바람.

<표 Ⅷ-2> 수산고교의 자영수산과 졸업생수

(단위 : 명)

학교 \ 연도	1990	1991	1992	1993	1994	1995	1996	1997	1998	1999
주문진수고	29	40	34	27	18	12	13	9	15	197
거 제 수 고		34	36	34	31	16	32	29	27	239
대 천 수 고		34	36	35	28	32	22	33	32	252
온 도 수 고			36	36	35	31	16	25	34	213
계	29	108	142	132	112	91	83	96	108	901

주 : 주문진 수산고교는 1999년부터 주문진 전문대학으로, 거제수고는 거제제일고교로 개편되었음.

1998년까지 4개교에 총 901명의 자영수산과 졸업생을 배출시켰으며, 현재도 이 제도는 계속되고 있다. 학교별 자영수산과 졸업생 현황은 <표 Ⅷ-2>와 같다.

한편, 우리나라의 수산 관련 고등교육기관으로는 현재 전국에 9개소가 있다. 이 중 4년제는 부경대학교(구 부산수산대학)를 비롯하여 5개교, 2년제는 1999년부터 수산고등하교에서 전문대학으로 바뀐 주문진대학을 비롯하여 4개교이다. 과거와 달리 4년제든 2년제든 수산교육을 전담하는 전문적인 대학은 없고, 4년제대학은 모두 수산해양 분야를 교육내용으로 하는 학교와 그렇지 않고, 한 두 개 정도의 수산계학과를 설치하는 것에 그치고 있다.

한국해양수산연수원은 어선인력을 양성하던 한국어업기술훈련소와 상선인력을 양성하던 한국해기연수원을 통합하여 1998년 1월 새로 발족한 선원양성기관이다.

(3) 인력양성정책

정부의 어업인력정책은 크게 두 가지 형태로 나누어 실시되고 있다.

하나는 어업인 후계자 육성정책이며, 또 하나는 병력특례자 정책이다.

어업인 후계자 육성정책은 농어촌 종합대책의 일환으로 1981년부터 시작하여 현재까지지 실시되고 있는데. 그 동안 13,451명의 어업인을 선발하여 어선건조, 양식장시설 및 수산가공시설 등에 요하는 자금과 기술을 지원하고, 이를 통해 어업과 어촌을 지켜나가는 후계인력을 확보 양성해 나간다는 것이다.[111] 이 정책에서 구분하는 어업인 후계자 유형은 일반후계자, 전업어가 및 선도어가의 3가지 유형이며, 연령은 40세미만의 어업유경험자로서 어촌정착 의욕과 어업계획인 우수한 자를 대상으로 선정하고, 1인당 5천만원에서 1억원의 범위까지 정부가 수산자금을 융자하여 어업 의욕을 증진시키는 정책이다.

최근 2000년도에는 일반후계자 625명, 전업어가 166명, 그리고 선도어업 경영체 3명을 합쳐 총 794명을 선정하여 총 24,600백만원을 지원을 하였다. 결국, 이들이 앞으로 어촌의 정예어업자로 성장해 갈 것으로 전망되는데, 보다 자세한 내용은 <표 Ⅷ-3>과 같다.

<표 Ⅷ-3> 漁業人 後繼者 支援實積

<單位 : 名.百萬원>

區分	計		'81～'99		2000	
	人員	金額	人員	金額	人員	金額
計	13,451	282,110	12,657	257,510	794	24,600
○ 一般後繼者	11,770	192,093	11,145	176,193	625	15,900
○ 專業漁家	10639	86,592	1,473	78,192	166	8,400
○ 先導漁家	42	3,425	39	3,125	3	300

한편, 병력특례자 정책은 수산인력 확보만을 목적으로 하는 정책이 아니고 우리나라 기간산업 전체를 대상으로 하는 산업 인력 확보 정책의 하나이다.

1973년 3월 법률 제22562호 "병력의무특례규제에 관한 법률"을 제정하여 방위산업, 광·공업, 건설업, 에너지사업, 수산·해운산업 및 국가 연구기관 종사자에 한하여 현역복무 대신에 근무기간 5년까지 지정산업체에 의무로 근무하게 하는 제도를 통하여 이 정책을 추진하고 있다.

1992년 12월에는 동법율을 개정하여 농·어업분야를 별도로 신설하고, 복무기간을 5년에서 3년으로 단축하였다. 원양어선 해기사 가운데서 지금까지 병력특례인원으로 배정된 수는 1993년～1997년 총 2,016명이다.현재도 이 제도는 시행중에 있으나 한국원양어업협회는 이 인원을 더 크게 늘려 줄 것을 요구하고 있다.[112)]

원양어업의 연도별 병력특례인원 배정 현황은 다음과 같다.

111) 해양수산부, 수산업 동향에 관한 연차보고서, 2000. p.213
112) 최정윤 외 7인, 앞책, p. 206.

1993년	75개회사	610명
1994년	75개회사	576명
1995년	53개회사	360명
1996년	47개회사	253명
1997년	44개회사	217명
계		2,016명

(4) 수산인구의 구성

어업노동력 공급원천이 되는 수산인구와 이의 연령별 구성을 통계에 의해서 살펴 보면 <표 Ⅷ-4>와 같다.

여기에 의해 나타난 수산인구 구성의 특징은 첫째, 수산인구가 80년대 이후부터 급격히 감소하여 90년대 말에 와서는 80년대의 절반 수준으로 줄어들고 있다.

둘째, 수산인구의 심각한 고령화 현상이다. 60세 이상의 수산인구가 70년대에는 6.0%이던 것이 90년대 말에 와서는 20.1%로 3.3배나 확대되었으며, 수산업 종사자중 가장 왕

<표 Ⅷ-4> 수산인구와 연령별 구성

(단위 : 명, %)

	14세 미만	14-60세 미만	60세 이상	계(A)	구성비 (B/A)	종사자 평균연령
1970	456,771 (39.2)	638,017 (54.7)	70,444	1,165,232	(60.8)	37.6세
1990	124,634 (25.2)	317,715 (64.0)	53,740	496,089 (100.0)	(79.2)	46.6세
1995	58,293 (16.9)	230,137 (66.3)	58,780	347,210 (100.0)	(83.2)	50.6세
1996	50,867 (15.4)	212,749 (64.4)	66,848	330,464 (100.0)	(84.6)	-
1997	45,993 (14.2)	212,493 (65.7)	64,897	323,383 (100.0)	(85.8)	53.0세

*주 : 1) 1980년도의 수산인구 중 연령별 통계는 없음
2) 평균연령은 $\overline{X}=\sum fx'/N$에 의해 산출하며, 급간 중앙치 x'는 17, 30, 50, 70을 각각 적용함.

성한 노동력 계층이라 할 수 있는 20세에서 40세 미만 인구는 70년대의 48.8%에서 1997년에는 11.6%로 4.4배나 격감하였다.

셋째, 장차 어촌후계세대를 구성할 14세 미만의 수산업 인구수가 계속 줄어들고 있는 점이다. 이 연령계층은 70년대에 39.2%에서 90년대 말에 와서는 14.2%로 2.7배가 감소하였다.

이러한 현상은 모두 장기적으로 수산업 노동력의 공급조건 악화, 수산업 종사자의 노령화, 노동력의 질적 저하 및 수산업 후계인력의 심각한 부족사태를 예고하는 것이라 할 수 있다.

(5) 임금수준

임금수준과 노동력 공급과의 관계는 「임금수준의 향상→노동력 공급량의 증가」, 반대로 「임금수준의 저하→노동력 공급량의 감소」라고 하는 정의 상관관계를 갖는다고 보는 것이 일반적인 견해이다.

그러나 우리나라의 경험에 의하면 경제수준이 높아지면 임금수준이 향상되더라도 노동력의 공급은 일정규모 이상 증가하지 않거나 개인의 경우 노동시간을 더 이상 연장 또는 증투(增投)하지 않는 경향이 있다. 이러한 것을 노동공급곡선의 후방굴절현상(back and bending supply)이라고 하는데, 이러한 현상이 바로 최근 수산업 분야에 있어서 극명하게 나타나고 있다.

70년대와 80년대에는 어업임금수준이 육상의 다른 어떤 분야보다도 상대적으로 높은 편이었으며, 따라서 어업노동력도 풍부하게 공급되었다. 그러나 90년대에 접어들면서 어업임금수준은 상대적으로 더 떨어진데다, 비록 높은 임금을 준다 하여도 일반선원은 물론, 간부선원에 있어서도 그의 공급이 절대 부족한 실정이다.

2) 어업노동력의 수요조건

(1) 노동력 수요 예측

기업에 있어서 인력조달과 관련한 경영합리화 방향을 보면, 임금수준이 높으면 기계화와 자동화 기술을 통해 노동력을 절감하고, 생산효율을 높이는 방향으로 추진 해 나간다. 이러한 기업경영의 노동력 합리화 노력을 생력화(省力化)라 한다.

수산기업에 있어서도 노동력 확보 대책과 어로경비 절감을 위하여 어업 생력화의 수준을 점차 높여 나갈 필요가 있는데, 그것은 궁극적으로 어업생산방법의 개선과 어로기술혁

신을 통해 기대 할 수 있다. 예를 들어, 어로작업 과정의 기계화와 자동화 및 무인화의 실현이다.

수산업이 필요로 하는 노동력의 수요변동 요인으로서는 ① 수산업의 경영합리화 문제를 위시해서, ②수산업 구조의 변동, ③ 어업별 임금수준, ④ 수산기술의 변화, ⑤ 수산정책의 방향 등 5대 요인을 들 수 있다. 이러한 노동력 수요요인을 고려한 수산업에 있어서 노동력 수요 예측 방법으로서는 다음의 3가지를 들 수 있다.

① 어업별 평균 종사자 기준

② 생산성 비교추정법

③ 계량적 접근법

수산기술 수준이 일정하다고 하면 금후에도 현존 노동력을 그대로 필요로 할 것이라는 가정에서 어업노동력 수요를 예측하는 방법으로 어업별 평균종사자 기준이 있다.

<표 Ⅷ-5>, <표 Ⅷ-6>을 참고하면서, 먼저 경영형태별로 평균어업종사자수를 파악하고, 이것을 취업계수(就業係數)로 가정하여 여기에 경영체수를 곱하면 수산업 전체의 필요 노동력을 산출 할 수 있다. 이러한 것을 기초 자료로 하여 회귀방정식(回歸方程式)[113]을 구하면 앞으로의 노동력 수요를 어느 정도 더 정확히 예측해 낼 수 있다.

<표 Ⅷ-5> 경영형태별 최성어기 기준 수산업 종사자수(1990)

(단위 : 개, 명, %)

	경영체수	평균종사자수	총종사자수	어업경영형태	경영체수
개인경영	121,528	2.2	263,650 (78.5)	원양어업경영	248
회사경영	169	163.3	21,348 (6.4)	근해어업경영	9,361
공동경영	1,000	50.2	50,173 (14.9)	연안어업경영	63,378
단체경영	20	24.6	492 (0.2)	양식업경영	49,727
계	122,714	2.7	335,663(100.0)		122,714

* 이것은 어업의 취업계수(就業係數)와 같은 것이다.

자료: 통계청, 총어업조사보고서, 1990.

113) 회귀방정식(regression equation)의 공식은 다음과 같다.

단순회귀방정식: $Y=a+bx$ (Y: 예측대상, x: 영향변수, a, b: 회귀계수)

다중회기방정식: $Y=a+bx+b_1x_1 \cdots\cdots b_kx_k$

(윤석철, 계량경영학, 경문사, 1982, pp.427-430).

<표 Ⅷ-6> 경영규모별 최성어기 기준 종사자수(1990)

(단위 : 개, 명, %)

경영규모	경영체수		평균종사자수	총종사자수	
무어선어가	52,862	(43.1)	2.4	125,315	(37.3)
무동력선어가	6,359	(5.2)	1.9	12,146	(3.6)
2톤 미만 경영	40,730	(33.2)	2.0	83,111	(24.8)
2-5톤 경영	15,570	(12.7)	2.5	38,906	(11.6)
5 - 10톤	3,588		3.9	13,981	
10 - 20톤	1,349	(5.5)	6.5	8,767	(14.6)
20 - 50톤	1,020		11.5	11,858	
50 - 100톤	857		16.5	14,252	
100 - 200톤	218		37.8	8,252	
200 - 500톤	135	(0.3)	79.6	10,745	(7.9)
500 -1,000톤	8		81.6	650	
1,000톤 이상	16		438.3	7,012	
계	122,714	(100.0)	2.7	335,665	(100.0)

자료: 상동.

이와 같은 방법에 의해 수산업 노동력 수요를 최성어기를 기준하여 추정해 보면, 연간 총 335,663명이 필요하며, 경영형태별로는 개인경영이 전체 78.5%로 가장 많고, 경영체 평균 종사자 수는 회사경영이 연간 163.3명으로 가장 높게 나타난다.

다음 이것을 경영규모별로 추정해 보면 무어선 어가계층이 총 125,315명으로 가장 많은 노동력을 요하며, 가장 낮은 수요 계층은 무동력선어가 계층으로서 연간 12,146명이다. 1,000톤급 이상의 대규모 수산경영에서는 척당 평균 438.3명이며, 연간 총 7,012명의 선원을 요한다.

(2) 개별 경영차원의 노동력 수요

개별경영차원의 인력소요 계획은 크게 보상관리차원과 생산관리 차원의 두 가지 방식이 있다. 이 양대 인력계획차원과 관련한 구체적인 소요인력 산출 방법으로는 <표 Ⅷ-7> 같은 여러가지 기준이 있다.

① 인건비 비율 기준

이것은 기업의 매출액에서 점하는 임금총액 비율을 구하여 이것을 출액에 대한 임금비

<표 Ⅷ-7> 개별 경영차원의 인력소요 판단 기준

보상관리 차원	생산관리 차원
① 인건비비율 기준	① 업무량 기준(직무분석방법)
② 임금지불능력 기준	② 표준시간 기준
③ 노동분배율 기준	③ 작업수행 기준(PAS법)
④ 노동생산성 기준	④ 관리범위 기준(SOM법)

자료 : 高宮 晋 体系經營學辭典, ダイアモンド社, 1977.
신유근, 인사관리, 경문사, 1982, PP.96-103.

용으로 규정하고, 이를 통해 앞으로의 임금 상승률을 가정하여 소요인력을 파악하는 방식으로서, 이 방법은 기업의 자료 확보가 비교적 쉽고 산식이 간단하여 활용빈도가 높다. 산식은 다음과 같다.

소요 인력수 = 목표매출액×인건비 비율/1인당 임금액×(1+임금상승율)………………①
인건비비율 = 임금총액/매출액

② 임금지불능력 기준

이것은 손익 분기점 상의 매출액을 分母로 하고, 임금 총액을 分子로 하여 임금지불능력을 구한 다음, 1인당 임금액을 나누어 소요인력을 파악하는 방법으로서, 산식은 다음과 같다. 이 방법은 손익분기점분석에 의해 지불 가능한 임금총액을 먼저 결정하고, 이 범위 안에서 기업이 원하는 정원(定員)을 산정한다는 점에서 손익분기점 분석기준이라고도 한다

소요 인력수 = 목표 손익분기점매출액×임금 지불능력/1인당 임금액×(1+임금상승률)-②
임금지불능력(%) = 임금총액/손익분기점상의 매출액

③ 노동분배율 기준

이것은 기업의 부가가치 총액을 분모로 하고 임금총액을 분자로 하여 노동분배율(勞動分配率)을 구한 다음, 여기에 목표 매출액과 목표 부가가치액 및 1인당 평균 임금액을 대응시켜 소요인력을 파악하는 방법으로서, 산식은 다음과 같다.

소요 인력수 = 목표 매출액×목표 부가가치율×노동분배율 / 목표 1인당 임금액×(1+임금상승율)-③

노동배분율 = 임금총액 / 부가가치액

④ 노동생산성 기준

이것은 노동생산성을 분자로 하고, 여기에 목표 매출액, 또는 목표 생산량을 분모로 하여 소요인력을 파악하는 방법과, 노동생산성과 기업의 설비가액을 노동생산성으로 나누어 소요인력을 파악하는 두가지 방법으로 나누어지며, 산식은 각각 다음과 같다.

소요 인력수 = 목표 생산액 / 목표 1인당 생산액 ……………………………………………④
소요 인력수 = 목표 생산액 / 목표 1인당 생산액/기계설비가액×(1+투자증가율) ………⑤
노동생산성 = 노동장비율×고정자산회전율×부가가치율

⑤ 업무량 기준

이것은 기업의 총 업무량을 총 노동시간으로 나누어 직무별로 소요인력을 구하고, 이를 전제로 합산하여 기업전체의 소요 인력을 파악하는 방법으로, 산식은 다음과 같다.

그런데, 총업무량 파악은 직무분석을 실시해야 함으로 이 방법은 직무분석 기준이라고도 한다. 직무(職務, job)란 작업자의 업무범위와 직위와 그 일에 관련된 책임범위를 합친 개념으로서 과업(일)의 확대 개념이며, 직무별 일처리 시간을 기초로 하여 총 업무량을 계산한다.

소요 인력수 = 총업무량 / 평균노동시간 ………………………………………………………⑥

위에서 총 업무량은 엄밀하게 말해 “단위노동시간 × 총생산량”을 말하지만, 간단하게는 총 노동시간과도 같은 개념이다.

⑥ 표준시간 기준

이것은 작업수행에 대한 표준시간(標準時間)을 구하여 이를 기초로 연간생산량을 산정하고, 여기에 1인당 작업시간을 나누어 소요인력을 파악하는 방법으로서, 산식을 다음과 같다.

소요인력수 = 표준시간 x 표준생산량 ………………………………………………………⑦

여기서 표준시간은 작업수행에 대한 “1인당작업시간 정상소요시간 + 여유시간”을 의미하지만 작업자의 표준시간을 정확히 산정한다는 것은 쉽지 않다. 그러므로 이것을 기초로 하여 실제로 기업의 인력계획을 수립하는 것은 그렇게 간단한 문제가 아니다. 표준시간 측정은 F.W.Taylor(1911)[114]의 작업시간연구(time study)에 의해 널리 보급된 것으로, 표준시간 측정식은 다음과 같다.

표준시간=(총작업시간×작업시간비율[115]×작업능률도[116])/총생산량×1/(1-여유율)

⑦ 작업수행능률 기준

이것은 작업자의 업무처리시간 곧, 작업수행능률을 통계적으로 조사하여 총업무량을 산정하고 이것을 기초로하여 소요인력을 파악하는 방법으로서, 산식은 다음과 같다.
이 기준은 작업능률에 기초한 소요인력 산출방법이라는 점에서 일명 PAS방법(performance analysis system)이라고도 한다. 이 방법은 반복적 업무가 행해지고 있는 생산직 인력계획에 더욱 유효한 방식이다.

소요 인력수=총업무량×표준시간/(근무시간 - 평균결근시간)×가동률……………………⑧

⑧ 관리범위기준

이것은 관리자가 효과적으로 관리할 수 있는 부하의 수는 일정한 한계(span of management : SOM)가 있다는 전제하에서 관리 계층 수에 따른 총 소요인원과 관리자 수를 산정하는 방식이다. 관리 폭(幅)에 한계가 있다는 것은 일찍이 영국의 경영학자 L.F.Urwik(1937)이 제시한 주장이며, 여기에 의해 A.V.Graicunas(1937)는 집단의 수가 커지면 관리자가 증가하고, 관리자가 증가하면 동시에 집단의 규모도 커진다고 하였다.[117]

SOM의 산식은 다음과 같다.

$S = N(\frac{2N}{2} + N - 1)$ ……………………………………………………………………………⑨

S : 소요인원

N : 관리 폭

114) Frederick Winslow Taylor, The Principle and Method of Scientific Management. 1911.

115) 작업시간비율이란 표준시간에 대한 실제작업시간의 비율을 말하며, "작업시간/표준시간"으로 표시한다.

116) 작업능률도란 작업자의 작업수행정도를 말하며, 정상작업자의 경우 이 값은 1이다.

117) A.V Graicunas, Relationship in organization, the Science of Administration, Institute of Public Administration, New-York, 1937(최종태, 현대조직론, 경세원, 1986, p.140참조).

[예]

1998년도 우리나라 주요 근해어업 5종의 년간 경영체당 평균 경영실적 자료는 <표 Ⅷ-8>과 같다. 이것을 기초로 하여 보상관리 차원의 인력소요를 위의 4가지 기준에 의해 판단하고자 하며, 그 결과는 <표 Ⅷ-9>과 같다.

3) 어업노동의 특성

어업노동은 먼저 해상노동과 육상노동으로 나눌 수 있으나, 중심이 되는 것은 해상노동

<표 Ⅷ-8> 주요 근해어업 경영체당 평균 경영실적

(단위 :천원)

	매출액	총비용	임금총액	변동비	부가가치액	1인당 평균매출	1인당 평균임금
쌍끌이대형기저	1,175,921	1,202,703	263,801	754,623	358,076	51,127	11,469
외끌이대형기저	390,468	341,964	123,915	167,476	209,216	48,808	15,489
대 형 트 롤	1,461,466	1,336,337	248,801	737,973	573,885	97,431	16,587
대 형 선 망	4,027,018	4,178,743	1,348,997	2,000,510	1,695,457	53,694	17,986
기선권현망	1,401,860	1,304,423	491,593	616,236	722,146	25,033	8,778

자료 :수협중앙회, 어업경영조사보고, 1998.

<표 Ⅷ-9> 주요 근해어업 경영체당 인력소요 판단

	선원수 (명)	손익분기점[1] (천원)	임금지불능력	노동분배율	부가가치율	보상관리차원의 인력소요[2]			
						①	②	③	④
쌍끌이 대형기저	23	1,241,888	0.18	0.74	0.372	22.9	19.5	28.2	23.0
외끌이 대형기저	8	342,133	0.36	0.59	0.536	7.9	7.9	7.9	8.0
대형트롤	15	1,208,816	0.21	0.43	0.393	14.9	15.3	14.9	15.0
대형선망	75	4,330,483	0.31	0.79	0.491	75.0	74.6	86.8	74.9
기선권현망	56	1,228,905	0.68	0.68	0.515	55.6	95.2	55.9	56.0

주 : 1) 손익분기점 산출은 $x = f.(1 - \frac{V}{S})$ 식에 의함.

2) 보상관리차원의 인력소요판단은 앞의 관계식 ①~④에 의해 구한 것임.

자료 : <표 Ⅷ-2>에 의함.

(海上勞動)이다. 해상노동은 주로 선박이라는 좁은 공간을 이용하여 바다에서 어로 작업을 하는 노동이다. 이 때문에 어업노동은 생명의 위험과 많은 육체적 정신적 어려움이 따르며, 그로 인해 어업노동은 다음과 같은 부정적 측면을 나타내게 된다.

① 어업노동은 주로 위험한 해상에서 이루어지고, 작업공간이 협소한 선박 위에서 수행되기 때문에 작업과 관련한 생명의 위험과 재해 및 질병 발생의 우려가 높은 노동이다.

② 어업노동은 어황과 해황 등 자연조건에 많이 지배되기 때문에 노동력 투입에 번한(繁閑)의 차가 심하고, 또 순간적으로 노동이 집중되는 노동 강도가 높은 특징을 갖는다.

③ 어업노동은 생산의 현장이 육지와 멀리 떨어진 원격지 해상에서 수행되기 때문에 가족 생활에 제약을 받으며, 경영자가 생산과정과 노동자를 직접 통제 감독하는 것이 불가능한 노동이다.

④ 어업노동은 개인작업의 전문화 수준이 낮아 노동자의 자기개발 능력이 떨어지며, 다수인이 집단적으로 노동력을 집중시키는 협동적 노동에 의존하는 면이 크다.

그러나 어업노동은 다음과 같은 긍정적인 측면도 내포하고 있다는 것을 이해 할 필요가 있다..

① 수산업 자체가 광활한 바다와 자연을 대상으로 하는 쾌적성 산업(clean industry)이므로 어업노동 역시 쾌적한 노동이라 할 수 있다.[118]

② 어업노동은 친환경적인 노동(environment fellowship labor)이라 할 수 있으므로 작업수행중 복잡한 대인적 갈등관계나 그로 인한 심리적 압박감으로부터 해방될 수 있다.

③ 어업노동은 단순한 노동력 제공자라기보다는 수산해양개척자라는 자긍심과 도전적인 정신으로 참여하는 주체적 노동이다.

④ 어업노동은 식량산업 종사노동이기 때문에 넓게 보면 경기변동의 영향을 덜 받는 노동안정성이 높은 면을 갖고 있다.

⑤ 어업노동은 주로 해상과 선박 위에서 수행되기 때문에 불필요한 개인생활비를 절감할 수 있어, 노동자 개인의 소득저축과 재산 형성에 상대적으로 유리한 점이 많다.

어업노동은 이상과 같은 그의 긍정적 측면에도 불구하고 실제 노동력 수급은 부정적 요인에 의하여 지배되는 면이 더 크다고 볼 수 있다. 그것은 어로 작업이 수행되고 있는 선상과 해상에서는 아직도 예기치 않는 재해와 안전사고가 자주 발생하므로 이러한 노동환경과 노동조건을 기피하려는 심리가 작용하는 때문이다. 여기에다 심지어 수산 경영자 자

118) 이점에서 어업 노동자들에 있어서는 현대 산업 노동자들이 가장 우려하는 산업의한 여러 가지 질병(疾病) 문제는 우려하지 않아도 된다.

신도 수산업에 대한 재투자를 기피하고 있는 실정에 있어, 이러한 문제 해결을 더 어렵게 한다.

3. 노동력의 조달과 고용

1) 어업노동의 유형

(1) 자가노동

수산업에 있어서 자가노동은 자영어업인 어가경영의 가족노동을 가르킨다. 이것은 세대주 자신을 포함한 가족구성원에 의해 제공되는 어업노동을 말하며, 무임금, 무보수노동을 특징으로 한다.

수산경영형태를 어가경영과 수산기업으로 구분하는 기준은 노동력의 의존과 고용의 성격이 중요한 구분 기준이 되는데. 자가노동, 곧 가족노동에 대한 의존도가 높은 경영을 어가경영이라 하며, 타인노동에 의존도가 높은 경영을 수산기업이라 한다.

자가노동(自家勞動)은 어가경영의 성립과 발전의 기본이며, 이의 크기와 질적 구성에 따라 어가경영의 향상과 성장이 좌우된다. 자가노동력의 크기와 공급조건은 어가세대 규모(가족수)에 의해 결정되며, 또 노동력의 질(質)은 가족구성원의 성별구성, 연령구성, 그리고 수산업에 대한 경험과 교육정도에 따라 그 수준이 달라진다.

현재 어가경영에 있어서 자가노동력의 확보는 과거의 대가족제도가 무너지면서 ① 부부 중심의 가족노동, ② 중추노동의 노령화 현상, ③ 보충노동력의 부족 등으로 심각한 국면에 처해 있다.

(2) 고용노동

고용노동(雇傭勞動)이란 일정한 임금지급을 조건으로 수산경영체에 고용되는 노동력을 말한다. 이것은 고용형태에 따라 상시고용노동과 임시고용노동으로 구분되며, 또 해상고용노동과 육상고용노동으로도 나누어진다.

상시고용노동(full-time working labor)은 어업 전 기간을 통해 수산경영체에 상근제(常勤制)로 고용된 노동이며, 주로 중추노동을 담당하는 어로작업자들이 여기에 속한다.

임시노동(temporary working labor, part time labor)은 한 항차기간 또는 한 어기 단위

로 고용되는 노동이며, 중추노동의 보충형태로 활용된다.

수산경영체의 규모가 크고 어업성격이 주년조업(연중조업) 형태를 띠는 경영에 있어서는 상시고용노동력의 비중이 높지만, 경영규모가 영세하고 어기가 짧은 수산경영체에서는 임시고용노동자에 의존하는 경향이 많다.

(3) 중추노동

어로작업과정에서 매우 중요한 작업을 담당하는 기능을 중추노동이라 한다. 중추노동(中樞勞動)은 수산경영에 있어서 핵심적 노동력을 제공하는 노동을 말하며, 주로 선상에서 어로작업에 참여하는 노동 또는 양식장의 현장노동력 등이 이러한 중추노동을 구성한다.

구체적으로는 선장, 기관장, 통신장, 항해사, 기관사 및 갑판장을 포함한 간부선원 전원과 그 이하 중요한 작업에 참여하는 일반 선원까지를 포함한 어선원 노동전원이 여기에 속한다. 전자를 중추노동의 특수기능노동, 후자를 중추노동의 일반노동이라 한다.

(4) 보충노동

보충노동(補充勞動)은 중추노동의 작업을 지원하는 보조적 역할을 하는 담당하는 노동을 말하며, 어구손질 노동(제망사), 하역 및 양육노동, 어획물 배열작업 등에 참여하는 노동력이 여기에 속한다. 대부분의 보충노동은 육상에서 수행되므로 일반적으로 육상노동은 보충노동으로 보아도 좋다.

2) 어업노동의 조달

(1) 교육 및 훈련기관의 이용

수산경영체는 수산고등학교나 대학, 정규선원훈련기관 등으로부터 중주노동의 인력을 공급받는다. 이 때 고용방법은 주로 관련기관의 추천에 의하는 경우와 공개 채용방식에 의하는 두 가지 방식을 취하게 된다. 선장, 기관장, 항해사 및 통신사 등 전문기능직에 해당되는 고급선원은 대부분 전자의 방법에 의해 채용되며, 최근에는 수산가공기술자, 양식전문가도 교육기관의 추천에 의존하는 경향이 많아졌다.

(2) 직업알선기관의 이용

이것은 어선원 조달을 주로 직업소개소에 의존하는 경우인데, 여기에는 공공직업알선기관과 일정한 수수료를 받고 알선하는 상업적 직업소개소가 있다. 주로 간부선원은 공공직업알선기관을, 일반 어선원의 고용은 상업적 직업소개소등를 통하여 이루어진다. 공공직업알선기관이란 수산노동조합이나 부두하역노동조합 등을 가리킨다. 이 때 고용주는 종사할 업무의 내용, 임금, 기타 노동조건 등을 명시하고, 직업소개소는 이러한 조건에 맞는 경력자를 어선원으로 소개함으로써 고용이 성립된다.

(3) 노동조합의 이용 경우

수산노동조합은 어선원을 조합원으로 하는 조직이며, 근로자의 권익향상을 위한 단체교섭, 노동협약 및 복지후생활동 등을 주된 목적으로 하고 있다.

노동조합이 클로즈드 숍(closed shop) 형태로 조직되는 경우에는 필요한 인력은 노동조합을 통해서 채용되므로 노동조합은 이러한 기능을 통해 어선원 수급에 힘을 행사는 기관으로 존재하기도 한다.

3) 어업노동의 고용

(1) 자체 고용

업계의 사정을 잘 아는 선주와 선장 등이 혈연이나 지연을 통하여 임금 등 고용조건을 제시하고, 필요한 인력을 채용하는 경우이다. 여기에는 ① 수산경영자가 필요한 노동력 모두를 전원 직접 고용하는 경우, ② 수산경영자는 선장 또는 어로장만을 고용하고, 그 외의 어업노동력 조달은 선장 또는 어로장에 위임하는 경우, ③ 위의 두 가지 방법을 병용하는 경우의 세 가지 방법이 있다.

(2) 고용계약

노동자가 고용조건을 충분히 알지 못하고 취업했을 때에는 노사간에 어려운 분쟁에 직면하는 일이 많다. 그러므로 선원법[119]이나 근로기준법[120]에서 사용자가 고용계약을 체결할 때에는 다음의 고용조건(雇傭條件)을 노동자에게 미리 명시할 것을 의무화하고 있다.

① 취업장소 및 종사해야 할 업무에 관한 사항

119) 선원법, 1962. 1. 10제정(법율제 963호).
120) 근로기준법, 1953. 5. 10 제정(법율제286호).

② 근로계약기간
③ 임금수준과 임금계산, 지불방법 및 지불시기
④ 퇴직수당 및 기타수당
⑤ 노동자에게 부담시킬 식비, 작업용품 등

한편, 근로계약기간에 대해서는 고용기간을 정해놓는 경우와 그렇지 않고 어업의 관습에 따라 어기를 고용기간으로 하는 경우의 두 방식이 있다. 원양어업과 근해어업은 전자에 의하며, 연안어업은 주로 후자에 의한다. 그러나 후자의 경우에도 어선원들은 선주와 어기마다 계약의 해제, 갱신을 새롭게 해야 하는 것이 원칙이다.

4) 고용상의 문제

(1) 고용의 불안정성

어업은 계절성 산업이기 때문에 근로계약기간은 어기계약이 대부분이다. 그러므로 어업노동자는 고용기간이 짧고, 불안정한 수산경영체의 취업을 기피하는 것이다. 이 점에서 어업노동은 고용안정률이 낮은 노동이라 할 수 있다. 이러한 점을 고려하여 수산경영자는 선원고용 안정문제를 우선적으로 고려해야 할 것이다.

(2) 노동시장의 편중성

어선원의 출신지 구성을 보면 동일지역 출신자와 동일지역 외 출신자로 크게 구분해 볼 수 있는데, 연안어업과 근해어업은 동일지역 출신자가 많고, 원양어업은 다른 지방 출신자 비율이 상대적으로 높은 특징을 나타낸다. 또 전체적으로 보면 어업노동력은 수산·해운계 교육기관의 출신자와 어촌 도서 출신자가 대부분이다. 이러한 점에서 볼 때 수산해운계 교육기관의 육성과 연안지역 진흥 정책은 어업노동력 공급원으로서 중요한 역할하는 존재라고 하는 사실이 재차 강조된다.

(3) 노동력 확보의 어려움

과거에는 어업노동자를 채용하는 데 있어서 고임금이라고 하는 유인요소가 있었으나, 최근에는 산업간 임금격차가 줄어들고, 육상 취업기회가 확대되면서 어선원의 조달과 확보 문제가 과거처럼 쉽지 않게 되었다. 구체적으로 그 이유를 들면 다음과 같다.

① 산업의 고도화로 일반기업에로의 취업기회가 넓어진 점, ② 어획부진 등으로 과거와 같은 고임금의 보장이 어려워진 점, ③ 육상노동에 비해 노동환경이 불리하여 어업노동에 대한 기피현상이 두드러지고 있는 점 등이다.

어선원과 육상근로자의 최근 3개년간의 최저임금수준을 대비해 보면 <표 Ⅷ-10>와 같다.

5) 어선원 관리의 개선[121)]

(1) 선원수급정책의 개선

여기서 선원이란 앞에서 구분한 어업노동의 유형 가운데서 고용노동에 해당하는 어선

<표 Ⅷ-10> 어선원과 육상 근로자의 최저임금대비(월/1인)

(단위: 원)

구 분	1999	2000	2001	2002
선 원(A)	362,000	443,000	510,000	565,200
육상근로자(B)	361,600	421,490	474,600	514,150
대 비(A/B)	100.1%	105.5%	107.5%	109%

주 :1) 어선원은 선원법 제52조의 규정에 의한 원양 및 근해어업 어선원을 말함.
2) 육상근로자는 제조업근로자 기준임.
3) 최저임금제도(minimum wage system)란 노동자개인의 능력이나 직무와 관계 없이 노동력의 재생산력 수준을 기초로 국가가 필요한 산업근로자의 월최저 임금 수준을 정한 것을 말한다. 우리나라는 일반근로자에 대해서는 근로기준법, 어선원에 대해서는 선원법 제54조에서 이것을 규정하고 있으며, 2000년 1월 1일부터 이를 실시하고 있다.

자료 : 해양수산부 선원노정과, 02년 선원최저임금액 책정(안), 2002. 9.

<표 Ⅷ-11> 우리나라의 어선원 취업 현황

(단위 : 명, %)

	1986	1988	1990	1992	1994	1996	90년 이후 연평균 증가율
원양어선원	16,178	20,359	21,984	14,275	9,412	7,067	-17.0
연근해어선원	30,624	31,426	31,288	31,142	29,126	28,997	-0.5
합 계	46,802	51,785	53,272	45,417	38,538	36,064	-5.7
해외취업어선	7,222	9,721	9,537	5,081	3,396	1,827	-21.0

121) 여기에 대해서는 최정윤 외 7인, 앞책 ,pp.206~209 참조바람.

근로자를 가르킨다. 우리나라 전체 취업어선원은 <표 Ⅷ-11>에서 보는 바와 같이 1996년 말 현재 3만 4천명으로, 가장 많았던 1990년의 5만 3천명과 비교하면 2/3수준이다. 이는 1990년 이후 연평균 -17%로 감소한데 반해, 원양어업선원의 수 감소에 기인하는 것으로, 결국 외국인 노동자의 고용이 불가피 하다는 것을 말해 주는 것이다.

(2) 어선원관리의 문제

수산인력 가운데서 어선원수급의 문제는 여러요인과 상호연계되어 있어서 악순환의 고리를 이루고 있다.

따라서 어선원 직업이 과거와 같은 인기직종으로 회복된다는 것은 좀처럼 어렵게 되었으며, 오히려 선원이직율의 증가와 재승선 기피현상이 점점 심화되고, 신규 채용선원의 자질도 떨어지고 있는 실정이다. 이러한 것은 장기승선에 의한 숙련선원의 확보를 더 곤란하게 하고 있다.

이러한 현상에도 불구하고 기존선원에 대한 업계의 안이한 대책, 인력관리의 무원칙, 그리고 정부의 방관적 자세는 문제가 아닐 수 없다. 여기에 대한 대책으로서는 무엇보다 업계 스스로가 기존선원에 대해 ① 처우 개선책, ② 선원직장정착 유도대책, ③ 공정한 인사관리제도의 도입 등의 자구계획을 마련하여 실천에 옮겨야 하며, 정부에서는 다각적인 인력수급대책을 수립 실시해 나가야 할 것이다

한편, 국내어선원 공급조건의 악화로 그 동안 <표 Ⅷ-12>로서 볼 수 있는 바와 같이 우리나라 어업에 있어서도 매년 외국인 어선원 고용이 늘어나고 있으므로, 여기에 대해서도 적절한 개선 방안이 요구되고 있다.

우리나라의 외국인 선원고용은 1991년부터 시작되었는데, 이의 배경은 1991년 10월 법무부와 국가안전기획부의 "중국인 인력의 선원 고용지침"에 근거한다. 그후 1994년 3월 해운항만청의 "외국인 선원 고용지침"제정으로 모든 국가에 고용대상이 확대되었으며, 외국인의 승선 범위도 처음의 1/3에서 현재는 1/2로 확대되었다.

외국인 어선원에 대한 관리방향으로는 첫째, 수산기업체와 선원송출회사, 및 외국인 노동자 대표들로 구성된 해외 어선원 노사협의회나, 외국인 고용위원회와 같은 공식적인 노사관계기구를 설치 운영함 할 필요가 있다. 이를 통해 외국인 어선원의 고용실태와 근로조건 등을 올바로 파악하고 있어야 한다.

둘째는 외국인 어선원에 대한 교육・훈련의 강화이다. 이를 통해 선상생활과 선내 작업

<표 Ⅷ-12> 한국의 연도별 외국인 선원 고용허가 현황

(단위 : 명)

연 도	중 국	인도네시아	베트남	필리핀	기 타	합 계
1991	106	-	-	-	-	106
1992	359	-	-	-	-	359
1993	404	-	-	-	-	404
1994	907	474	349	-	-	1,730
1995	1,262	810	648	120	152	2,840
1996	1,236	1,889	555	584	259	4,264
합계	4,274	3,173	1,552	704	322	9,703

주: 기타 국가에는 방글라데시, 미얀마, 인도 등이 포함되어 있음.
자료: 한국해기연수원, 한국선원통계연보, 1997.

환경에 대해 적응력을 높이고 우선 선상재해를 스스로 예방하도록 한다.

셋째는 적절한 임금보장과 인격적 대우이다. 대부분의 외국인 어선원은 근로자 신분이 아닌 산업연수생 신분으로 승선하고 있으므로 이러한 약점이 있다고 하여 기업체 내에서 인권유린, 임금체불 및 지나친 저임금정책이 있어서는 안될 것이다.

4. 어업임금관리

1) 임금의 기능

임금이란 노동력을 제공한 대가로서 노동자들에게 지불되는 경제적 보수(income)를 말한다. 즉, 노동자에게 지불되는 노동력의 보수는 노임, 급료 및 각종 수당 등으로 지급되는 경제적 가치는 모두 임금에 해당한다. 이러한 임금은 현금으로 지급되는 것이 보통이지만, 현물로 계산하여 지급되는 경우도 있다. 수산업의 실물분배제, 주식회사의 주식배당은 여기에 속한다.

임금의 기능은 노동자 측에서 보면 그가 제공한 노동에 대한 대가로서 노동자 본인과 그 가족의 생활을 위한 유일한 소득의 원천이며, 기업의 측에서 보면 경비 지출의 하나로서, 생산원가의 중요한 구성요소가 된다. 그렇기 때문에 노동자 측에서는 가능한 한 높은 수준의 임금을 원하고, 경영자 측에서는 되도록 임금수준을 낮추고자 한다.

이 때문에 노사간(勞使間)에는 상반되는 이해의 대립상을 나타내게 되는데, 이러한 노사간 대립의 근본요인은 양측이 임금수준, 임금형태, 임금지급방법 및 그의 체계를 결정함에 있어서 서로 유리한 입장을 취하려고 하는 데서 모두 발생한다.

그러나 임금은 노동자들의 노동의욕을 자극시키는 기업의 생산성 향상 요인으로도 작용하기 때문에 기업측은 무조건적 저임금정책(低賃金政策)을 취하는 것은 바람직한 것이 라고는 볼 수 없다. 여기에 임금이 갖는 기능과 그의 체계 및 형태 문제에 대한 올바른 이해가 필요한 것이다.

2) 임금의 체계 및 형태

(1) 임금체계

노동자에게 지불되는 임금의 내용은 ① 생계유지를 위한 임금, ② 정상적인 근로에 대한 임금, ③ 능률자극을 위한 임금, ④ 그밖에 각종 수당 등 4대 임금요소로 구성된다.

임금체계(賃金体系, wage structure)란 이와 같은 각종 임금내용의 구성과 임금총액을 구성하는 기준임금과 기준외 임금 등으로 짜여진 총임금의 구성관계를 말한다. 이러한 점에서 임금체제는 임금구조로도 이해된다.

임금 구성 가운데서 기준임금(基準賃金)은 기본급과 법정수당으로 구성되며, 기본급은 노동자의 정상적인 노동에 대하여 지불되는 임금을 말하는데, 여기에는 고정급, 성과급 및 능률급의 3 형태가 있다..

고정급은 임금지급기준 즉, 임금률(賃金率, 이것을 임률(賃率)이라고도 함)을 노동시간으로 정해놓고 이를 일급, 주급, 월급 또는 연급(연봉)으로 고정된 임금을 지불하는 것을 말하며, 정액급(定額給) 이라고도 한다. 여기에 대칭되는 것이 성과급이다. 성과급(成果給)은 시간에 따른 정액급과는 대칭되는 임금개념이다. 노동자가 작업을 통해 이룩한 생산량이나 판매량 등과 같이 작업의 수행정도에 기초하여 지급하는 임금이다. 능률급(能率給)은 성과급의 일종으로서, 정상적인 작업능률을 초과한 것에 대하여 추가로 지급되는 임금부분이다.

고정급, 성과급 및 능률급의 3대 기본급 임금형태 가운데서 기업은 어느 하나를 기본급으로 할 수도 있고, 일정한 고정급 위에 성과급과 능률급을 추가하여 기본급으로 할 수도 있다.[122] 기본급에 법정수당을 합치면 기준임금이 된다.

그러나 실제 임금 지불시에는 근로자의 생활보장, 사회적 불균형의 시정, 시간외 또는 특별노동의 필요 등을 이유로 지급되는 각종 부가급임금(付加給賃金)이 있다. 이러한 것을 기준외 임금(基準外賃金)이라하며, 실제 임금 지급시 에는 이것이 특별수당과 생활보조금 형식으로 지급된다.

임금체계가 갖는 상반된 기능은 첫째, 근로자에 대해 생활의 안정과 소득세 부과 및 각종 상여금 지급 등의 기준이 되며 둘째, 기업에 대해서는 경영압박 요인이 되기도 한다. 그러므로 임금체계는 근로자의 만족과 협동을 효율적으로 이끌어 내고, 기업에 대해서는 노무비의 효과를 최대화시킬 수 있는 방향에서 검토되어야 할 것이다.

기업의 일반적인 임금체계를 보면 <그림 Ⅷ-2>와 같다.

(2) 임금형태

임금체계와 임금형태는 임금제도(wage system)를 구성한다.

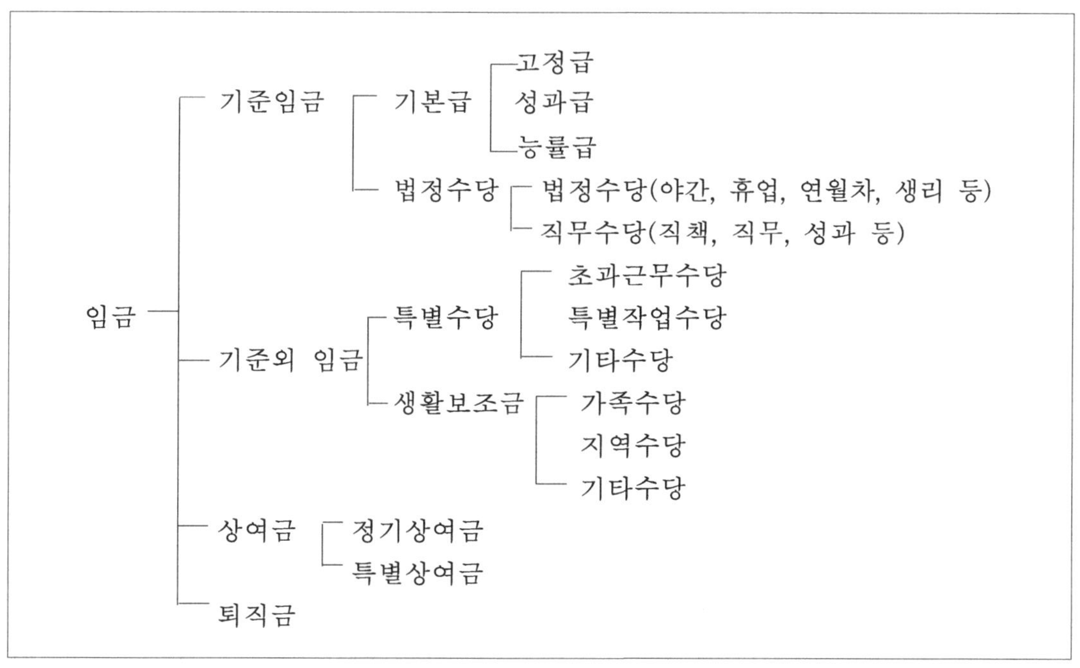

<그림 Ⅷ-2> 기업의 일반적인 임금체계

122) 김식현, 앞책,. p.448.

임금의 형태(method of wage payment)란 임금의 계산방식 내지는 그 지불방식을 뜻한다. 여기에는 기본적으로 노동자의 생산량이나 작업성과에 관계없이 일한 시간에 대하여 고정적으로 지불하는 고정급제(예: 시급, 일급, 주급, 월급, 연급 등)와 노동자 개인 또는 노동자 집단이 일정한 기간에 수행한 작업성과나 작업능률을 기준으로 하여 임금을 산정 지불하는 성과급제(成果給制)가 있다. 이 가운데서 어업임금제도와 밀접한 관계를 갖는 임금형태는 성과급제도(成果給制度)이다 .성과급제는 능률급제도라고도 하며, 장려급제와도 동의어로 사용되는데, 다시 이것은 임금지급대상에 따라 개인성과급제와 집단성과급제로 나누어지고, 그 안에서 여러 형태의 성과급제로 또 세분하여 운영돼 간다. 성과급제의 일반적인 유형을 정리하면 <그림Ⅷ-3>과 같다.[123]

3) 어업임금제도의 특징

(1) 집단성과급제도

임금지급기준에서 시간급(time rate plan)은 노동자가 작업을 위해서 바친 노동시간을 기준으로 하여 지급되는 임금형태이다. 이것은 노동자의 작업수행성과와는 무관하며, 고정급의 성격을 띈다.

그러나 성과급(piece rate plan)은 투입 노동시간과는 관계없이 노동자가 이룬 작업수행

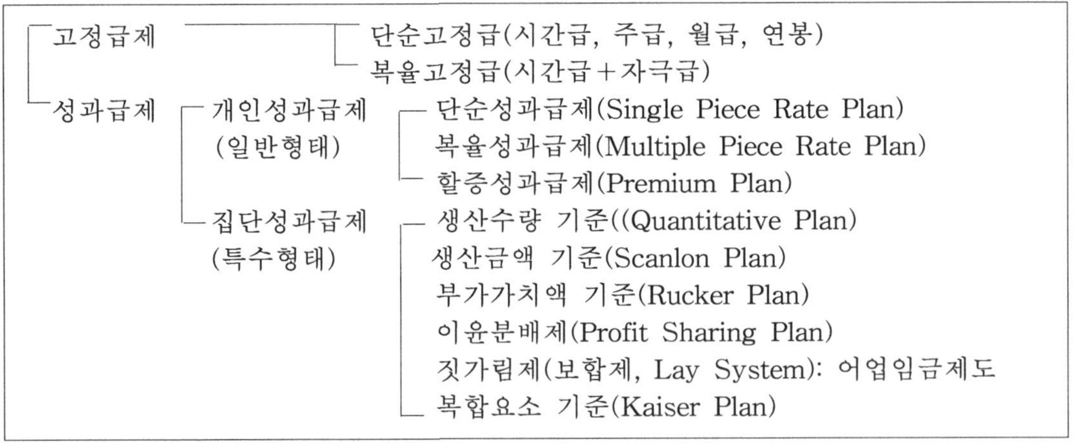

<그림 Ⅷ-3> 임금지불방식과 임금형태의 분류

123) 김석희, 앞책, 1983, p.243.

량 즉, 업적이나 성과를 기준으로 하여 지급되는 임금제도이므로 시간급과는 본질을 달리한다. 성과급은 지급대상에 따라 개별성과급과 집단성과급으로 나누어진다.

노동자 개인별로 노동성과를 파악하고, 이러한 개인별 노동성과를 기준으로 하여 임금을 지급하는 제도를 개인별 성과급제라 하며, 개인이 아닌 구성원 전체를 하나의 작업 단위로 하여 작업량을 부과하고, 이들 작업전체가 이룬 일의 업적이나 작업성과에 토대를 두어 노동자 하나하나에 대해 임금을 계산하여 지급하는 방식을 집단성과급(group incentive payment)이라 한다.

작업 가운데는 개별적으로 분할 수행이 용이한 작업이 있고, 팀(team)을 이루어 일을 하면 보다 능률으로 이루어지는 작업도 있다. 해상에 있어서 어로작업은 개인별 분할이 어려운 작업이기 때문에 처음부터 집단을 통해 협동적으로 수행해 왔으며, 이 점에서 집단작업의 대표적인 형태이다. 그렇기 때문에 어선원들의 임금계산은 개인별로 실시하지 않고 선원 집단 전체를 하나의 노동평가단위(勞動評價單位)로 하여 이들이 이룬 어로성과 전체에 대하여 임금을 계산 지급해 오고 있으며, 이러한 것이 전통적 관습이 되고 있다. 이때 집단 노동성과의 평가단위는 보통 선박 그 자체가 되는데, 여기서 “선박 그 자체”란 바로 선원집단을 말하는 것이다. 이러한 것이 바로 어업의 집단성과급제를 정착시킨 요인이 되고 있다.

집단성과급제도의 특징은 ① 집단의 상호협동 (team work)을 유지할 수 있고, ② 작업과정을 감독자가 직접 관리하지 않아도 된다. 곧 선원 스스로가 작업목표를 세워 달성해 나가는 자율적 작업이 가능하다는 이점이 있다. 반면에 ③ 개인의 노력과 숙련도, 혹은 창의성이 임금으로 충분히 연결되지 않는다는 것이 큰 맹점이며, ④ 집단성과급제는 경력선원에게 있어서 더 불리하다. 그렇기 때문에 경력선원들의 장기 승선의지를 약화시키는 한 요인이 되고 있다. ⑤ 노동력의 장기적 안정적 확보에도 문제가 된다.

(2) 수익분배제 임금제도

어업임금제도는 집단성과급제도이면서 「총생산금액－공동경비＝잔액」을 가지고 선주와 선원 양측이 나누어 갖는 수익분배제임금제도(收益分配制賃金制度)로서의 특징을 지니고 있다. 이러한 수익분배제를 우리나라에서는 선원법을 통해 비율급 임금제도로 규정한다.[124] 이것은 전통적인 짓가림제도와 크게 다른 점이 없는 임금제도이다. 일본에서는 이

124) 선원법 제3조, 제52조

러한 임금제도를 보합제(步合制), 미국에서는 shares system이라 한다.

그러나 이때 성과금액이 되는 총생산금액에서 공동경비를 공제한 "잔액" 그 자체가 과연 어떠한 성격의 성과개념으로 보는가 하는 것이 관심사가 되는데, 이것은 다름아닌 어업경영수익을 가리킨다. 이 수익125)을 어업경영에 참여한 노사(勞使)가 공동으로 분배한다는 점에서 이를 수익분배제(收益分配制)라 하는 것이다.

어업경영 수익은 총수익(총생산금액), 수익(총수익-공동경비), 순수익(이익)의 3가지 개념으로 구분되는데, 수익분배제하의 노사분배기준은 중 총수익에서 공동경비를 차감한 수익이며, 엄밀하게는 어업 부가가치의 일종이다.

어업경영을 노사의 공동경영으로 인식하는 경우, 수산경영자는 어업경영의 물적 요소인 선박과 어구에 해당하는 물적 자본의 출자 주체로 볼 수 있으며, 어선원은 어로기술과 노동력을 투자한 기능 주체로 각각 인식하여 이 양대 어업생산주체가 어로공동경영체를 구성한다는 의미가 된다.

따라서 어업성과는 이 두 집단의 경영요소분담 비율에 기초하여 나누어 갖는 것이 원칙이라 볼 수 있으므로 여기에서 어업임금에 대한 수익분배 제도가 성립될 수 있는 것이다. 그러므로 실제 수산경영체 내에서는 「선주-선원」간에 주종적 상하관계와 지위체계가 성립된다 하더라도 어선원은 단순한 기업노동자와는 달리 어업수익발생의 주체적 존재로 보는 것이 수익분배제임금제도의 본질이다.

수익분배제하의 어업임금제도에서는 임금결정의 기초가 되는 소위 임율(wage rates)이라는 개념은 존재하지 않는다. 임율(賃率)이란 노동단위당 임금액 또는 산출량 단위당 임금액을 말하는데, 전자는 시간급, 후자는 성과급 임금을 산정할 때에 사용되는 임율로서, 각각 개별임금계산의 기준이 된다. 그러나 수익분배제에서는 이와 같은 임율 개념이 존재하지 않으므로 이와 유사한 임율 곧, 수익분배단위를 짓 또는 대 (lay)로 규정하고, 이것을 개별 임금계산의 기준으로 삼는다.. 그러나 이것은 위에서 말한 임율과는 엄밀히 다른 개념이다.

(3) 위험회피적 임금제도

어업임금제도는 노동자의 참여의욕을 증진시키는 자극제 임금제도(incentive system)의

125) 여기서 수익(收益)은 총생산금액에서 공동경비를 차감한 잔액으로서의 수익이다. 그러나 이 잔액에는 어업비용으로서 가장 중요하고 큰 비중을 점하는 선원임금을 비롯하여 감가상각비, 조세공과금, 보험료, 금융비용 등이 제외되어 있고, 심지어 판매비와 사무비까지 제외되어 있으므로 이윤개념은 아니다.

일종이다. 그러나 이 자극요인은 노동자보다 오히려 선주에게 더 유리하게 적용되는 임금제도라는데 문제가 있다.

그것은 어업생산비의 일부를 선원에게 부담시키는 공동경비제(共同經費制)를 운영하고 있는 점과 어업생산금액이 공동경비에 미치지 못할 경우, 또는 어업성과가 전연 없거나 부(負)로 나타날 때(어업성과≤공동경비)에는 선원들은 무수입상태(無收入狀態)가 된다. 그러나 이러한 경우에도 선주는 변동비의 일부를 회수할 수 있으므로 어업경영은 계속된다. 이와 같은 어업임금제도가 우리의 어업현장에 지금까지 잔존하고 있고, 또 많은 업계에서 이를 실시하고 있는 배경에는 다음과 같은 이유가 있다고 본다.

첫째, 노동자 측에서 보면 비록 단기적으로는 어획부진이 있다 하여도 장기적(6개월-1년)으로는 경험상 일정한 노력의 대가를 못받을 정도로 어획부진이 일어나지 않는다는 기대감.

둘째, 만일 일정한 어획성과를 이룩했을 경우, 노동자 자신들이 어업수익처분에 직접 참여한다는 자기희생의 보상심리.

셋째, 경영자 측에서는 어업수익을 나누어 갖는다는 점을 강조하여 노동력의 계속적인 강화와 확보 수단이 되고 있는 점.

넷째, 경영자 자신이 어업생산 과정을 직접 관리 감독하고 어획상황을 확인하는 것이 불가능 하므로 조업성과의 부진을 선원들의 책임으로 전가시킬 수 있다는 점.

(4) 후불제 임금제도

현재 수산업계에서 통용되는 선원임금 지급방식은 출어 전에 일부를 선불임금(先拂賃金) 으로 지급하고, 최종정산은 항차나 어기 종료 후에 행하는 2회 분할제 임금지급을 하는 것이 관례화되어 있다.

선불임금은 고용계약에 의하여 최저생계비 기준하에서 지급되며, 정산임금(精算賃金)은 어기 종료 후에 수익분배제 원칙에 따라 계산한다. 이 때 총어획성과가 공동경비에 미달하면 (총어획판매금액<공동경비), 선원들은 총임금 배분액에서 잔여임금을 받지 못한다. 이것이 수익분배제 임금제도하의 후불제 임금지급방식이 갖는 어업임금제도의 커다란 문제점이다.

(5) 노동시간과 임금수준과의 무관계성

어업임금은 어업노동시간과 임금수준간에 일정한 관계가 성립치 않는 것이 특징이다.

일반적으로 노동시간과 노동자의 임금수준 간에는 밀접한 관계가 성립되고, 그것은 비례적 관계를 갖는 것이 원칙인데, 어업임금제도는 성과급제를 기본으로 하기 때문에 임금수준이 노동시간과 무관계하게 결정되는 특징을 가지고 있다.

이것은 노동시간과 어업성과간의 관계가 엄밀하지 않고, 비정형적이며, 선원들에 대한 임금계산 기준이 되는 賃率 결정이 시간급이 아닌 어업성과급, 그것도 집단성과급이라고 하는 점에 기인한다. 따라서 임금수준이 높으면 노동시간을 단축하고, 임금수준이 낮으면 노동시간을 늘리는 그와 같은 일반적인 임금정책 또는 노무관리방법은 어업경영에서는 성립되지 않는다

(6) 임금체계의 단조성

어업임금은 집단성과급제이며, 어업수익의 일부를 노사가 양분하는 수익분배제 임금제도이기 때문에 노동자의 총임금액이 기본급과 제 수당 및 상여금 등으로 구성되는 복잡한 임금체계를 필요로 하지 않는다.

다시 말해 성과급, 그것도 생산액을 기준한 집단성과급이라고 하는 단일임금체계로 구성되어 있는 이러한 단순비율제 임금제도 하에서는 임금관리가 아주 간단하다. 또, 고정급을 병용하는 고정급 병용비율급제도를 채택하는 경우에도 고정급과 성과급의 2대 구성요소가 선원임금체계의 전부이므로 다른 임금체계를 필요로 하지 않는다. 이러한 어업임금체계의 단조성은 수산기업의 측면에서는 임금관리가 매우 간편하고 경영압박을 경감시킬 수 있는 장점이 있는 반면에, 노동자 측에서는 기본급을 보완할 수 있는 다른 임금구성내용이 없기 때문에 소득불안요인이 될 수 있다.

5. 비율급 임금제도의 특징

1) 기본원리

현재 우리나라 어업에서 보편적으로 채용되고 있는 선원임금제도는 비율급 임금제도라고 하는 특수한 성과급제도이며, 이것은 수익분배제 임금제도, 짓가림제 임금제도와 동의어로 이해되고 있다.

비율급 임금제도하에서는 어업경비 일부를 공동경비로 규정하고, 어업생산금액으로부터 이 공동경비(共同經費)를 공제한 후의 잔여금액(어업부가가치액)을 가지고 노사 양측이

일정한 분배비율에 따라 양분한다. 다시 선원 개인별 임금계산은 선원측 총분배금액으로부터 선원 직급에 따라 별도로 분배비율을 정하여 개인별로 임금수준을 산정 지불한다.

이러한 비율급 임금제도(比率給 賃金制度)를 서구에서는 shares system ray system 또는 lay system이라고 하는 용어로 다양하게 표현하고 있는데, 그 원리는 다음의 3대 요소를 특징으로 한다.

① 공동경비,

② 노동분배율 - 보합율을 말하며, 선원분배 총짓수(lay) x 짓당금액/어업부가가치액

③ 선원의 직급별 분배비

이러한 것은 어업경영에서만 볼 수 있는 특수한 성과급제라 할 수 있는데, 어획물 생산금액으로부터 공동 어업경비를 공제한 잔액은 바로 어업부가가치액으로 표현되는 어업수익의 일종이므로, 이 점에 있어서 비율제 임금제도는 수익분배제 임금제도임과 동시에 성과급제 임금제도라 할 수 있다.

우리나라에서는 이러한 어업임금제를 전통적으로 '짓가림제'라 불러 왔으나[126], 선원법[127]에서는 비율급(比率給)으로 규정하고 있다. 그리고 일본에서는 이것을 보합제(歩合制)라고 하는 임금제도로 정의하고 있다.

이상과 같은 비율급제하의 선원임금 산정과정을 모형화 해 보면 다음과 같다.

$$W = [(Q \times P) - C \times R]\frac{1}{N} \times ni \quad \cdots\cdots ①$$

W: 선원 1인당 임금　　R: 노동분배율(보합율, 差數)

Q: 어획량　　N: 선원 전체 분배비의 수 (예: 24짓. 50짓)

P: 단위당 가격　　ni: 직급별 선원 1인당 분배 단위수

C: 공동경비

$$W = (V \times R)\frac{1}{N} \times ni \quad \cdots\cdots ②$$

$$L = TW \times \frac{1}{N} \quad \cdots\cdots ③$$

V: 어업부가가치액(Q×P)−C

L: 선원분배비의 1단위(짓, 대, lay 등)당 금액

TW: 총임금액

126) 장수호, 앞책, p.252.

127) 선원법(1984년 제정, 1997년 개정), 제3조 및 제5조.

2) 비율급제 임금의 종류

(1) 단순비율급

이것은 어업경비 전액을 선주가 부담하며, 어업총생산금액으로부터 어업경비를 공제한 어업순수익을 노사 양 집단이 일정분배비율에 따라 배분하는 방식이다. 여기서는 공동경비 개념은 성립되지 않는다. 어업수익에 대한 일정분배비율을 보합율(歩合率, rate)이라고 하며, 이 보합율에 따라 어업수익을 노사간에, 그리고 선원간에 일정액을 나누므로 이것은 순수 보합제(歩合制)[128]와 같은 것이다. 노사간의 일정분배비율인 보합율은 보통 5:5, 4:6, 3:7 등으로 정해지는 것이 일반 적이다.

이러한 분배비율이 어떠한 과학적 근거를 가지고 있는 것은 아니다. 오랫동안의 어업경영 경험에 바탕을 둔 것으로, 노동력 확보가 어렵거나 노동자의 교섭력이 강하면 노동자 분배율이 높고, 반대로 어선에 대한 자본투입이 증대되면 사용자(기업) 측의 분배비율이 높아진다. 따라서 노사 양측의 협의과정에서 이 비율은 수시로 변동되는 가변성을 띤다.

(2) 공동비율급

이것은 어업경비 중 일부를 공동경비로 규정하고, 이 공동경비를 선원과 선주 양측이 공동부담 한다는 원칙 위에서 어업총생산금액으로부터 공동경비를 공제한 잔여금액(어업수익 또는 어업부가가치액)을 다시 위의 단순비율제에 있어서처럼 노사양측이 일정비율에 따라 분배하는 제도이다. 단순비율제와의 차이점은 어업경비 일부를 노사가 공동으로 부담하는 공동경비 부담제를 채택하고 있다고 하는 점에 있다.

공동경비(共同經費)의 내용은 앞에서는 말했지만 ① 항해비용(연료비) ② 어로작업비(어구비) ③ 제품유지비(얼음, 소금, 용기대), ④ 선박유지비(수리비, 소모품비), ⑤ 선원생활비(주식비, 부식비, 후생비)의 5대 항목을 기본으로 하며, 어업에 따라서는 판매비까지 포함하는 경우도 있다.[129] 그러나 선원임금, 감가상각비, 조세공과금, 보험료, 금융비용 등은 공동경비상 항목에서 제외된다.[130]

공동비율급 제도에서는 선원임금은 노동자의 기능소득, 감가상각비와 금융비용 등은 선주의 자본 투자에 대한 보수로 각각 인정한다는 논리이다. 그러나 위에 열거한 공동 경비

---

128) 업계에서는 이것을 "보아이제"로 부르기도 하는데, 이것을 歩合制(보합제)의 일본식 표현인 BUAI(歩合)으로부터 유래한 것이다.
129) 수협중앙회, 어업경영조사보고서, 2000, p.79.
130) 앞책., p.80.

항목은 고정되어 있는 것은 아니고, 매년 노사협정을 통해 재 협정하게 되어 있으므로 그 과정에서 변동이 생긴다.

공동비율급제의 수익분배방식은 선주 측의 분배단위를 어떻게 고려하는가에 따라서 다시 다음 4가지로 나눌 수 있다.[131)]

① 평등분배제, ② 가중분배제 ③ 기능분배제 ④ 고정급 병용 분배제

위에서 ①은 조업활동의 물적 요소를 어선, 기관, 어구의 3형태로 구분하고, 물적 투자의 형태에 따라 각각 평등한 분배권(분배단위 : 짓, lay)을 인정하는 것이다. 이점에서 평등분배제(平等分配制)라 한다.

②는 앞의 3대 물적 요소에다 가중치를 부여하여 전체적으로 일정한 분배 단위수를 조정하는 분배 방식이다. 예를 들어, 어선에 대해서는 한 단위분배권(loy, 짓)을 더 추가한다거나 하여 노사 양측의 분배비율을 결정한다.

③은 물적 요소에 대하여 가중분배(加重分配)함과 동시에 선주의 기능 부분까지 고려하여 선주에 대해서는 적어도 한 단위 이상의 분배권을 더 인정하는 제도이다. 이것은 수산경영자에 대하여 출자기능 외에 경영관리기능도 분배에 참여하게 한다는 점이 다르다.

④는 선원들의 배분 임금액에서 항차별 또는 월별로 일정한 임금수준을 고정급으로 계산하고, 그 다음에 어업수익을 노사가 공동 분배하는 제도이다. 그러나 어업생산금액에서 공동경비를 공제한 잔액에 대한 노사공동분배의 원칙에는 변함이 없다. 이 제도는 어업성과가 전혀 없는 경우에도 선원들은 일정한 보수를 받을 수 있다는 점에서 발전된 비율제 어업임금제도라 할 수 있다.

이상의 비율급 어업 임금형태를 간추리면 <그림 Ⅷ-4>와 같이 다시 체계화 할 수 있으며, 어선원의 직급별 임금분배 비율 예시는 <표 Ⅷ-13>과 같다.

3) 예제

(예제 1)

10명 승선의 연승조업이 연간 150,000천원의 수산물 총판매 금액을 올렸을 때, 평등비율제에 의한 분배임금 계산은 다음과 같다.

공동경비 5천만원

---

131) 장수호, 수산경영학, 친학사, 1970, pp.249-284참조.

어업참여자의 총분배짓수 : 15짓(lay)

선주 = 선주 1짓, 어선 1짓, 어구 1짓, 기관 1짓 : 총 4짓

간부 = 선장 1.5짓, 기관장 1.5짓, 통신장 1짓, 갑판장 1짓 - 총 5짓

선원수 6명 = 6짓

총판매금액 : 150,000천원－50,000천원＝100,000천원

짓당금액 : 100,000천원÷15＝6,660천원

선 주 분 : 6,660천원×4＝26,640천원(선주, 어선, 어구, 기관)

선　　장 : 6,660천원×1.5＝9,900천원

기 관 장 : 6,660천원×1.5＝9,900천원

갑 판 장 : 6,660천원×1＝6,660천원

통 신 장 : 6,660천원×1＝6,660천원

① 단순비율급제

② 공동비율급제
- ⓐ 평등비율급제 … 결분제(結分制)
- ⓑ 가중비율급제 … 차인짓가림제(差人結負制)
- ⓒ 기능비율급제 … 기능결분제(技能結分制)

③ 실물분배제 …… 근해채낚기 어업

④ 고정급병용비율급제
- 최저보증부 비율급제
- 고정급부 비율급제

<그림 Ⅷ-4> 비율급제 어업임금형태의 종류

<표 Ⅷ-13>직급별 선원분배비율의 예시

직　　급	선원수(A)	분배비율(짓, B)	총분배비율(A+B)	1인당 임금
선　　장	1	2.75	2.75	7,340천원
기 관 장	1	2.5	2.5	6,675천원
갑 판 장	1	1.25	1.25	3,336천원
통 신 장	1	1.25	1.25	3,336천원
일반선원	9	1	9	2,669천원
계	13		16.75	

선원 전체(6명) : 6,660천원×6=39,960천원

선원 1인당 : 39,960천원÷6=6,660천원

(예제 2)

선원 13명 승선의 동해구기선저인망어업의 연간어획금액은 190,000천원이며, 공동경비 90,700천원을 지출했다. 노동분배비율(보합율)은 45%이며, 선원 직급별 분배비는 다음과 같다. 선주분배분과 직급별 선원 1인당 임금액을 각각 산정한다.

① 노동분배액 : (190,000−90,700)×0.45=99,300×0.45=44,685천원

② 선주분배액 : 1−0.45=99,300×0.55=54,615천원

③ 1짓당 금액 : $L=TW\times\frac{1}{N}=44,685\times\frac{1}{16.75}=2,668$천원

④ 선장임금 : $L\times ni=2,668\times2.75=7,340$천원

⑤ 일반선원 : $L\times ni=2,668\times1=2,668$천원

⑥ 기관장, 통신장, 갑판장 : 생략

6. 어업 노사관계의 관리

1) 어업 노사관계

어업 노사 관계란 수산 경영자와 수산경영체에 종사하는 근로자와의 관계를 말하지만 실제는 수산경영체와 노동조합과의 관계를 의미한다. 다시 말해 수산경영자 대표인 수협과 노동자 조직인 수산노동조합과의 관계를 어업노사관계라 한다.

어업노사관계는 경제적 관점에서 보면 서로 대립 관계로 인식되나, 어업생산과정의 관점에서 보면 노동력의 제공자와 그 사용자간의 상호 의존적 협동의 관계가 되기도 한다.

따라서 현대의 노사관계 관리는 노사가 대등한 입장에서 경제적, 사회적, 그리고 심리적으로 서로를 이해하며, 협동적인 관계를 유지하도록 하는 것이 이상적이다. 이를 위해서는 노사 모두 기업의 경영성과 향상의 방향에서 기업에 대한 이해와 노동조합에 대한 이해를 다 함께 증진시켜 나가야 할 것이다.

(1) 근로기준법

근로자가 인간으로서 생활할 수 있는 노동조건의 최저 기준을 정해 놓은 법률이 근로기준법이다. 이 안에는 근로계약, 임금, 근로시간과 휴식, 여성과 연소 노동자의 보호, 노동의 안전과 보전, 기술습득, 재해보상, 취업규칙, 기숙사, 근로감독 등에 관한 사항이 규정되어 있다.

이 법은 모든 사업장에 적용되는 것을 원칙으로 하나, 다른 법에서 따로 정하는 경우에는 예외로 하고 있다. 수산 가공업의 경우에는 전면적으로 이 법이 적용되나, 어업의 경우에는 일차적으로 선원법의 적용을 받게 되어 있으며, 이것이 이 법에서 말하는 "따로 정하는" 경우이다. 만일, 선원법에도 어선원에 대한 근로관계 규정이 충분하게 되어있지 않는 경우에는 근로 기준법을 적용한다.

(2) 선원법

선원들에 대한 근로 조건을 정한 법률로서 고용계약, 임금, 노동시간, 식품 및 위생, 연소 선원 노동 금지, 재해 보상 등에 관한 것을 규정해 놓고 있다. 이것은 선원들의 근로기준법이라고도 할 수 있는데, 선원법에는 이밖에 선내 질서를 위한 선장의 직무에 관한 것도 규정하고 있다.

(3) 노동 조합법

근로자의 자주적 단결과 단체 교섭권 등을 보장하며, 근로자의 근로 조건을 효과적으로 개선함으로써 그들의 경제적, 사회적 지위 향상과 국민 경제에 기여할 것을 목적으로 하는 법률이다.

(4) 최저 임금법

근로자를 상시 고용하고 있는 사업장에서 노동자에 대한 임금의 최저액을 보장하여 생활의 안정을 기하게 하고, 기업 경영의 합리화를 도모할 것을 목적으로 하는 법률이다. 최저 임금의 수준에 대해서는 노동부가 최저 임금심의위원회의 심의를 거쳐 매년 결정하게 되어 있다.

(5) 고용 보험법

① 근로자의 실업 예방, 고용의 촉진, 근로자의 작업 능력의 개발 및 그 향상의 도모,
② 국가의 취업 지도 · 직업 소개 기능의 강화,
③ 근로자가 실업할 경우 생활 안정과 구직 활동의 촉진 등을 목적으로 하는 법률이다.

(6) 기타 관계 법률

이 밖에도 근로자의 권익과 복지 향상에 관계되는 법률로서 노동위원회법, 노동쟁의 조정법, 노사협의회법 등이 있다.

2) 노동조합

(1) 노동조합의 형태

노동조합(勞動組合, labor union))은 노동자가 그의 조직력과 단결력에 의하여 자신들의 권익을 보호하고, 또한 경제적 지위를 향상시키기 위해서 자주적으로 조직하는 단체이다.

주된 기능은 단체 교섭, 노동협약의 체결과 실행, 후생 복지 사업 등을 할 수 있게 되어 있다. 노동조합은 조직 주체에 따라 직업별 조합, 산업별 조합, 기업별 조합 및 일반 조합으로 분류한다.

(2) 직업별 노동조합

동일 직종에 종사하는 노동자에 의하여 결성되는 것으로, 자동차 산업 근로자, 선원, 인쇄공, 선반공 등과 같은 특수 직종의 숙련공들이 전국적 범위로 결성하는 노동 조합이다.

다시 말해 일정한 산업에 종사하는 노동자를 그 소속과 직종에 관계 없이 구성원으로 하여 조직되는 노동조합이 직업별 노동조합이다. 대표적인 조합으로 자동차산업 노동조합을 들 수 있으며, 수산노동조합도 여기에 속한다.

(3) 기업별 노동조합

기업별 · 사업장별로 노동자들이 조직하는 노동조합이다. 이는 한 기업체에 한 노동조합 설립을 원칙으로 하며, 그리하여 직장별로 노동 운동을 전개해 나간다.

(4) 일반 노동조합

영세기업의 경우에 관련 노동자들이 횡적인 관계를 통하여 지역별 또는 전국을 범위로 하여 조직하는 노동조합이다.

3) 노동조합의 유지

노동조합은 근로 조건의 개선을 위하여 경영자와 단체 교섭을 하고, 협상이 타결되면 노동 협약이 체결한다. 노동협약(勞動協約)은 노사 모두에 구속력을 가지며, 노동자의 권익 옹호는 물론, 산업 평화를 실현하여 국민 경제의 발전에 기여하게 된다. 노사 관계의 이러한 기능이 지속적으로 이루어지기 위해서는 노동조합이 계속해서 존속・발전해 나가야 하는데, 이를 노동조합의 유지라 하며, 노동조합의 조합원 가입은 그중의 하나이다. 노동조합은 조합원 가입방식에 따라 숍제(shop system)와 체크・오프제(check-off system)가 있다.

(1) 숍제(shop-system)

여기에는 다음의 세 종류가 있다.

① 오픈 숍(open shop)제 : 노동조합 가입을 노동자의 임의로 하는 제도이다. 이 숍제도 하에서는 경영자가 노동조합의 동의 없이 자유롭게 노동자를 고용, 퇴직시킬 수 있다.

② 클로즈드 숍(closed shop)제 : 사용자는 노동조합의 조합원만을 고용할 수 있으며,반드시 조합을 통해서만 종업원을 고용하고, 조합원 이외의 사람은 고용하지 않는 것을 원칙으로 하는 노동조합제도이다. 이 때문에 이 제도는 노동조합의 권위와 단결을 수호하는데 큰 힘을 발휘할 수 있다.

③ 유니언 숍(union shop)제 : 클로즈드 숍제와 오픈 숍제의 중간형으로, 사용자는 노동조합의 조합원 여부에 관계없이 자유로이 노동자를 고용할 수 있으며, 고용된 자는 일정기간이 경과하면 자동적으로 조합원이 되는 것이다.

(2) 체크・오프제(check-off system)

노동조합이 재정적으로 안정을 기하고 조합 활동을 계속하기 위한 자금 조달 방법으로 조합원들을 대신해서 기업의 경영자가 조합원의 봉급에서 노동 조합비를 공제하여 조합에 납부해 주는 제도이다.

4) 노동조합의 활동

노동조합은 노동자의 임금, 노동시간, 작업조건 등의 근로 조건 개선과 향상을 위하여 경영자측과 교섭을 한다. 이를 단체교섭권(團體交涉權)이라고 한다. 단체 교섭권, 단결권(노동자가 노동조합을 조직할 수 있는 권리) 및 쟁의권(노동자들이 자신들의 주장을 관철하기 위하여 파업이나 태업을 할 수 있는 권리)을 합쳐 노동 3권(勞動 三權)이라 한다.

노동조합은 단체 교섭의 결과를 가지고 사용자 측과 협약을 체결할 수 있는데, 만일 단체 교섭이 뜻대로 되지 않을 때에는 쟁의행위(爭議行爲)를 할 수 있으며, 그 방법으로는 파업, 태업(怠業) 등이 있고, 경영자측은 여기에 직장 폐쇄로 대응할 수 있다.

이밖에 노동조합은 조합원을 위하여 소비조합을 운영할 수 있는데 이를 통하여 노동조합은 생활 물자의 공급, 생활 자금의 대부 등 조합원의 생활 안정과 향상에 기여하는 경제적 역할도 함께 발휘해 나갈 수가 있다.

Ⅸ. 수산재무관리

1. 재무관리의 기능

1) 재무관리의 의의

수산업에 있어서 재무관리는 수산경영활동에 필요한 수산자금의 조달과 운용에 관련된 의사결정을 수행하는 활동이다. 이러한 재무관리는 수산경영의 인사관리, 생산관리, 마케팅관리 및 수산회계와 더불어 수산경영의 목적을 달성해 나가는데 기본적으로 필요로 하는 경영직능의 하나이다.

수산업은 수산물과 관련서비스를 생산하고 판매하는데 있어서 많은 실물자산(real assets)을 필요로 한다. 수산업의 실물자산(實物資産)이란 어선, 어구, 기계, 가공설비, 건물, 토지 등으로 구성되는 유형자산(tangible assets)과 어업권, 상표권, 기술, 정보 및 특허 등 무형자산(intangible assets)을 합친 것을 말한다. 이러한 실물자산에 대칭 되는 것이 금융자산(financial assets)이며, 현금, 예금, 유가증권 등이 여기에 포함된다.

수산경영은 이러한 실물 자산을 충분히 확보하지 못하면 정상적인 수산업 활동을 해 나갈 수 없다. 그러나 이러한 실물자산을 구입하기 위해서는 반드시 금융자산, 곧 자금이 필요한데, 자금 조달 방법으로는 자기자금을 투자하는 방법과 그렇지 못할 경우에는 타인자금에 의존해야 한다.

타인 자금 조달은 금융기관으로 부터 자금을 차입하는 방법과 그 밖에 사채((社債)를 발행하거나 사채((私債)를 빌려 쓰는 방법이 있다. 이 가운데서 전자의 방법에 의하는 것이 가장 일반적인 자금조달 방법이다. 그러나 수산경영체가 금융자산의 하나인 유가증권(주식, 채권)을 발행하거나 혹은 리스계약(lease obligation)을 하는 것도 현대적인 자금조달 방법의 하나이다. 이러한 자금조달 활동을 수산경영의 재무조달활동이라 한다.

이와 같이 수산경영활동에 필요한 자금의 조달과 운용에 관련된 의사결정을 하고, 이를 실시해 나가는 활동이 수산 경영에 있어서 재무관리(financial management)이다. 그러나 수산업은 생산활동의 주공간이 가변적인 수계이고, 또 노동대상이 이동성을 갖는 수산생물이라고 하는 자연적 조건에서 경영활동이 이루어지므로 생산과 시장이 다같이 높은 불확실성(uncertainty)을 내포하고 있다. 이것은 바로 많은 경영위험(business risk)을 지니고 있는 의미와 같다. 이러한 점이 다른 기업에 비하여 재무조달을 어렵게 만드는 요인이므로 수산경영은 항상 심각한 재무상의 문제에 부딪히게 된다. 경영이 직면하는 재무상의 위험과 경영 불안정요인을 극복하기 위한 방법으로, 효율적인 자금조달과 합리적인 자금운용을 가능하게 하는 것이 재무관리기능이다.

2) 재무관리의 기능

경영에 있어서 재무관리의 기능은 크게 투자결정기능, 자금조달기능, 배당정책 및 구조조정 결정의 4대 기능으로 구성된다.

첫째, 투자결정기능은 수산기업이 생산·가공 등 여러 부문을 가지고 있을 때, 수산업계와 수산물 시장의 동향을 기초로 하여 어느 사업에 자금을 투자하는 것이 가장 유리한가(수익성) 하는 것을 결정하는 기능이다. 투자결정에 기초하여 투자계획이 수립되고, 이것이 집행되면 투자사업의 내용에 따라 어선·어구, 생산시설, 장비 및 토지 등의 자산구성과 경영규모가 결정된다.

둘째, 자본조달기능은 투자사업을 수행하는데 필요한 자본을 어떻게 효율적으로 조달하며, 합리적인 자본구조를 유지해 나가는가 하는 것을 결정하는 기능이다. 자본은 조달방법에 따라 자기자본 조달과 타인자본 조달이 있으며, 여기에 따라 기업의 전반적인 재무구조가 결정된다.

셋째, 배당정책은 수산기업이 경영활동으로부터 획득한 이익을 투자자들에게 출자액에 기초하여 배당(配當)으로 지불할 것인가 또는 기업 내에 재투자를 위해 유보액(留保額)으로 남겨 둘 것인가 하는 것 등을 결정하는 기능이다.

넷째, 기업의 구조조정결정(restructuring decision)이란 미래의 환경변화에 적극적으로 대응하기 위해 ①기업 간 합병 및 인수(mergers and acquisition: M&A)와 ②자산인수(asset acquisitions), ③자산매각(divestiture), 혹은 ④회사일부를 분할하는 분사정책(spin-off) 등을 통해 기존의 사업구조를 변화시키는 의사결정을 말한다.

수산기업이 미래의 환경변화에 적극적으로 대응함에 있어서 고려할 수 있는 구조조정 전략으로는 이상의 4대 전략 가운데서 합병과 인수 및 자산매각 등의 방법이 가장 일반적인 구조조정 전략이라 할 수 있다. 그리고 우리나라 수산업에서 기업구조조정이 시급히 이루어져야 할 분야로는 원양어업을 들 수 있다.

원양어업은 전체 경영 업체(166개) 가운데서 어선 1~2척만을 보유하고 있는 소규모 영세업체가 70%에 이르고 있어, 이러한 소규모 원양업체가 갖는 경영상의 불안정성을 극복해 나가기 위해서는 구조조정을 통해 경영을 전문화하거나 규모화해 나갈 필요가 있는 것이다.

2. 수산업의 투자결정

1) 투자의 유형

수산기업이 투자활동을 위해 자본예산을 편성할 때 고려할 수 있는 투자안은 일반기업에 있어서와 마찬가지로 다음의 4가지 방법을 고려할 수 있다. 여기서 자본예산(資本豫算)이란 고정시설에 필요한 투자자금의 조달과 운용에 관한 장기적 기본계획(master plan)을 말한다.

(1) 대체투자

대체투자(代替投資)는 기존의 노후선박이나 기계 또는 설비를 새로운 것으로 바꾸기 위한 투자를 말한다. 수산경영에 있어서 이러한 대체투자는 시설효율이 낮은 어선, 어구, 기계, 설비 등을 효율성이 높은 것으로 바꿈으로써 인건비와 연료비를 절감하고 아울러 생산성을 높이는데 기여한다. 이를 다른 말로는 교체투자(交替投資)라고도 한다.

(2) 확장투자

확장투자(擴張投資)는 어장의 확대 또는 수산물에 대한 수요의 증가로 인해 수산경영이 기존의 어선, 어구, 어업기기, 기타 설비를 가지고는 늘어나는 시장수요나 어장확대에 대응할 수 없을 때에 어업규모 자체를 확대하는데 필요한 투자이다.

(3) 제품투자

제품투자(製品投資)는 수산양식업이나 수산물가공업에서 주로 일어나는데, 수산경영체가 기존 제품의 품질수준을 개선하거나 신제품을 추가로 생산하기 위해 투자를 할 때에 필요하다. 신제품투자의 경우에는 자기 기업에서 제조하지 않는 기존 제품을 제조 생산하는 경우와 전혀 새로운 제품을 개발하여 제조하는 두 형태가 있다.[132)]

132) Aridrew Palfreman, Fish Business Managements ; Strategy, Marketing, Development, Fishing News Books, 1999, pp.123-124.

(4) 전략투자

전략투자(戰略投資)는 기업이 변화하는 경영환경에 적응하고, 사업의 존속과 번영을 위하여 현행사업 외의 새로운 사업에 투자하는 것을 말한다. 수산경영이 어업만을 하는 것에서 양식업에도 투자한다거나, 원양어업회사가 백화점을 인수하여 유통업에 진출하는 것 등은 전략투자의 좋은 예이다.

2) 투자안의 결정 절차

기업이 이행하는 자본예산 편성의 절차를 투자안의 결정절차라 한다. 여기에는 매우 복잡한 절차를 거치거나 기업의 경영환경변화에 따라 그 절차는 차이가 많다. 그러나 일반적인 투자결정 절차는 다음의 네 단계로 구분된다.

(1) 투자안의 기획(investment proposal)

투자결정의 첫 번째 단계는 수산기업이 국내외 환경의 변화를 분석 또는 예측하는 단계이다. 이것은 기업의 장기 수익성을 증대시킬 수 있는 투자기회를 포착하는데 있어서 반드시 필요한 단계이다. 수산기업의 수익성을 장기적으로 증대시키기 위한 투자 유형으로는 새로운 수산상품의 개발, 노후 어선의 교체에 의한 운영비용의 절감, 친환경적 어구개발 등을 들 수 있다. 일단, 현재의 경영환경 하에서 기업이 설정한 투자목적에 적합한 투자유형이 결정되면, 이것을 달성시킬 수 있는 투자안(alternative proposal)을 세워서 제안하는 것이 투자안의 기획단계(企劃段階)이다.

(2) 투자안의 현금흐름 추정(estimation of cash flows for the proposals)

두 번째 단계는 투자안의 현금흐름 추정이다. 다시 말해 각 투자안으로부터 예상되는 현금유입(cash inflow)과 현금유출(cash outflow)을 이 단계에서 면밀하게 추정해 나가야 한다. 투자안의 현금흐름을 추정하는 데에는 매우 다양한 변수들에 대한 장기적인 예측이 요구되므로 투자결정 과정에서 이 두 번째 단계가 가장 중요하고 어려운 단계이다.

(3) 투자안의 선정(selection of proposals)

세 번째 단계는 투자안의 경제적 가치 평가 및 최적 투자안의 선정단계이다. 이 단계에서는 투자안에 대해 경제성을 평가하고 각 투자안의 현금흐름을 측정하여 이러한 결과를 기초 자료로 하여 최종적으로 하나의 투자안을 선정한다. 이때 투자안들의 경제적 가치를 평가하는데 사용되는 투자결정 기준을 자본예산기법(資本豫算技法) 이라고 하며, 여기에는 순현가법(net present value method:NPV)과 내부수익률법(internal rate of return method:IRR)이 대표적인 평가 방법으로 활용된다.

(4) 투자안의 재평가(revaluation of investment projects after their acceptance)

투자결정의 마지막 단계는 최적 투자안의 실행 후에도 지속적으로 재평가(再評價)를 실시해 나가야 하는 절차이다.

투자안의 재평가 과정에서는 일단 투자안이 채택되어 시행되고 있는 중이라도 정기적으로 해당 투자안을 계속 수행하는 것이 좋으냐, 아니면 현재의 투자를 포기하고 다른 경제성 있는 투자안에 자금을 사용하는 것이 더 효과적인가를 결정해야 한다. 수산기업은 현재 수행 중인 투자안의 계속적인 재평가를 통해 더 이상 수익성이 없는 프로젝트는 투자 포트폴리오(portfolio)에서 제거 시킴으로써 기업전체의 수익성을 유지할 수 있도록 해야 한다.

3) 투자안의 경제성 평가

이 없는 프로젝트를 투자 포트폴리오(portpolio)에서 제거시켜 나감으로써 장기적으로 기수산업 경영자가 투자안을 결정함에 있어서 기본적으로 고려할 점은 첫째, 몇 가지 투자안에 대하여 어떠한 결과가 발생할 것인가를 초기 투자안을 중심으로 하여 현금흐름을 예측하여야 하며 둘째, 각 투자안의 경제성을 분석 비교하고, 마지막으로 최종 투자안을 결정하는 것이다.

이때, 만일 투자안이 단일인 경우에는 채택 여부가 쉽게 결정되지만, 둘 이상의 복수 투자안을 수립해 놓았을 때에는 간단치가 않다. 복수 투자대안 가운데서 최적 투자안을 찾아 이를 평가하여 결정하는 이러한 평가과정을 투자안의 평가 또는 투자안의 경제성평가(經濟性評價)라 한다.

각 투자안의 경제성을 평가하는 방법에는 회수기간법, 순현가법, 내부수익률법 및 회계이익율법 등 크게 4가지가 일반적으로 활용되는 평가방법이다.

4) 투자안의 평가방법

(1) 회수기간법(payoff method: PM)

회수기간(回收期間)이란 투자에 소요된 자금을 사업을 통해 얻어 드리는 현금유입(현금흐름)에 의하여 모두 회수하는데 걸리는 기간을 말한다.

현금흐름(cash flow)은 투자로부터 발생하는 기업의 수익, 감가상각비 등으로 구성되는데, 회수기간법은 이러한 현금흐름을 통해서 투자 자금의 회수기간이 얼마나 걸리는가를 비교하여 투자안을 평가하는 방법이다. 이 때 자금회수기간이 빠른 투자안으로 부터 우선순위가 매겨지고, 그 가운데서 가장 빠른 투자안이 채택된다.

평가공식은 매년 현금유입액 Q가 일정하다면 ①식과 되며, 만일 매년 현금유입액이 <표 Ⅸ-1> 같이 일정하지 않으면 초기투자액(It)을 만족시키는 현금유입액 Qt에 해당하는 기간 t값을 찾으면 된다. 그것은 ②식과 같다.

P = It/Qt ··①

It = Q1+Q2+ ··· +Qt···②

P : 회수기간, It: 초기투자액, Qt : 현금유입액

예를 들어, <표 Ⅸ-1>과 같은 현금흐름을 가지는 두 개의 투자안 X와 Y안이 있고 투자기간을 4년으로 가정하면, 이 투자안의 회수기간을 비교하여 다음과 같은 결론을 내릴 수가 있다.

투자액 1,000만원을 회수하는데 걸리는 시간이 투자안 X의 경우는 2년이며, 투자안 Y

<표 Ⅸ-1> 투자안 X와 Y의 현금흐름

(단위 : 만원)

연도		현금흐름(Qt)	
		투자안 X	투자안 Y
투자액(It)	0	1,000	1,000
현금흐름	1	500 (500)	500 (500)
	2	500(1,000)	300 (800)
	3	200(1,200)	200(1,000)
	4	100(1,300)	100(1,100)

주 : ( )안의 수치는 누적 현금흐름액을 나타냄.

는 3년이다. 이 경우는 당연히 투자안 X가 채택된다. 이 때, 투자안 X는 <표 Ⅸ-1>에서 보듯이 투자안 Y보다 회수기간이 1년 더 빠르고, 미래의 현금흐름(현금유입)에 대한 불확실성도 그만큼 줄어듦으로, 투자에 따른 자본위험도 동시에 낮다고 볼 수가 있다. 또한 투자자금의 회수기간이 짧을수록 자체 자금이 풍부하여 기업의 자금사정을 그만큼 풍부하게 할 수 있다고 보아야 한다.

그러나 회수기간법은 현재의 1원과 미래의 1원이 동일한 가치를 가진다는 가정이기 때문에 여기에 화폐의 시간적 가치가 무시된다는 단점이 있다.

(2) 순현가법(net present value method: NPV)

투자결정은 현재 시점을 기준으로 하여 미래를 향한 기업의사 결정이므로 현재의 투자로부터 얻어지는 경제적 가치는 미래에 걸쳐 실현된다는 가정하에서 의사결정을 하게된다. 그러므로 순현가법(純現價法)은 투자안에 대한 경제성을 평가하는데 있어서 미래의 각기 다른 시점에 있어서 발생하는 현금흐름을 현재의 시점으로 평가한 화폐가치(현가)로 투자안을 비교평가하는 방법이다.

화폐의 현재가치 개념에 대해서는 다음의 예로서 설명해 보자.

지금 10,000원의 돈을 수산업협동조합에 연간 이자율 12%의 1년 만기 정기예금으로 저축하였을 경우 1년 후에 11,200원을 찾게 된다. 이 때 1년 후에 찾게 되는 원금 10,000원과 이자 1,200원을 합친 11,200원이 1년이 지난 현재의 화폐가치로는 얼마나 되겠는가 하는 것인데, 이것을 현재가치로 평가하면 원리금 11,200원은 오히려 1년 전의 예금 원금 10,000원보다 144원이 더 작은 98,560원의 가치밖에 안되는 것으로 평가된다. 여기에 대한 공식은 ③식과 같다.

$$Q_t = Q_0(1+r)^n \quad \cdots\cdots ③$$

Q_0 : 현재가치, Q_t : 미래가치, r : 할인율(이자율), n : 기간

순현가법은 이와 같이 현재투자에 의해 발생할 미래의 모든 현금흐름을 적절한 할인율(이자율)로 계산하여 현재가치로 평가하는 방법이다. 이 때 순현가(NPV)는 투자로부터 발생하는 현금유입(現金流入)과 현금유출(現金流出)을 비교한 차감 잔액과 같은 것이며, 다음과 같은 공식으로 다시 정리해 볼 수 있다.

순현가(NPV) = 현금유입의 현재가치 - 현금유출의 현재가치

따라서 순현가법에서 투자안의 의사결정 기준은 하나의 투자안일 경우에는 투자안의 순현가(純現價)가 0보다 크면 그 투자안은 선택되지만, 0보다 작으면 이 안을 채택되지 못한다. 대신에 복수의 투자안이 있을 경우에는 순현가가치가 가장 큰 투자안이 최적 투자안이 된다. 이러한 순현가법은 투자대상이 자본 가치를 지닌 경우에는 타당하지만, 어업과 같이 고정자산의 가치가 유동적이고, 장기적으로 낮아지게 되는 자본투자에는 큰 의미가 없다.

<표 Ⅸ-2>는 양식투자로부터 발생한 이익(현금유입)과 비용(현금유출)을 예시하고 있으며, 각 연도의 순현가를 계산해 놓고 있다.

<표 Ⅸ-2> 순현가(NPV)의 계산

(단위 : 만원)

연도(n)	수익(Qt)	비용(Q0)	이익(Qt－Q0)	할인율(r=8%)	NPV
1	0	4,500	-4,500	0.926	-4,167
2	2,500	1,000	1,500	0.857	1,286
3	2,500	1,000	1,500	0.794	1,191
4	2,500	1,000	1,500	0.735	1,103
5	2,500	1,000	1,500	0.681	1,022
6	2,500	1,000	1,500	0.630	945
Σn					1,380

주 : 1) 잔존가치 1,500천원을 포함하고 있음.
2) 초기비용이며, 수익은 0임.
3) 각년도 할인율은 현가표에 의함.
4) 각년도의 NPV는 각년도이익×할인율과 같음.

위의 <표 Ⅸ-2>에서 할인가(이자율)를 8%로 가정하였을 때 매기 NPV(순현가)는 매기의 순현가에다 할인율을 곱한 값과 같으므로 ④식과 같이 표시할 수 있다. 또 총투자년도 6년간의 NPV는 매기의 NPV를 누적한 값과 같으므로 ⑤식으로 표시된다.

$$NPV_n = Q_t(1+k)^n \cdots\cdots ④$$

$$NPV_n = Q_1(1+k), Q_2(1+k)^2, Q_3(1+k)^3, Q_4(1+k)^4, Q_5(1+k)^5, Q_6(1+k)^6$$

Q_t : 연도별 순현가(연도별 현금유입액-연도별 현금유출액)

k : 할인율(8%)

n : 투자연도(6년)

현가 수표를 이용하여 여기에 이자율 8%를 찾아 위의 ④, ⑤식에 <표 IX-2>의 NPVn의 실수를 각각 대입하면 NPV는 다음과 같이 1,380천원으로 구해지며, 이 때의 공식은 ⑥식과 같다.

$$\sum NPV = \sum_{n=1}^{n} Q_t(1+k)^n \quad \cdots\cdots ⑥$$

$$=(-4,167)+(1,286+1,191+1,103+1,022+945)$$

$$=(-4,167)+(5,547)$$

$$=1,380$$

[예제 1]

국립수산과학원에서 유전자 조작에 의해 새로운 양식어종을 개발하였는데, 성장 속도가 빠르고 맛과 육질이 좋아 사업전망이 높을 것으로 예상되고 있다. 따라서 부경벤처(주)라는 회사를 설립하여 국립수산과학원과 공동으로 새로운 어종을 전문적으로 양식하는 어류양식사업에 착수하기로 하였다. 새로운 양식장을 건설하는데는 설비 및 기계 설치에 6개월이 소요되며, 어류의 성장속도가 다른 고급 양식어종보다 빨라 1년 후에는 바로 시장 출하가 가능하다.

초기에 토지구입, 구조물 수축 및 시설과 기계 구입 등 약 9억 5천만원이 소요되며, 기계 및 장비를 설치하는데 드는 약 5천만원의 부가비용을 합쳐 총 10억원이 소요된다. 모든 시설투자의 감가상각비 추정은 정액법을 사용한다. 시설투자의 내용년수는 4년이며, 4년 후 보유시설 및 기계의 잔존가치는 약 2억원으로 예상한다.

일단 사업을 시작하게 되면 현금, 기계부품 재고 및 외상매출금 등에 소요되는 운전자본으로 초기에 5천만원이 필요하다. 시장수요 분석결과에 의하면 총영업이익(매출액-매출원가)은 매년 내수부문에서 4억 5천만원과 수출에서 3억원으로, 총 7억 5천만원 정도로 예상되며, 대신에 광고 선전비와 관리유지비(감가상각비는 제외)가 1억 5천만원 예상된다.

양식업체에 부과되는 법인세율은 약 30%이며, 투자로부터 발생하는 현금유입과 현금유출의 현재가치를 구하는 데 사용되는 적정할인율은 10%로 가정한다.

위에서 주어진 투자안의 자료를 기초로 하여 순현가법(NVP법)에 의해 해당 양식어장 개발 사업안의 타당성을 평가해 보자.

step 1. 초기(t=0)의 총자본투자액

● 초기 자본투자액(설치비용 포함) 1,000(백만원)

● 운전자본 50(백만원)

● 총자본투자액 1,050(백만원)

step 2. 투자기간 중 (t=1에서 t=4) 영업활동으로부터의 현금유입과 유출

● 기계 및 설비의 연도별 감가상각비 : (1000－200)÷4＝200(백만원)

항 목	회계상의 이익	현금흐름
매출총이익	750(백만원	750(백만원)
판매비 및 일반관리비	150	150
감가상각비	200	
영업이익	400	
법인세차감전 순이익	400	
법인세(30%)	120	120
순이익	280	400-120
순현금흐름		480

step 3. 내용년수 (t=4)에서의 추가적인 현금유입

● 기계 및 설비의 잔존가액 200(백만원)

● 운전자본 회수액 50

● 내용년수 말 추가 현금흐름 250

∴ 내용년수 말(t)에 있어서 순현금흐름은 480＋250＝730(백만원)

step 4. 연도별 순현금흐름(현금유입－현금유출)

step 5. 순현가(NPV)법에 의한 투자평가

5-1. 투자안의 회수기간

● 초기 총자본투자액의 회수기간=2+(1050−480×2)÷480=2.19(년)

5-2. 순현가(NPV)에 의한 평가(⑥식에 의함)

● NPV=-1050+[480/(1+0.1)+480/(1+0.1)2+480/(1+0.1)3+730/(160.1)4]

=642.29(백만원)

투자안의 회수기간(payoff period)은 2.19年으로 계산된다. 이것은 초기투자액 10억 5천만원이 2년 3개월 정도 지난 후에는 모두 회수 가능하다는 의미이다. 그리고 양식사업 투자안의 NPV는 642.29(백만원)로서 0보다 크므로 이 투자안의 수익성은 있다고 판단된다. 즉, 이 투자 안을 실행하게 될 경우, 투자기간 중에 현금유입이 현금유출보다 현시점의 가치로 환산하여 약 6억 4천만원 정도 초과 발생한다.

(3) 내부수익률법(internal rate of return method: IRR)

내부수익률은 투자로부터 기대되는 이익률을 평가하는 방법이다.

구체적으로 내부 수익률 법은 어떤 투자안의 내부수익률을 먼저 구한 다음, 이것을 요구수익률(이자율)과 비교하여 투자여부를 결정하는 방법이다. 이러한 점에서 이를 내부 이익률 법, 또 줄여서 IRR법이라고도 한다. IRR법에서는 투자 안에 대한 내부수익률이 요구수익률보다 크면 채택되고, 그렇지 않으면 기각된다. 여기에 대한 간편 식은 ⑦과 같다.

$$IRR = \sum Q_t / I_t \times 100 \quad \cdots\cdots ⑦$$

Q_t : 투자에 대한 현금유입액, I_t : 초기투자액, IRR : 내부수익률

예를 들면, 어떤 투자안의 요구수익률이 15%이며, 투자안의 내부수익률이 20%라고 가정할 때 이 투자 안은 「내부수익률>요구수익률」을 나타내므로 이 투자 안은 채택된다.

그러나 좀 더 실제와 가까운 투자안을 비교하여 현금유입액의 NPV와 현금유출액의 NPV가 일치하는 IRR과 투자안의 NPV가 0이 되는 할인율(이자율)을 구하면 IRR은 ⑧, ⑨식과 같이 된다.

<표 Ⅸ-3>의 자료를 ⑧, ⑨식에 적용시켜 각 투자안 별 실제 IRR을 산출할 수 있다.

$$IRR = \sum_{t=0}^{n} Q_t(1+r)^n = I_t(1+r)^n \quad \cdots\cdots ⑧$$

<표 Ⅸ-3> 순현가법(NPV법)에 의한 투자안의 비교

(단위 : 천원)

구분	연도(t)	투자안(A)	투자안(B)
초기투자1)	Y0	24,000(Qt)	32,000(Qt)
순현가흐름2)(It)	Y1	10,300	12,000
	Y2	10,300	12,000
	Y3	9,000	12,000
	Y4	9,000	12,000
	Y5	9,000	12,000
	NPV	4,901	3,887
	IRR	20.4%	12.4%

주: 1) 초기투자는 현금유출로 봄.
2) 순현가흐름은 현금유입액과 현금유출액의 차액인 수익을 뜻함.

$$IRR=\sum_{t=0}^{n} Q_t(1+r)^n - I_t(1+r)^n = 0 \quad \cdots\cdots ⑨$$

<표 Ⅸ-3>의 자료를 할인가(k) 20%로 하여 이것을 ⑩식에 대입하여 각 투자안을 NPV법으로 평가하고, 다음에 IRR을 구하면 아래와 같다.

$$NPV=\sum_{t=0}^{n} I_t(1+k)^n - Q_t \quad \cdots\cdots ⑩$$

할인가 20%는 현가계수표를 이용한 것이며, 계산결과 A, B 두 투자안 모두 0보다 크므로 채택가능하지만, 우선순위는 순현가가치가 높은 A안이 된다.

식에 의해 구해진 NPVA, IRRA, NPVB 및 IRRB 의 값은 각각 아래와 같다.

NPVA = 4,901천원

IRRA = (4,901 ÷ 24,000)×100 = 20.4%

NPVB = 3,887천원

IRRB = (3,887 ÷ 32,000)×100= 12.4%

따라서 IRRA=20.4%, IRRB=12.4%가 되어, 자본코스트 20%와 비교하면 A안의 투자수익이 4,901−3,887=1,014가 되고, 이의 투자수익률은 20.4%로서, 자본코스트 20%를 웃돌므로 A안이 B안보다 유리하다는 결론을 내릴 수 있다.

(4) 평균회계이익률법(average return on book value method)

어떤 투자안의 내용연수기간 중의 세후 평균순이익을 투자와 연평균 장부가치, 즉 연평균 투자액으로 나눈 값을 평균회계이익율이라 한다. 이 평균회계이익율이 기업의 목표회계이익율보다 클 경우의 투자안을 최적투자안으로 결정하는 방법이다. 이것은 자본수익률(return on assets: ROA) 또는 투자수익율(return on investment: ROI)과 비슷한 개념이다.

평균회계이익율을 구하는 공식은 ⑪과 같다.

평균회계이익율 = 세후 평균수이익 / 평균 투자액 ····································⑪

[예제 2]

어떤 어업자가 근해 어장에서 어획량을 증대시키기 위해 성능이 더욱 향상된 새로운 어군탐지기와 몇종의 시설구입에 대한 투자안을 실행한다고 생각해 보자. 새 어군탐지기를 구입하는 데 9,000만원이 소요되며, 이를 통해 기대되는 목표 회계 이익율은 20%이다. 어군탐지기는 3년 동안 사용할 수 있으며, 3년 후의 잔존가치는 없다고 추정한다. 투자기간 동안 투자안에 대한 추정 손익계산서는 <표 Ⅸ-4>와 같다.

먼저, 이 표로부터 3년간의 세후 평균순이익을 구하면 다음과 같다.

세후 평균순이익=(1,800+1,200+600)/3=1,200(만원)

그리고 어군탐지기에 대한 총투자액 9,000만원에 대한 감가상각은 정액법(straight line depreciation method)에 의하며, 이의 각 연도 말 장부가치는 <표 Ⅸ-5>와 같다.

<표 Ⅸ-4> 새로운 어군탐지기 구입에 따른 추정 손익계산서

항목	1년도	2년도	3년도
매출액	12,000	10,000	8,000
현금지출비용	6,000	5,000	4,000
세전 현금흐름	6,000	5,000	4,000
감가상각비	3,000	3,000	3,000
세전 순이익	3,000	2,000	1,000
법인세(세율=40%)	1,200	800	400
세후 순이익	1,800	1,200	600

<표 Ⅸ-5> 새로운 어군탐지기 장부가액

연도말	0년도	1년도	2년도	3년도
투자의 총장부가치	9,000	9,000	9,000	9,000
감가상각누계액	0	3,000	6,000	9,000
투자의 순장부가치	9,000	6,000	3,000	0

위의 두 표에 제시된 자료를 이용하여 새 어군탐지기에 대한 연간 평균투자액을 계산하면 다음과 같다.

평균투자액 = (9,000 + 6,000 + 3,000 + 0)/4 = 4,500(만원)

이상의 결과를 이용하여 이 투자안의 평균회계이익율을 앞의 ⑪식을 이용하여 계산하면 다음과 같이 회사가 정한 목표이익율 20%를 상회하므로 채택가능한 투자안이라 할 수 있다.

평균회계이익율 = 1,200 / 4,500 = 26.7%

3. 투자위험 관리

1) 투자위험의 정의

원양회사가 어업생산성을 향상시키기 위해 현대화된 어구와 가공설비를 갖춘 새로운 어선을 건조하는 데 자금을 투하하는 행위와 개인투자자들이 여유자금으로 주식이나 채권을 매입하는 행위는 다같이 투자(investment)행위에 속한다. 왜냐하면 투자로부터 기대되는 보상은 미래에 실현되고, 투자행위에는 언제나 미래 수익에 대한 불확실성 즉 위험을 수반하게 되는 때문이다. 그러면 투자의 위험(risk)은 무엇을 의미하며, 어떻게 측정하는가를 살펴보자.

투자의 위험은 "투자로 인해 발생할 손실의 가능성(the chance of loss)"으로 정의하면, 그것은 그 투자로부터 기대되는 미래 수익률의 불확실성에 의해 결정된다. 따라서 실제 투자분석에서 투자의 위험은 그 투자로부터 예상되는 수익률의 분산도(dispersion)로 측정하며, 투자수익률의 분산도를 나타내는 대표적인 통계량으로는 분산(variance)과 표준편차(standard deviation)가 있다.

이러한 위험의 정의에 따르면 투자사업은 미래 예상수익률의 분산 정도가 큰 투자안은 위험한 투자사업으로, 반면에 분산 정도가 작은 투자안은 안정적인 투자사업으로 분류된다.

이것을 그림으로 설명하기 위해 가성적인 두 참치선망 조업선"Standard Line"과 "Designer Line"의 미래 영업수익률의 확률분포를 표시한 <그림 Ⅸ-1>을 이용하도록 한다.

먼저, <그림 Ⅸ-1>에 의하면 참치선망 조업선의 기대영업수익률은 모두 15%로 동일하다는 것을 알 수 있다. 왜냐하면 두 조업선의 미래수익률의 확률분포가 좌우 대칭이며, 종모양의 정규분포를 이루고 있고, 두 정규분포의 평균을 나타내는 중심이 15%를 지나기 때문이다[133]. 두 조업선의 미래수익률의 확률분포가 분포의 중심인 기대수익률로부터 얼마나 흩어져 있느냐를 나타내는 것이 바로 확률분포의 분산도(variablity)이다. 조업선 Standard Line 의 수익률은 대부분이 평균인 기대수익률 15%를 중심으로 집중되어 있는 것을 알 수 있다.이것은 수익률이 15%보다 아주 낮거나 아주 높은 경우의 확률은 매우 낮게 나타나 있기 때문이다.

반면에, 조업선 Designer Line 의 영업수익률은 Standard Line에 비해 확률분포가 매우 평탄하다(flat). 이것은 Designer Line 의 미래 수익률이 15%보다 높거나 혹은 낮은 확률이 Standard Line에 비해 훨씬 높다는 것을 뜻한다. 이와 동시에 Designer Line 의 확률분포의 분산 정도가 Standard Line 에 비해 상대적으로 크다는 것을 의미한다.

이와 같이 위험을 미래의 투자수익률의 분산 정도로서 정의할 때, <그림 Ⅸ-1>의 조업선 Designer Line 이 Standard Line 보다 더 위험하다고 말할 수 있다. 어떤 확률분포의 분산정도를 측정하는 데에는 여러 가지 통계학적인 방법이 있지만, 이와같이 이론적인 연구에서나 실무에서 가장 많이 이용되고 있는 척도는 분산(variance)과 표준편차(standard deviation)이다.[134]

2) 투자안의 수익과 위험의 측정

(1) 개별 투자안의 수익과 위험

평균-분산(mean-variance)기준에 의해 수익과 위험을 측정할 경우, 개별 투자안의 기대

133) 기초 통계학에서 배운 정규분포의 특징에 대해 잘 알지 못하는 학생들은 과거에 사용하였던 통계학 교과서의 정규분포 부분을 다시 한번 읽어보면 쉽게 이해할 수 있음.

134) 현대 투자론에서는 위험을 미래 수익률의 분산 혹은 표준편차로 정의하고 있다.

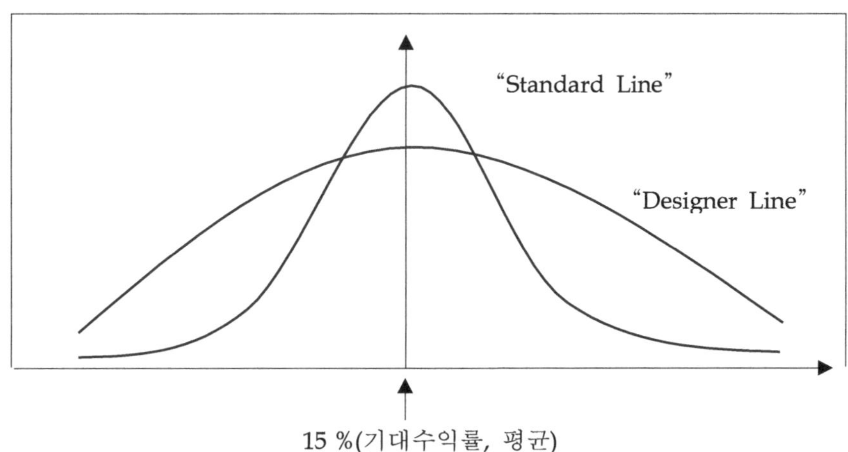

<그림 Ⅸ-1> 위험이 다른 두 투자안의 확률 분포

수익률과 위험은 개별 투자안으로부터 예상되는 수익률의 평균값인 기대수익률(expected rate of return)과 분산(variance) 또는 표준편차(standard deviation)에 의해 나타낸다. 이를 각각 수식으로 표시하면 ⑫식, ⑬식 및 ⑭식과 같다.

$$E(R_i) = P_1 R_{i1} + P_2 R_{i2} + \cdot \cdot \cdot + P_m R_{im}$$

$$= \sum_{s=1}^{m} P_s \cdot R_{is} \quad \cdots\cdots ⑫$$

여기서, $E(R_i) =$ 투자안 i의 기대수익률

$P_s =$ 상황 s가 발생할 확률(s=1, 2, ⋯, m)

$R_{is} =$ 상황 s에서의 투자안 i의 수익률

$$Var(R_i) = E[R_i - E(R_i)] = \sum_{s=1}^{m} P_s [R_{is} - E(R_i)]^2 \quad \cdots\cdots ⑬$$

$$\sigma_i = \sqrt{Var(R_i)} \quad \cdots\cdots ⑭$$

여기서, $Var(R_i) =$ 투자안 i 수익률의 분산

$\sigma_i =$ 투자안 i 수익률의 표준편차

(2) 포트폴리오의 수익과 위험

① 포트폴리오의 정의와 분산효과

기업이나 개인투자자들은 투자의 위험을 분산시키기 위해 한 종류의 자산이나 투자사업

에 자금 전체를 투자하는 것보다 다양한 종류의 자산이나 투자사업에 분산 투자하는 것이 일반적이다. 투자자들이 투자자금을 여러 종류의 자산에 분산 투자하게 될 때, 투자자가 소유하는 여러 종류의 자산이나 투자사업의 집합(combination of assets)을 포트폴리오(portfolio)라 한다.

예를 들어 "달걀을 한 바구니에 담지 말라"는 서양 속담이나, 소유재산을 토지, 금, 그리고 현금 등에 각각 1/3씩 투자하는 3분법 등은 포트폴리오의 좋은 예이다.

포트폴리오의 기대수익률은 포트폴리오를 구성하는 개별자산들의 기대수익률을 가중평균한 값과 같으나 포트폴리오의 위험을 측정하는 분산이나 표준편차는 그렇지 않다. 포트폴리오의 위험은 포트폴리오를 구성하는 개별자산들의 위험과 구성비율 뿐만 아니라, 개별자산들의 수익률간의 상관관계에 의해 결정된다.

따라서 수익률이 동일한 방향으로 변동하는 개별자산들로 포트폴리오를 구성하게 되면, 개별자산들 간의 공분산이나 상관계수가 양(+)의 값을 가지기 때문에 포트폴리오의 분산은 커지게 되며, 포트폴리오의 분산효과는 작아지게 된다. 반대로 수익률이 서로 반대 방향으로 변동하는 개별자산들로 포트폴리오를 구성하게 되면, 개별자산들간의 공분산이나 상관계수가 음(-)의 값을 가지게 되므로 포트폴리오의 분산은 오히려 작아지게 되며, 포트폴리오의 분산효과는 커지게 된다.

3) 분산투자와 위험관리 효과

(1) 분산투자 효과

수산기업의 입장에서 보면, 새로운 투자안을 채택할 경우 새로운 투자사업으로부터 발생하는 수익률은 기존의 투자사업으로부터 생기는 수익률에 추가된다. 그러므로 새로운 투자안은 기존의 투자사업과 새로운 투자안의 조합으로 이루어지는 포트폴리오의 구성요소가 된다는 뜻이다. 이 때 수산기업의 위험(firm risk)은 새로운 투자안으로부터 발생하는 수익률과 기존의 투자사업으로부터의 수익률간의 상관관계(correlation)에 따라 달라지게 된다.

포트폴리오 선택이론(portfolio selection theory)에 의하면, 상관관계가 완전한 정의 상관관계(perfectly positive correlation)가 아니라면 새로운 투자안에 의해 기업에 추가되는 위험은 개별 투자안 자체의 위험보다 작게 된다. 왜냐하면 이 경우 새로운 투자안의 위험과 기존의 기업위험 사이에 분산투자효과, 즉 포트폴리오 효과(portfolio effect)가 발생하는 때문이다.

우리나라 원양어업 회사들이 기업구조조정 방안으로 업종 또는 출어해역을 다각화하고 어선어업 외에 양식, 유통 및 가공, 조선·수리업 등으로 다각화하는 전략을 고려하는 것은 포트폴리오 효과에 의한 경영위험을 감소시키기 위한 것이라 할 수 있다.

(2) 복합양식과 양식업 투자의 위험관리

양식업자의 투자수익률 위험을 감소시키기 위한 전략으로 두 품종 이상의 양식을 동시에 수행하는 복합양식을 고려할 수 있다. 복합양식(polyculture)은 양식장의 성장공간과 환경을 보다 효율적으로 이용하기 위하여 둘 이상의 어종을 함께 양식하는 것을 의미한다.

Brown(1983)에 의하면 복합양식은 양식공간과 환경의 효율적 이용 및 먹이용 유기체의 선택적 이용으로 단위 양식 면적당 생산량의 증대, 인건비의 감소 및 단위면적당 이익증대 효과를 거두어 높은 수익성에 도달할 수 있다고 한다.[135]

복합양식 전략을 선택할 경우, 양식투자의 위험을 감소시킬 수 있는 이론적 근거는 두 품종 이상을 양식함으로써 분산투자 효과 즉 포트폴리오 효과(portfolio effect)를 기대한다는 점이다. 다시 말하면, 두 품종 이상을 동시에 양식하는 경우에 포트폴리오 이론에 의해 각 품종에 대한 투자수익률 간의 상관계수가 +1.0보다 작으면 양식업 투자 위험을 감소시킬 수 있다.

여기서는 우리나라 해안에서 양식되고 있는 굴, 우렁쉥이, 진주담치, 미역, 다시마 등을 대상으로 복합양식에 의한 양식업 투자의 위험감소 효과를 실증적으로 분석한 하나의 연구결과를 소개한다.[136]

포트폴리오의 기대수익률과 위험에 관한 공식을 적용하여 두 개 품종 이상의 복합양식으로 발생하는 평균양식이익률과 품목별 양식이익률의 분산을 정의하면 각각 식 ⑮식, ⑯식과 같다.

$$E(Rp) = \omega 1E(R1) + \omega 2E(R2) + \cdots + \omega nE(Rn)$$

$$= \sum_{i=1}^{n} \omega i \cdot E(Ri) \quad ⑮$$

여기에서, E(Rp)= 복합양식의 평균양식이익률

135) E.evan Brown, World fish farming; Cultivation and Economics, Avi Publishing company,1983,p.425.
136) 이승우·류정곤·황진욱, 복합양식의 경제적 실현가능에 관한 연구, 수산경영론집 ,Vol.xxv,No.25,1994,12.

E(Ri)= i품종의 양식이익률

ωi = i품종의 투자비중

$$\sigma_p^2 = \sum_{i=1}^{n}\sum_{j=1}^{n} w_i w_j cov(R_i, R_j) = \sum_{i=1}^{n}\sum_{j=1}^{n} w_i w_j \rho_{ij}\sigma_i\sigma_j \cdots\cdots⑯$$

여기에서, $\sigma_p^2 =$ 복합양식의 양식이익률의 분산

$\sigma_p =$ 복합양식의 양식이익률의 표준편차

$w_i =$ i품종의 투자비중 (i=1, 2, ⋯, n)

$w_j =$ j품종의 투자비중 (j=1, 2, ⋯, n)

$cov(R_I, R_j) =$ i품종과 j품종의 양식이익률 간의 공분산

$\rho_{ij} =$ i품종과 j품종의 양식이익률 간의 상관계수

$\sigma_i =$ i품종의 양식이익률의 표준편차

$\sigma_j =$ j품종의 양식이익률의 표준편차

복합양식의 평균양식이익률은 각 품종의 투자비중과 각 품목의 양식이익률에 의하여 결정된다는 것을 알 수 있다. 즉 식 ⑮에서 보여 주고 있는 바와 같이 각 양식 품종의 투자비중이 일정하게 주어지면, 복합양식의 평균양식이익률은 각 품목의 양식이익률과 선형관계를 이룬다. 그리고 복합양식의 투자위험을 나타내는 분산과 표준편차는 식⑯에서와 같이 각 양식품목의 투자비중과, 개별 양식품목및 표준편차와 양식 품목간의 상관계수 등에 의하여 결정된다는 것을 알 수가 있다.

포트폴리오 이론에 의하면, 각 품목의 투자비중과 각 품목의 표준편차가 일정하더라도 각 품종의 양식이익률 간의 상관계수가 +1.0보다 작다면 복합양식의 표준편차가 감소하기 때문에 복합양식은 양식이익률의 위험을 감소시킬 수 있다.

복합양식에 선택되는 각 품목의 양식이익률의 표준편차와 각 품종의 양식이익률 간의 상관계수는 표본의 양식이익률을 이용하여 구할 수 있고, 투자비중은 0%에서 100%까지 변동시킴으로써 복합양식에 의한 양식이익률의 위험감소 효과를 분석할 수 있다.

우선, 남해지역의 복합양식 품목인 굴, 우렁쉥이와 진주담치의 평균양식이익률과 표준편차를 보 면 <표 Ⅸ-7>과 같다.

<표 Ⅸ-7> 3개 품목의 복합 양식이익률과 표준편차(남해지역)

(단위 : %)

구 분	굴	우렁쉥이	진주담치
평균양식이익률	24.0	44.1	17.0
표준편차	16.3	18.2	16.6

굴과 우렁쉥이의 양식이익률 간의 상관계수는 -0.343이며, 굴과 진주담치의 양식이익률 상관계수는 -0.503으로 나타난다. 두 복합양식 모두 상관계수가 +1.0보다 작아 양식 위험을 감소시킬 수 있다. 이들 상관계수는 모두 유의수준 5%에서 유의적이다.

<표 Ⅸ-8>은 굴과 우렁쉥이, 굴과 진주담치를 동시에 양식할 경우에 투자비중에 따른 평균양식이익률과 분산의 변화를 나타낸 것이다. 굴과 우렁쉥이를 동시에 양식할 경우 투자비중에 따른 분산의 변화는 굴의 투자비중이 0.50~0.55 사이에 있는 0.51일 때 복합양식의 투자위험이 가장 작은 것으로 나타난다. 또 굴과 우렁쉥이는 투자비중이 0.51일 경우에 복합양식의 평균이익률은 34.1%~33.0% 사이의 33.2%이고, 표준편차는 9.9%이다. 즉 굴의 투자비중이 0.51일 때 복합양식이익률의 변동을 나타내는 표준편차는 9.8~9.9%이며, 이때 33.2%의 양식이익률을 달성한다.

그리고, 굴과 진주담치를 동시에 양식할 경우의 분산의 변화를 보면 굴의 생산비중이 0.54일 때 분산은 최소값을 가진다. 또 굴의 투자비중에 따라 결정되는 굴과 진주담치의 평균양식이익률과 분산의 관계를 보면, 굴의 생산비중이 0.54일 때 표준편차는 8.6%로서 가장 작으며, 평균 양식이익률은 21.5%이다. 즉, 굴의 투자비중이 0.54일 경우에 복합양식이익률의 변동을 나타내는 표준편차는 8.6%이며, 이때 복합양식이익률은 21.5%이다.

4. 자본의 조달

1) 자본조달의 원천

수산경영에 있어서 필요한 자금의 조달은 어선, 어구, 양식장 시설 및 가공공장 등의 고정자산의 구입에 필요한 고정자금 조달과 연료비, 선원 식비, 종묘비 및 사료비 등과 같이 일상적인 경영활동에 필요한 유동자금 조달로 분류된다.

<표 Ⅸ-8> 3개 품목 복합양식의 평균이익률과 분산

투자비중	평균양식이익률		분산	
	굴과 우렁쉥이	굴과 진주담치	굴과 우렁쉥이	굴과 진주담치
0.00	0.44100	0.18900	0.033124	0.027556
0.05	0.43095	0.19155	0.029005	0.023758
0.10	0.42090	0.19410	0.025286	0.020355
0.15	0.41085	0.19665	0.021965	0.017347
0.20	0.40080	0.19920	0.019044	0.014733
0.25	0.39075	0.20175	0.016522	0.012514
0.30	0.38070	0.20430	0.014398	0.010689
0.35	0.37065	0.20685	0.012674	0.009258
0.40	0.36060	0.20940	0.011348	0.008223
0.45	0.35055	0.21195	0.010422	0.007582
0.50	0.34050	0.21450	0.009895	0.007335
0.55	0.33045	0.21705	0.009767	0.007483
0.60	0.32040	0.21960	0.010037	0.008025
0.65	0.31035	0.22215	0.010707	0.008962
0.70	0.30030	0.22470	0.011776	0.010294
0.75	0.29025	0.22725	0.013244	0.012020
0.80	0.28020	0.22980	0.015111	0.014141
0.85	0.27015	0.23235	0.017377	0.016656
0.90	0.26010	0.23490	0.020042	0.019566
0.95	0.25005	0.23745	0.023106	0.022870
1.00	0.24000	0.24000	0.026569	0.026569

주: 생산비중은 복합양식에서 굴의 투자비중을 뜻한다.

이러한 자금을 조달하는데 있어서는 첫째, 전체적으로 어느 정도의 자금이 필요하며 둘째, 그것을 어느 곳으로부터 조달하는 것이 가장 손쉬우며 셋째, 어떠한 자금(재원)이 더 경제적인가(낮은 이자율)를 고려하는 자금조달계획을 먼저 수립해야 한다.

자본의 형태는 자본의 조달방법과 그것을 제공할 사람이 누구인가에 따라 자기자본과 타인자본으로 나누어지며, 자기자본은 다시 창설자본과 추가자본으로 나누어 이것을 어떻게 조달할 것인가를 결정해야 하고, 타인자본에 대해서는 장기차입자본과 단기차입자본으로 구분하여 자금용도에 적합한 자본을 조달할 수 있도록 해야 한다. 이때 장기차입자본은 고정자산에, 단기차입자본은 유동자산에 각각 투자하는 것이 원칙이다.

왜냐하면 장기차입금은 장기에 걸쳐 사용할 수 있고, 자본코스트가 비교적 낮기 때문에 거액을 필요로 하는 고정자산에는 재무안정성을 위하여 장기차입금을 투자하는 것이 원칙인 것이다. 그러나 단기차입금은 빨리 상환해야 하고, 자본코스트도 상대적으로 높기 때문에 자금회전율이 높은 유동자산, 즉 어음의 발행이나 원자재 구입, 임금지불 등에 투자하는 것이 원칙이다.

이상과 같은 자본조달방법에 대하여 총자본을 정점(頂點)으로 그의 구성관계를 체계화하면 <그림 Ⅸ-2>와 같이 나타낼 수 있다.

2) 자기자본의 조달

<그림 Ⅸ-2>에서와 같이 기업의 출자자로부터 조달되는 자본이 자기자본(自己資本)이다.

자기자본은 기업의 소유자가 기업에 직접 제공하는 출자자본(出資資本)과 기업의 경영활동으로부터 얻어진 이익 등으로 축적된 유보이익(留保利益)으로 구성된다. 출자자본은 다시 자본조달시기에 따라 창설자본과 추가자본으로 구분된다.

여기서 출자자(出資者)는 개인기업의 경우는 소유주 개인을 가리키며, 조합기업에서는 조합원이 되고, 주식회사에서는 주주(株主)가 된다.

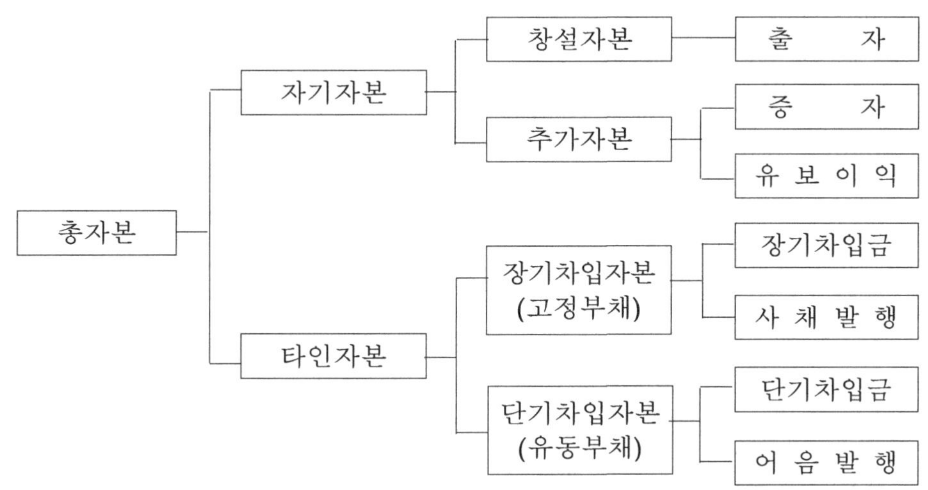

<그림 Ⅸ-2> 총 자본의 구성과 조달체계

3) 타인자본의 조달

<그림 Ⅸ-2>에서와 같이 기업의 자본을 출자자가 아닌 다른 사람(채권자)으로부터 조달하는 자본을 타인자본(他人資本)이라 한다. 타인자본은 상환기한에 따라 장기차입자본(고정부채)과 단기차입자본(유동부채)으로 나누어지고, 장기차입자본은 장기차입금과 사채((社債)로, 그리고 단기 차입자본은 단기차입금과 어음으로 각각 조달된다.

단기차입자본금은 일반적으로 거래처로부터 외상매입과 수산업협동조합이나 시중은행 등과 같은 금융기관으로부터 단기대출을 받아 조달하는 것이 유리하다. 또 어음을 발행하여 자금을 융통하는 것도 여기에 속한다. 장기차입자본은 수산업협동조합이나 시중은행 등과 같은 금융기관으로부터 장기대출을 받거나, 증권시장을 통하여 사채(社債)를 발행하여 매각함으로써 조달하는 것이 유리하다.

타인자본은 기업출자자가 아닌 외부의 채권자로부터 빌려쓰는 자금이므로 차입기간동안 채권자에게 일정 금액의 이자를 지급해야 하며, 만기일에는 원금까지 상환해야 한다. 만약 원금과 이자를 기간 내에 갚지 못하게 될 경우에는 지불불이행(支拂不履行)으로 법적 제재를 받게 된다. 그리고 최악의 경우에는 이로인해 기업이 파산하게 되는 경우도 발생한다. 그러므로 타인자본의 조달은 사업 전망에 따라 작성된 자금수급계획을 바탕으로 하여 그 규모와 방법을 신중히 결정해야 한다.

4) 자본조달 원칙

기업이 자본을 조달함에 있어서 지켜야 하는 원칙에는 다음의 3가지가 있다.

(1) 자금의 안정성

기업이 사용하는 자금은 사용기간, 금리 등에 있어서 안정성이 있어야 한다. 다시 말해 변제기간(辨濟期間)이 장기인 자금과, 사용 중에 변제 독촉이나 금리 등에 변동이 없는 자금이라야만 한다. 이러한 자금일 경우 안정성이 높기 때문이다. 가장 안정성이 높은 자금은 자기자본이며, 다음은 장기차입자금이다.

(2) 자금원가의 저렴성

어떠한 자금이든 거기에는 반드시 자금원가에 해당하는 일정한 이자를 지불해야 하기 때문에 가능한 저금리의 자금, 조달비용이 저렴한 자금을 융통하도록 해야 한다. 이러한 점에서 본다면 재정자금, 금융자금의 순으로 이자가 높고, 은행보다는 협동조합자금이 상대적으로 낮은 이자율이며, 단기금융회사(단자회사)보다는 일반은행의 이자율이 낮다.

(3) 조달가능성

자금은 사용기간이 길고, 이자가 낮아야 하겠지만 기업에 있어서는 사업투자의 적시성(適時性, timing)도 대단히 중요하므로 필요한 시기에 자금조달이 가능해야 한다. 그리고 신용력과 담보력이 미약한 중소기업이나 농어업자들에게는 그들의 신용과 특수한 자산을 담보로 하여 필요한 자금을 융통할 수 있는 것이 무엇보다 중요하다. 이러한 점에서 어선을 중요 담보로 하는 수협(水協), 농토를 중요 담보로 하는 농협(農協)의 신용사업은 농·어민에 있어서 대단히 중요한 역할을 하는 금융기관이다.

5) 재무레버리지(financial leverage)

(1) 재무레버리지

수산기업이 투자에 필요한 자금조달에 있어서 자기자본보다는 타인자본에 크게 의존하게 되는 경우에는 고정적으로 지급해야 하는 이자지급 부담이 커지게 된다. 타인자본에 대한 의존이 높아지면 고정적인 금융비용의 부담으로 영업이익이 적게 날 때는 큰 손실을 감수해야 한다. 그러나 반대로 영업이익의 수준이 높으면 상대적으로 자기자본의 비중이 낮기 때문에 이자지급 후 주주에게 귀속되는 순이익 혹은 주당(earnings per share)이익은 커지게 된다.

재무레버리지(financial leverage)는 기업이 이자비용과 같은 재무적 고정비를 수반하는 타인자본을 사용하는 것을 의미하는데, 이러한 재무레버리지 효과(financial leverage effect)는 기업의 타인자본 의존도에 따라 기업의 손익이 확대되어 나타나는 효과를 말한다.

(2) 재무레버리지度

이자비용과 같은 재무고정비로 인하여 발생하는 손익확대효과의 크기는 재무레버리지도(DEL: degree of financial leverage)로 측정한다. 재무레버리지도는 영업이익의 변화율에 대한 주당이익의 변화율로 측정한다. 이를 수식으로 표시하면 다음 식과 같다.

재무레버리지度(DEL) = 주당이익의 변화율 / 영업이익의 변화율

재무구조 상으로 볼 때, 타인자본의 의존도가 높아 이자비용과 같은 재무적 고정비가 클수록 재무레버리지도는 높아진다. 반면에, 자기자본만을 사용하여 이자비용을 지급하지 않는 기업의 경우는 영업이익의 변화율과 주당이익의 변화율이 동일하게 되어 재무레버리지 효과는 나타나지 않는다.

(3) 영업전망과 재무레버리지 효과

타인자본에 대한 의존도가 높은 기업, 즉 부채비율이 높은 수산기업이라 하더라도 기업 순이익 혹은 주당이익이 증가하면 재무레버리지 효과는 正(+)의 방향으로 나타난다. 즉, 수산업의 영업전망이 밝고 좋은 경우에는 수산기업의 부채비율이 높아 이자 지급 부담이 있다 하더라도 수산기업의 순이익 혹은 주당이익이 증가하는 추세에 있으므로 이러한 경우에는 다소 부채가 과다하다 하여도 기업경영에는 그다지 문제될 것이 없다. 오히려 기업의 사업 확장에 긍정적인 효과를 가져 온다.

반면에, 경기전망이 나쁘고 영업전망이 흐린 수산기업이 부채비율이 높아 이자부담이 늘어나게 되면 주당이익이 감소하는 방향으로 負(-)의 재무레버리지효과가 나타난다. 이러한 경우의 과다부채는 기업의 큰 경영압박 요인이 된다.

5. 수산금융

1) 재무관리와 금융시장

일반적으로 금융시장이란 자금의 수요와 공급이 이루어지는 시장으로서, 기업에 있어서는 필요한 자금을 조달하는 곳이며, 자금공급자인 투자자에 있어서는 여유 자금을 저축 또는 투자할 수 있는 곳으로서의 두 가지 역할을 한다. 자금의 조달과 운용을 수협의 기능과 연계하여 금융시장과의 관계를 통해서 보면 <그림 Ⅸ-3>과 같다.

<그림 Ⅸ-3>에서 보여 주는 바와 같이 수협은 수산기업과 자본시장, 은행, 금융시장 및 정부로 구성되는 전체 금융시장과를 연결하는 중개자(intermediary)의 역할을 수행과 동시에 또 하나의 금융시장이기도 하다. 즉, 수협은 금융시장으로부터 필요한 자금을 조달한 후(ⓐ), 그 자금을 수산기업의 영업활동에 필요한 실물자산에 대출한다(ⓑ).

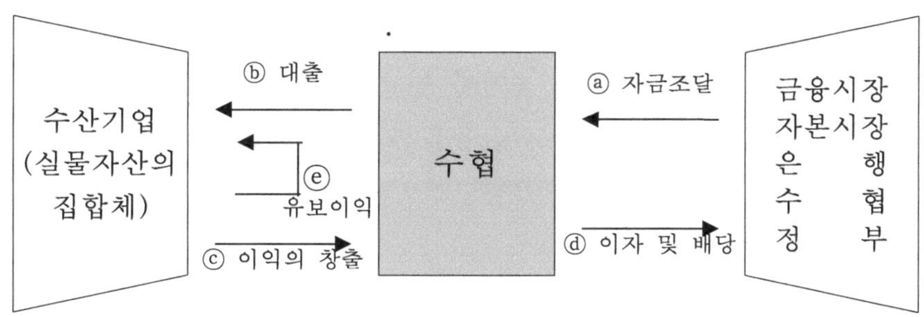

<그림 Ⅸ-3>수협을 중심으로 한 수산기업과 금융시장과의 관계

금융시장에서 형성되는 자금은 가계로부터 들어온 예금 형태의 저축과 주식 혹은 회사채 등의 금융자산에 대한 투자자금으로 조성된다. 수산회사가 자금을 조달하는 또 하나의 재원으로서는 정부의 재정자금이 있다. 우리나라 수산업이 그 동안 외형적으로 크게 성장하였으나 아직도 산업으로서의 자립적 발전조건을 충족하지 못하고 있기 때문에 정부는 현재도 재정자금을 지원하여 수산기업의 활동을 보호하고 있는데, 이러한 정부의 지원자금을 재정자금이라 하며, 주로 수협신용사업을 창구로 하여 대출된다.

수산기업이 영업활동을 통해 창출한 이익(ⓒ)의 일부는 주주와 채권자, 수협 및 정부기관에 대해 배당 및 이자의 형태로 지급되며(ⓓ), 나머지 잔액은 수산기업의 미래를 위해 유보이익(retained earnings) 형태로 사내에 남겨둔다(ⓔ).

이러한 수산기업의 재무활동 과정에서 수협신용사업은 금융시장에서 투자자가 제공하는 자금보다 더 많은 현금흐름(현금수입)을 창출해야 한다. 그래야만 수협이 수산기업이 필요로 하는 자금수요를 언제나 지속적으로 공급할 수 있다. 그러기 위해서는 수협은 금융시장의 동향에 항상 관심을 기울이고, 소요 자금을 충분히 확보하는 일에 대비해 나가야 한다.

2) 수산금융의 중요성

현대의 수산경영은 규모의 확대와 수산기술의 발달로 많은 자금을 필요로 한다. 그러나 수산경영은 자금의 자체조달능력이 제한되어 있는 영세경영이 대부분이며, 보유하고 있는 유일한 자산인 어선도 그 자체의 취약한 담보력으로 인해 일반금융시장에서는 이것을 담보로 하여 대출하는 것을 꺼리고 있다. 그러므로 수산경영자는 수산업협동조합이나 정부로부터 지원되는 일반자금이나 재정자금에 주로 의존하지 않을 수 없는데, 그것은 필요한 자금을 적기에 맞추어 조달한다는 것이 근본적으로 어렵게 되어 있는 때문이다.

이와 같이 어업, 양식업, 수산제조업 등에서 필요한 자금을 조달하여 수산업의 생산기반 확충과 어업자의 어로활동에 지원하는 금융을 수산금융이라 한다.

3) 수산금융의 특징

수산업은 생산성과가 매우 불규칙하고 불안정한 것이 특징이다. 그리고 수산업의 가장 중요한 생산수단인 어선과 어구는 비록 고정적 시설의 일종이기는 하나 담보력이 아주 미약하다. 수산경영은 수산업 자체의 이러한 특수성 때문에 외부로부터 위험성이 높은 투자사업으로 인식되어 항상 자본부족 현상에 처하게 된다.

이 때문에 수산업에 투자되는 자금은 자본수익률과 그 위험성과의 상쇄관계(risk return trade-off)에서 보면 요구수익률(이자율)이 대체로 높을 수밖에 없다. 다시 말해, 수산기업은 높은 이자를 부담해야만 수산금융문제를 해결할 수가 있다. 그럼에도 불구하고 소수의 대규모 수산회사를 제외하고는 대부분이 자본축적이 제대로 이루어져 있지 않는 영세경영형태로 되어 있고, 그렇기 때문에 일반금융기관으로부터는 필요한 자금조달기회를 얻지 못하고 있는 실정이므로 결국, 일반금융기관의 자금대출대상에서 제외되고 마는 것이다.

어업자들이 자신들이 조직한 수산업협동조합의 신용사업에 의존하여 수산금융을 조달할 수밖에 없는 한계성은 바로 이러한 요인에 기인하고 있는 것이다.

4) 수산금융의 종류

(1) 금융자금

수산업협동조합이나 일반은행 등의 금융기관으로부터 조달하는 자금을 금융자금(金融資金)이라 하며, 여기에는 장기금융자금, 단기금융자금이 있다. 또 금융자금은 대출방법에 따라서 담보대출, 무담보대출(신용대출), 당좌대월 및 어음할인 등이 있다.

금융자금의 특징은 여러 가지 면을 들 수 있으나 재정자금과 비교하여 금리가 높은 점에 있다. 금융일반자금과 재정영어자금의 1년 차입기준 금리를 비교해 보면<표 Ⅸ-9>와 같은 차이가 나타난다. 즉, 2000년 기준 두 자금 간에는 3.5%의 이자율 차이가 난다.

그러므로 일반 제조업이나 서비스업에서는 금융자금을 거의 이용하지만, 수산업에서는 아직도 재정자금에 크게 의존하고 있다. 그리고 금융자금도 일반은행으로부터 차입하는

<표 Ⅸ-9> 수협의 영어자금 대출금 금리비교

(단위: %)

	1980년 초	1980년 중	1990년 초	1990년 중	2000년 초
금융자금	15.0	14.0	10.0	9.0	8.0
재정자금	13.0	10.0	8.0	5.0	4.5

자료 : 수협중앙회, 수협업무통계, 2001.

것이 아니라 주로 수산업협동조합을 통한 자체자금 대출자금이 대부분을 차지한다. 이러한 경향은 수산금융에 있어서 수산업협동조합의 역할과 금융자립도의 중요성을 말해주는 것이다.

(2) 재정자금

재정자금(財政資金)이란 금융자금과는 달리 정부가 정한 특정한 수산정책의 목적을 달성하기 위해 영어자금(營漁資金)이나 수산업 시설자금(施設資金)으로 융자되는 정부자금을 말한다. 재정자금은 금융자금보다 이자율이 훨씬 낮고, 자금의 사용기간도 장기라는 점에서 매우 유리한 자금이지만 60, 70년대에 비하여 80년대 이후 대출금 비율이 점차 줄어들고 있는 것에 주목할 필요가 있다.

예를 들어, 수협의 영어자금금리는 2000년초 기준 금융자금이 8.0%이며, 재정자금은 4.5%이다. 시설자금은 상환기간 8~15년에 이자율은 연 8%이고, 어선건조자금은 상환기간이 13년이며, 이자율은 년 5%이다. 일반제조기업의 회사채 만기가 3년이며, 시장 이자율 8~10% 수준과 비교하면 수협의 재정자금이 얼마나 유리한가를 잘 알 수 있다.137) 그러나 이 축소된 자금의 구성비율은 과거 수협 총대출금의 약70%에 달하던 것이 70년대 말에는 25%로 격감했으며, 90년대에 와서는 약50%선으로 높아졌으나 60년대에 비해서는 20%가까이 떨어진 셈이다.

(3) 수산금융전담기관

정부는 수산업 발전에 필요한 재정자금의 효율적인 관리를 위해 수산업협동조합을 그

137) 수협중앙회, 수협업무통계, 1999, p.83.

<표 Ⅸ-10> 수협의 자금조달 및 운용

(단위 : 억원)

	자 금 조 달				자 금 운 용			
	자체자금	차입금	기타	계	대출금	경제사업	기타	계
1692	-	3	-	3	2	1	-	3
1965	3	19	-	21	16	5	-	21
1970	54	193	-	247	194	53	-	247
1980	1,877	1,413	330	3,620	2,270	276	1,074	3,620
1990	14,890	7,448	1,748	24,086	15,180	1,130	7,776	24,086
1995	52,944	12,902	5,467	71,313	40,654	2,715	27,944	71,313
1999	105,167	22,848	15,765	143,780	65,755	1,425	73,900	143,780
구성비	(73.1)	(15.9)	(11.0)	(100.0)	(37.8)	(10.8)	(51.4)	(100.0)

주 : 1) ( )내 수치는 1999년도 구성비임.

2) 1999년도 총대출금 6조5,755억 가운데서 2조 2,848억원은 한국은행으로부터의 차입금임.

자료 : 수협중앙회, 수협업무통계, 2001. pp.64-67.

관리기관으로 지정하고138), 낮은 이자율로 연근해어업자 뿐만 아니라 원양어업자에 대해서도 출어 자금과 어업경영에 필요한 각종 자금을 대출하도록 하고 있다.

우리나라의 수산금융은 1962년 수산업협동조합이 발족된 이후부터는 모든 수산자금을 수협의 신용사업으로 일원화(一元化)하여 현재 수협이 전적으로 취급해 나가고 있다. 이러한 점에서 수협은 우리나라에 있어서 수산금융 전담기관이라 할 수 있는 것이다. 그리하여 수협의 1965년에 총조달자금 가운데 83%를 정부재정자금과 한국은행차입금으로 조달하였다. 그러나 <표 Ⅸ-10>을 통해서 보면, 최근에는 오히려 재정자금의 비중이 낮고, 금융자금이 더 높은 비중을 차지하고 있는데, 그 중에서도 수협이 자체적으로 조성한 자체 자금이 약 73.1%를 점한다.

이것은 수산업협동조합의 신용사업활동이 점차 강화되어 왔다는 증거로, 바람직한 현상이라 할 수 있다. 수협은 자체자금조성능력을 통한 수산금융자립도를 높이기 위하여 1963년부터 여신업무(與信業務)를 시작하였으며, 1969년부터는 수신업무(受信業務)를 겸하였

138) 수협법 제132조③ 참조.

고, 1974년부터는 상호금융업무(相互金融業務)를 실시하였다. 이러한 과정에서 수협은 은행법 적용을 받는 일반금융업무까지 겸하게 되고, 금융 점포수를 전국으로 확대해 나갔다.

현재 수협은 금융환경변화에 대응키 위해 신용사업의 영역을 일반금융과 상호금융으로 분리하고, 일반금융사업에 대해서는 완전독립사업부제(完全獨立事業部制)를 채택하여 실시해 나가고 있다.수협의 자금조달 및 운용의 추이와 이와 같은 수산자금조달을 위한 현재의 수협신용사업조직을 보면 <그림 Ⅸ-4>와 같다.

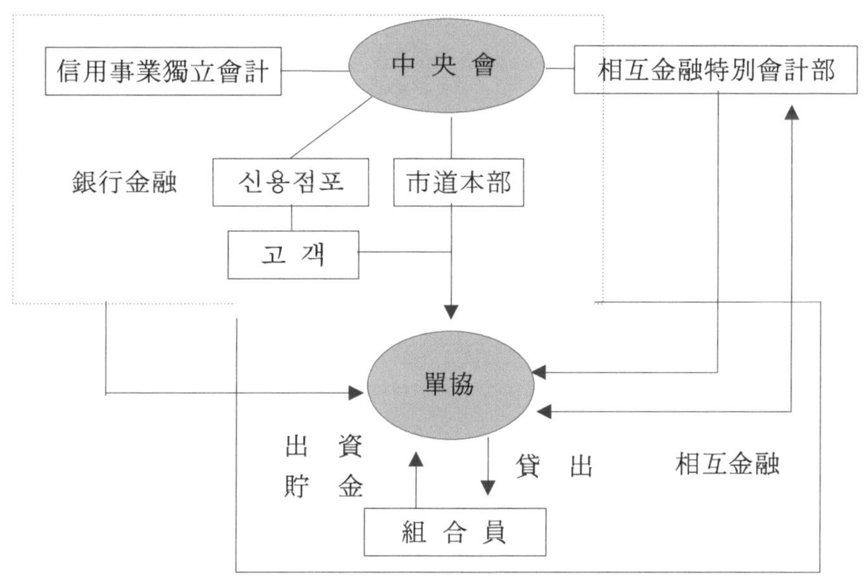

<그림 Ⅸ-4> 수협신용사업의 조직과 체계

5) 수협의 수산자금 융자상황

<표 Ⅸ-11>에서 보는 바와 같이 우리나라의 수산금융은 1970년대 초까지만 해도 재정자금에 의존하는 비중이 50%를 초과하였으나, 그 이후부터는 재정자금의 비중이 점차 낮아지고 있다.

예를 들어, 1965년에는 재정자금의 비중이 94%를 차지하였으나 1976년 이후부터는 30% 미만으로 감소한 것이다. 이것은 금융자금, 특히 그 중에서도 수산업협동조합의 자체 비중이 점차 높아지고 있다는 증거이며, 수협신용사업이 독립된 수산 금융사업 부문으로서 자립기반을 마련해 가고 있다는 뜻이므로 매우 바람직한 현상이라 할 수 있다.

<표 Ⅸ-11> 재원별 수산자금 융자 실적(1997)

(단위 : 억원)

구분 / 년도	재정자금(A)	금융자금(B)	합계(C)	재정자금 구성비 (A/C)(%)
1962	2	1	3	66.7
1965	14.6	12.4	15.9	94.0
1970	123.8	55.1	178.9	69.2
1975	154.5	241.2	395.7	39.1
1980	548.2	1,336.3	1,231.9	25.2
1985	2,028.4	3,058.4	5,146.8	40.6
1990	4,599.6	6,585.6	11,105.2	41.4
1995	10,462.1	11,555.3	22,017.4	41.4
2000	18,962.0	38,811.0	57,773.0	32.8

자료 : 김경호, IFM 이후 한국수산금융의 현황과 정책방향, 수산경영론집, vol.32, No.2, 2001.12.

6. 담보 및 신용관리

1) 담보

담보(擔保)란 금융기관이 자금을 대출할 때 계약에 따라 원리금 상환 이행을 약속하는 채무자의 인적 또는 재산적 조치를 의미한다.

담보 중에는 사람으로 채무의 이행을 약속하는 대인담보(對人擔保)와 재산으로 채무 이행을 약속하는 대물담보(對物擔保)가 있다. 보증계약은 대인담보에 해당되며, 저당권은 대물담보의 일종이다. 대인담보에 의한 대출을 신용대출(信用貸出)이라 하고, 대물담보에 의한 대출을 담보대출(擔保貸出)이라 한다. 전자는 보통 대출금 규모가 소규모이고 상환기간이 단기인 반면에, 후자는 대체로 대출금 규모가 크고 상환기간이 장기성을 띤다.

수산업의 주요 자본재인 어선, 어구, 양식장, 기타 시설물 등은 육상의 다른 은행들이 취급하는 토지, 공장, 건물 및 기계설비 등에 비추어 담보력이 낮기 때문에 수산업자들이 일반금융기관을 통하여 자금을 융통하기란 여간 어려운 것이 아니다.

그 이유는 첫째, 수산경영활동이 자연적 조건에 지배되어 불확실성이 높으며 둘째, 많은 생산시설이 해상에서 사용됨으로 인하여 진부화와 유실가능성이 높으며 셋째, 수산업의 생산시설이 중고시장에서 그의 유통성이 극히 한정되어 있는 재산이라는 점 등이다.

이러한 이유로 인하여 일반금융기관에서는 수산경영체의 선박, 어구, 기계 및 시설물 등을 담보로 하여 자금을 대출하는 것을 기피하게 된다. 결국, 어업자들은 자신들의 인격을 신용하거나 수산업 생산시설을 쉽게 담보로 받아 주는 수산업협동조합을 통해 필요한 자금을 융통할 수밖에 없다.

2) 신용관리

고객에 대한 신용의 제공과 채권의 회수를 관리하는 것을 신용관리(信用管理)라 하며, 신용관리에서 가장 중요한 기능이 신용조사(信用調査)이다.

금융에 있어서 신용의 기초는 사람과 기업경영 그 자체이므로 재산담보의 유무에 관계없이 채권자는 대출을 원하는 기업체에 대하여 상세한 신용조사를 실시한다. 일반적으로 금융기관에서 실시하는 신용조사의 주요 사항으로는 ① 기업의 자산 구성과 내용, ② 기업의 손익 현황, ③ 기업의 매출액과 성장성, ④ 자기자본과 타인자본의 비율(부채비율), ⑤ 사업계획의 내용 및 전망 등이다.

따라서 수산경영자가 자신의 기업 신용을 높이기 위해서는 위의 내용을 보다 객관적으로 판단할 수 있는 대차대조표와 손익계산서 등의 재무제표(財務諸表)를 정확히 작성 보관해 두는 것은 신용관리에 대비하는 중요한 사항이 될 것이다.

7. 수산기업의 재무구조

1) 기업재무구조의 의의

수산경영에 필요한 자금을 적절한 시기에 가장 유리한 자본비용으로 조달하는 것은 수산기업의 재무관리자가 해결해야 할 중요한 과제 중의 하나이다. 기업의 소요자금을 어떤 원천으로부터 조달하느냐에 따라 재무구조는 달라진다.

일반적으로 재무구조(financial structure)는 대차대조표의 대변(貸邊) 항목 중에서 부채와 자기자본의 구성 상태를 뜻하는데, 보통 타인자본과 자기자본의 비율인 부채를 통해 재무구조를 간단히 평가한다.

재무구조와 함께 자본구조(capital structure)라는 개념도 많이 사용되고 있는데, 이것은 기업이 조달하는 자금 중에서 장기적인 자금 항목들의 구성을 뜻한다. 즉, 자본구조는 대차대조표의 대변(貸邊)에 나타나는 구성항목들 중에서 단기적인 성격의 부채인 유동부채와 외상매입금 등을 제외한 항목들의 구성을 의미한다. 그러나 재무구조와 자본구조를 엄밀하게 구분하여 사용하는 경우는 드물며, 두 용어는 모두 타인자본과 자기자본의 구성을 뜻하는 것으로 대체로 같이 쓰고 있다.

2) 재무구조와 기업가치

현대 재무이론에 있어서 모든 기업의 목표는 기업가치(企業價値)의 극대화에 두고 있다. 수산회사가 소요자금을 어떻게 조달하느냐에 따라 재무구조가 달라질뿐 아니라, 이에 따라 수산회사의 기업가치도 달라지게 된다.

그러므로, 기업이 자본조달의사를 결정할 때에 가장 관심을 두어야 할 문제는 첫째로 기업의 재무구조가 기업가치에 영향을 줄 수 있는가 하는 문제이며, 둘째로 만일 재무구조가 기업가치에 영향을 미친다면 기업의 가장 바람직한 재무구조를 어떻게 유지해 나가는 것이 좋은가 하는 최적재무구조에 관한 것이 된다.

여기서 최적재무구조(最適財務構造)란 최적자본구조라고도 하는데, 기업재무구조에 있어서 부채와 자본의 이상적인 결합으로, 기업의 자본원가가 최소의 수준에 달하는 것을 말한다. 이것을 이론적으로 말하면 기업의 자본관계비용과 기업의 평균자본비용이 교차하는 점의 재무구조가 되지만, 실제로 이러한 재무구조 수준을 유지 한다는 것은 어렵다.[139]

3) 수산기업의 재무구조 분석

(1) 재무구조 분석의 의의

수산기업에 있어서도 재무제표와 그 밖에 필요한 기업자료를 가지고 기업의 재무상태와 사업능력을 자체평가하고 비교할 수 있는 재무구조분석이 필요하다. 특히, 수산기업은 전체 재무구조에서 선박 등 고장자산의 비중이 크고, 부채의존도가 높기 때문에 이러한 재무구조 하에서 수산업경영이 사업성과를 높이고 사업의 계속성을 유지해 나가기 위해서는 먼저 통제 가능한 재무활동을 여기에 어떻게 대응시키는 것이 가장 바람직스러운가 하는 것이 최대 관심사가 된다.

재무구조 분석은 바로 이러한 사항에 대하여 주로 재무제표분석을 중심으로 하는 경영

---

139) 지 청, 현대 재무관리론, 무역경영사, 1980, pp. 413~415.

정보창출활동이라고 하는 점에서 간단히 재무분석 (financial analysis)이라고도 한다.140) 이와 같이 재무구조분석은 자금운용분석을 통해서 기업의 재무활동과 사업성과를 서로 비교, 평가함으로써 기업의 의사결정력을 높이고, 합리적인 경영판단을 지원하는 경영관리활동의 하나인 것이다.

재무제표(財務諸表, financial statements)란 기업의 대차대조표, 손익계산서, 잉여금처분계산서 및 자금운용표의 네 가지 회계자료를 말한다. 재무구조 분석은 기본적으로 이 4가지 회계자료를 비율법과 실수법에 의해 분석하고, 또 각 분석지표를 통해 기업구조를 설명하는 것이므로 재무제표 분석과도 동의어로 사용된다. 재무구조분석을 보다 더 상세하게 실시 하기 위해서는 원가계산서가 필요하며, 기업의 경영전략, 주가(株價) 및 경기지표 등의 비회계적 자료도 활용된다.141)

그림 <그림Ⅸ-5 >에서 보는 바와 같이 재무분석은 크게 두가지 지표 분석을 통해 실시되는데, 첫째가 재무비율분석(financial ratio analysis)이며, 둘째가 자금운용 분석이다. 재무비율 분석은 ① 유동성관계비율분석, ② 활동성관계비율분석, ③ 성장성관계비율분석, ④ 수익성관계비율분석 및 ⑤ 생산성관계비율분석의 5대 비율분석으로 구성된다. 그리고 자금운용분석은 ① 현금예산분석과 ② 지본예산분석이 있다. 전자를 통해서 기업의 현금

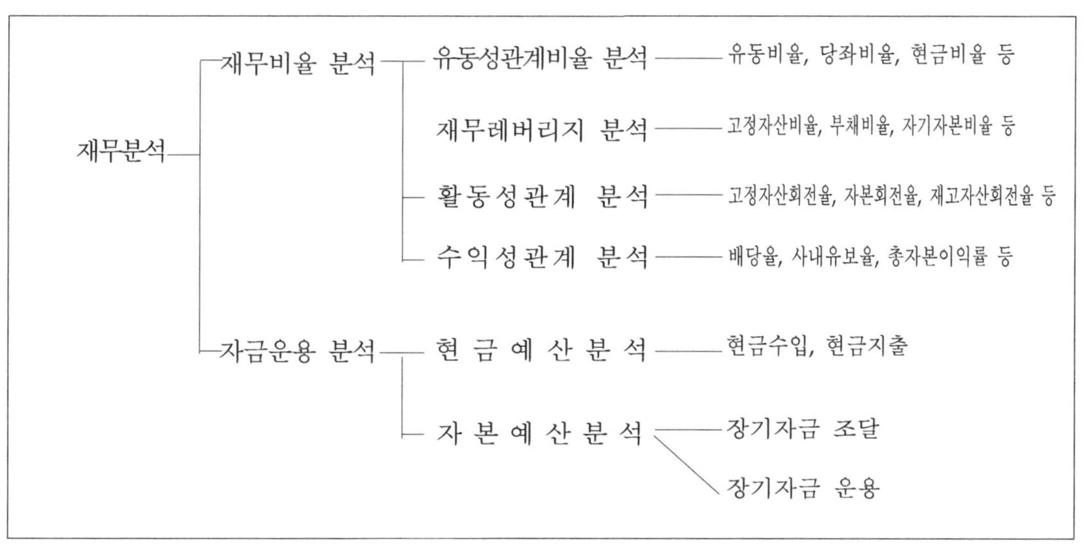

<그림Ⅸ-5 > 재무분석의 구조

140) 이러한 재무분석은 분석자료와 분석대상 및 분석내용면에 있어서 경영분석과도 유사성을 띤다.
141) 송영출, 재무분석, 신영사, 2002, p. 21.

수입과 지출을 파악하고, 후자에 의해기업의 장기재무계획을 예측해 나간다.

(2) 재무분석의 기법

재무제표라고 하는 제한적이고 불완전한 회계자료로부터 기업의 실체를 규명하고, 의사결정에 유용한 경영정보를 모두 발굴한다는 것은 쉽지 않다. 그렇기 때문에 일정한 분석기법이 필요하며, 또 유용한 분석기법개발에 관한 연구가 끊임없이 일어나야 하는데, 현재까지 개발된 재무분석기법을 들면 다음의 세 가지가 있다.[142)]

① 비율 분석법

② 실수 분석법

③ 재무레버리지 분석법

비율분석법(比率分析法)은 재무제표 항목간의 관계비율을 구하거나 백분율로 재무제표를 재작성하여 전체에서 점하는 지표 항목의 비율을 통해서 비교하고 평가하며, 종합적으로 판단하는 기법이다. 실수분석법(實數分析法)은 재무제표상의 실수를 가지고 이를 더하거나 빼는 방법으로하여 재무제표를 재작성하여 항목 간 비교 또는 기간변동을 측정하는 방법이다.

마지막으로 재무 레버리지 분석은 재무정보의 항목 간 변동관계와 탄력성 측정 수단으로 활동되는 분석방법이다. 손익계산서를 이용하여 조업도나 부채사용에 따른 이익과 비용의 변화관계를 민감도 분석으로 파악하고자 할 때 주로 이 분석방법이 많이 사용된다. 이러한 재무 레버리지 분석에는 영업레버리지, 재무레버리지 및 결합레버리지의 3가지 분석형태가 있다.[143)]

한편, 재무분석은 분석대상에 따라 단일분석법과 비교분석법이 있다. 전자는 단일기업을 대상으로 하는 재무분석이며, 후자는 여러 기업의 재무상태와 재무활동을 비교분석하는 것을 말한다.

또, 재무분석을 위한 통계적 기법으로서는 회귀분석, 판별분석 및 민감도분석 등이 있다. 회귀분석은 두 개의 재무변수 사이에 직선적 변화관계가 존재하는가를 가정하고, 여기에 따라 소요자금의 예측, 주식변동 등을 측정하는 데 이용된다. 판별분석은 미래의 특정사건의 발생확률을 다루는 방법으로서, 기업도산예측에 유용한 정보를 제공한다.

142) 앞책, p. 22.
143) 앞책, p. 22.

마지막으로 민감도 분석은 미래에 발생할 수 있는 여러 상황을 사전에 고려하여 재무변수의 값을 변환시키면서 각 상황에서의 결과를 추정하는 분석방법이다.

(3) 재무분석의 자료

① 대차대조표 (Balance Sheet ; B/S)

대차대조표(貸借對照表, Balace Sheet, B/S)는 기업의 재무상태를 일정시점을 기준으로 하여 나타내는 가장 정확한 회계자료이며, 재무분석에 있어서 기본적으로 필요한 정보이다. 이 표의 왼쪽을 차변(借邊)이라 하며, 여기에는 기업이 보유하는 자산항목과 경제가치를 표시한다. 이 표의 오른쪽은 대변(貸邊)이라 하여, 자산을 조달하는 데 소요된 자본과 부채액을 항목별로 표시한다.

대차대조표 분석을 통해서 얻을 수 있는 중요한 재무적 정보로는 첫째, 재무건전성 여부의 평가이며, 둘째는 기업의 유연성 판단이다. 만일 고정자산 비중이 높으면 수익성은 기대되나 유동성이 떨어지므로 경기 변동에 대처할 수 있는 능력을 대차대조표 분석을 통해 파악할 수 있는 것이다.

그러나 이 자료에 의해 재무분석을 실시할 때 주의를 요하는 두 가지 사항이 있다.[144] 첫째, 대차대조표 상의 수치는 일정시점 기준의 정태적 자료이므로 장부상의 자산 및 자본 가치가 경기변동이 일어나고 있는 현 시점에서의 기업가치를 다 반영하고 있다고 볼 수 없다. 둘째, 대차대조표는 현재 기업이 가지고 있는 첨단기술력, 인적자원 및 기업의 명성 등에 대해서는 그의 자산가지를 나타내지 못한다는 한계가 있다.

우리나라 근해 수산기업(장관허가어업)의 평균 대차대조표를 예시해보면 <표 Ⅸ-12>와 같다.

② 손익계산서(Income Statement ; I/S)

손익계산서(損益計算書, Income Statement, I/S)는 일정기간 동안에 수행한 기업의 영업활동에 대해 그 성과를 수익·비용 대응의 원칙에 따라 표시하고 있는 회계자료이다. 수익과 비용을 항목별로 나타내고 있는 이러한 손익계산서를 통해 기업의 수익성관계비율을 측정할 수 있으므로 대차대조표와 더불어 기업재무분석에 필요한 2대 기본자료로 활용된다.

144) 앞책, p. 45.

손익계산서의 구조는 <그림 IX-6>에서와 크게 기업활동을 영업활동과 비영업활동으로 구분하고, 각 활동의 결과를 이익에 대해서는 매출액, 매출총이익, 영업이익, 경상이익, 법

<표 IX-12> 근해수산기업의 대차대조표(장관허가어업 평균)

(단위 : 천원, %)

<table>
<tr><th colspan="5">항 목</th><th>1990</th><th>1995</th><th>1998</th><th>1999</th><th>2000</th><th>구성비율(%)</th></tr>
<tr><td rowspan="13">자산 및 부채상황</td><td rowspan="8">자산</td><td rowspan="6">고정자산</td><td rowspan="4">유형고정자산</td><td>어선</td><td>111,581</td><td>213,995</td><td>261,913</td><td>277,243</td><td>294,968</td><td>69.1</td></tr>
<tr><td>어구</td><td>19,883</td><td>42,942</td><td>50,790</td><td>56,619</td><td>59,301</td><td></td></tr>
<tr><td>기타</td><td>11,834</td><td>21,311</td><td>27,520</td><td>29,917</td><td>32,220</td><td></td></tr>
<tr><td>소계</td><td>143,298</td><td>278,248</td><td>340,223</td><td>363,779</td><td>386,489</td><td>90.5</td></tr>
<tr><td colspan="2">무형고정자산</td><td>433</td><td>14,719</td><td>10,468</td><td>10,304</td><td>12,430</td><td></td></tr>
<tr><td colspan="2">고정자산계</td><td>143,730</td><td>292,967</td><td>350,691</td><td>374,083</td><td>398,919</td><td>93.4</td></tr>
<tr><td colspan="3">유동자산</td><td>18,588</td><td>27,863</td><td>21,477</td><td>25,253</td><td>28,009</td><td>6.6</td></tr>
<tr><td colspan="3">자산총계</td><td>162,319</td><td>320,830</td><td>372,168</td><td>399,336</td><td>426,928</td><td>100.0</td></tr>
<tr><td rowspan="5">부채 및 자본</td><td rowspan="3">부채</td><td colspan="2">고정부채</td><td>8,397</td><td>31,708</td><td>38,824</td><td>40,303</td><td>44,074</td><td>10.0</td></tr>
<tr><td colspan="2">유동부채</td><td>33,164</td><td>51,766</td><td>89,243</td><td>95,705</td><td>103,569</td><td>24.0</td></tr>
<tr><td colspan="2">부채계</td><td>41,561</td><td>83,474</td><td>128,067</td><td>136,007</td><td>147,643</td><td>34.0</td></tr>
<tr><td colspan="3">자본</td><td>120,757</td><td>237,357</td><td>244,100</td><td>263,329</td><td>279,285</td><td>66.0</td></tr>
<tr><td colspan="3">부채 및 자본총계</td><td>162,319</td><td>320,831</td><td>372,167</td><td>399,336</td><td>426,928</td><td>100.0</td></tr>
</table>

자료 : 수협중앙회, 어업경영분석보고서, 2001.

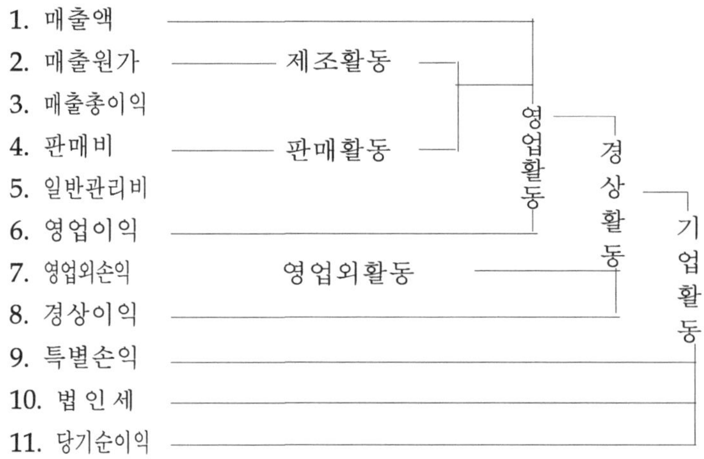

<그림 IX-6>손익계산서의 구조

인세 차감전순이익, 당기순이익 의 순으로 표시한다. 그리고 지출에 대해서는 매출원가, 판매비, 일반관리비, 영업외비용, 특별손실, 법인세 등의 순으로 표시하여 손익의 발생원천과 기업 활동의 부문별 성과평가가 가능하도록 작성한다.

매출액(수산물판매금액)에서 매출원가(어로경비)를 차감하면 매출총이익이 산정되며, 이것을 제조활동성과(생산활동성과)로 규정한다. 다시 매출총이익에서 판매비와 일반관리비를 차감하면 영업이익이 산정되는데, 여기에다 영업외이익(어업외이익)을 합치면, 경상이익(經常利益)이 된다. 기업의 당기순이익은 매출액에서 특별손실액까지를 합친 총 비용을

<표 Ⅸ-13> 근해수산기업의 손익계산서(장관허가어업 평균)

(단위 : 천원)

구분				1990	1995	1998	1999	2000
어업수입				180,967	337,985	393,250	427,122	438,236
손익상황	영업비용	출어비	어구비	10,371	21,280	27,187	26,414	26,838
			연료비	22,331	33,628	65,475	61,066	77,699
			용기대	4,530	8,538	9,061	9,858	9,322
			얼음·소금대	4,278	7,026	8,342	8,303	7,404
			소모품비	7,984	13,677	20,938	22,644	22,613
			주부식비	5,788	11,459	15,547	15,810	15,760
			후생비	2,771	5,187	6,843	7,586	8,362
			수리비	13,327	24,397	24,509	23,351	22,895
			소계	71,329	125,012	177,091	175,032	190,893
		임금 및 관리비	임금	53,876	111,432	125,343	140,698	143,692
			사무비	3,762	8,341	8,687	8,346	9,132
			공제 및 보험료	3,330	9,950	11,111	12,054	12,671
			판매비	8,214	14,206	16,980	20,752	21,439
			조세공과	1,246	3,339	3,375	3,431	3,600
			기타	5,615	6,458	10,241	10,806	12,120
			소계	76,043	153,726	175,735	196,088	202,654
		감가상각비		5,537	7,677	11,031	11,536	13,999
	어업비용계			152,959	286,415	364,667	382,656	407,545
	영업이익			28,008	51,570	28,583	44,466	30,691
	영업외비용			2,664	6,692	11,971	11,637	11,587
	총비용			155,623	293,107	376,638	394,292	419,132
	영업외수입			-	-	-	-	-
	당기순이익			25,344	44,878	16,611	32,829	19,104

자료 : 수협중앙회, 앞책, 2001.

차감한 잔액이며, 이것은 경상이익에다 특별이익을 합친 것과 같은 개념이다. 이러한 손익계산서를 이용한 재무분석시에 주의할 점은 첫째, 손익계산서는 실현주의가 아니라 발생주의 원칙에 따라 작성된 것이라는 점을 유의해야 한다. 예컨대, 외상매출금은 실제 현금유입이 없는데도 수입으로 계상되어 있고, 감가상각비는 실제 현금유출이 아니지만 이미 지출된 비용으로 처리되어 있다는 사실이다.

둘째, 손익계산서상의 이익이 기업의 현금보유상태를 의미하는 것으로 보아서는 곤란하다는 것이다. 이것은 장부상의 이익을 나타낼 뿐 현금흐름과는 다른 것이다. 따라서 이러한 문제점을 파악하기 위하여는 부가적으로 자금운용분석자료를 필요로 한다.

우리나라 근해수산기업(장관허가어업)의 평균 손익계산서를 예시하면 <표 Ⅸ-13>과 같다.

③제조원가 명세서

제조원가(製造原價, manufacturing cost)란 제품 생산에 소요된 직접원가에다 제조간접비를 더한 것이다.이 원가는 제품생산에 소요된 모든 비용을 합친것이라 하여 제조원가라 하며, 한편으로는 생산공장의 모든 비용이라는 뜻에서 생산원가(production)라고도 한다.

수산업에서는 어로경비가 제조원가에 해당되며, 어로경비는 출어비와 같은 것이므로 출어비가 곧 제조원가인 셈이다. 이 자료는 재무분석에 있어서 수익성관계비율분석의 기본자료로 활용된다. 특히, 제조원가 요소 가운데서 경기변동이나 원자재 시장과 관련하여 민감도분석을 실시할 경우 제조원가 자료는 기본적으로 필요한 자료이다.

수산기업의 제조원가 명세서를 예시하면 <표 XI-14>와 같으며, 이러한 제조원가 구성을 도식적으로 표시하면 <그림 Ⅸ-7>과 같다.

④ 자금 운용표

자금운용표(資金運用表)는 현금흐름표 또는 재무상태변동표로도 불리어지고 있는데, 첫째, 자산의 감소와 부채 및 자본의 증가로 현금이 기업으로 유입되는 내용과 둘째, 자산의 증가와 부채 및 자본의 감소로 현금이 기업으로부터 유출되는 내용을 각각 표시하는 재무제표의 하나이다.

이것을 작성하는 경우 재무구조분석에 있어서 거의 재무상태 중심으로 치우친 재무분석에서 재무활동 중심의 재무분석이 가능하다. 그런데도 지금까지 재무분석에서 자금흐름의 분석이 활발하지 못한 것은 ①표준적인 자금흐름표의 개발과 작성이 쉽지 않고, ②그

<표 XI-14> 근해수산기업의 평균 제조원가 명세서

(단위 : 천원)

어 종	1990	1995	1998	1999	2000
Ⅰ. 재 료 비	49,494	83,969	131,003	128,090	143,876
1. 어 구 비	10,371	21,280	27,187	26,214	26,838
2. 연 료 비	22,331	33,628	65,475	61,066	77,699
3. 용 기 대	4,530	8,358	9,061	9,858	9,322
4. 얼 음 대	4,278	7,026	8,342	8,308	7,404
5. 소모품비	7,984	13,677	20,938	22,644	22,613
Ⅱ. 노 무 비	62,535	128,078	147,733	164,094	167,814
1. 선원임금	53,867	111,432	125,343	140,698	143,692
2. 주부식비	5,788	11,459	15,547	15,810	15,760
3. 후 생 비	2,771	5,187	6,843	7,586	8,362
Ⅲ. 경 비	29,055	51,821	60,267	61,178	65,285
1. 수 리 비	13,327	24,397	24,509	23,351	22,895
2. 공 제 료	3,330	9,950	11,111	12,054	12,671
3. 조세공과	1,246	3,339	3,375	3,431	3,600
4. 감가상각비	5,537	7,677	11,031	11,536	13,999
5. 기타경비	5,615	6,458	10,241	10,806	12,120
Ⅳ. 생 산 원 가	141,084	263,415	339,003	353,362	376,975
Ⅴ. 관리·판매비	11,976	22,547	25,667	29,098	30,571
1. 판 매 비	8,214	14,206	16,980	20,752	21,439
2. 일반관리비	3,762	8,341	8,687	8,346	9,132
Ⅵ. 판 매 원 가	153,060	286,415	364,070	382,460	407,546
Ⅶ. 어업외비용	2,664	6,692	11,971	11,637	11,587
Ⅷ. 총 원 가	155,724	293,107	376,641	394,097	419.133

주 : 1) Ⅳ의 생산원가는 위의 Ⅰ+Ⅱ+Ⅲ의 합계이며, 제조원가와 같은 개념임.

2) Ⅵ의 판매원가는 Ⅳ+Ⅴ의 합계임.

3)Ⅷ의 총원가는 Ⅵ+Ⅶ의 합계임.

자료: 수협중앙회, 앞책, 2001.

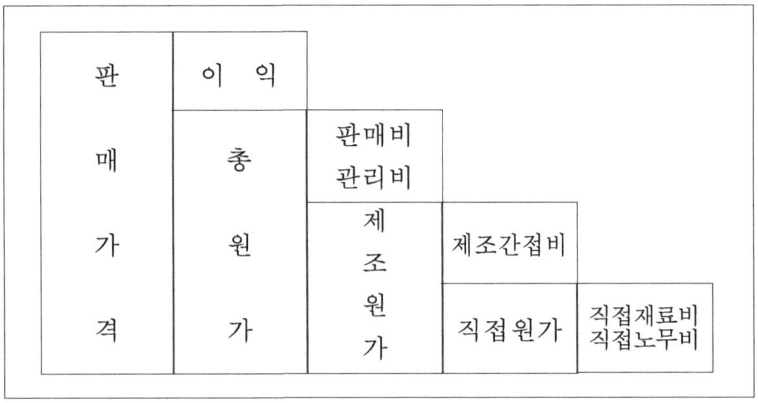

판매가격	이익			
	총원가	판매비 관리비		
		제조원가	제조간접비	
			직접원가	직접재료비 직접노무비

<그림 Ⅸ-7> 제조원가의 구성

의 해석이 주관에 치우칠 가능성이 많으며, ③더 중요한 것은 기업회계기준에서 이것이 재무제표 작성의 의무조항에 포함되어 있지 않았다는 점이다.

그러나 1994년에 우리나라는 기업회계기준을 개정하고, 현금 흐름표를 기존의 재무제표에 추가시킴으로써 자금운용표를 이용한 재무분석이 활발하게 되었다.

개정 기업회계기준의 자금운용표 관련조항을 보면 다음과 같다

제 5조 (재무제표 및 부속명세서)

① 재무제표는 대차대조표, 손익계산서, 이익잉여금처분계산서(또는 결손금처리계산서), 현금흐름표, 주가와 주식으로 한다.

제 80조 (현금흐름표)

① 현금흐름표는 기업의 현금흐름을 나타내는 표로서 현금의 변동내용을 명확하게 보고하기 위하여 당해 회계기간에 속하는 현금의 유입과 유출 내용을 적정하게 표시하여야 한다.

② 제1항의 현금이라 함은 제 13조 제 1호에 규정하는 현금 및 현금등가물을 말한다.

제 81조 (현금흐름표의 구분표시)

현금흐름표는 영업활동으로 인한 현금흐름, 투자활동으로 인한 현금흐름, 재무활동으로 인한 현금흐름으로 구분하여 표시하고, 이에 기초한 현금을 가산하여 기말의 현금을 산출하는 형식으로 표시한다.

현금 흐름표를 작성을 하기 위하여 먼저 대차대조표로부터 현금자산의 유·출입 상태를 파악해야 하는데, 이것을 보면 <표 Ⅸ-15>와 같이 나타낼 수 있다.

<표 Ⅸ-15> 현금흐름(자금운용)의 구조

기 업 활 동	현 금 유 입	현 금 유 출
투 자 활 동	자산의 감소 외상매출금 회수 유가증권 처분 토지, 건물, 매각	자산의 증가 재고자산 증가 토지, 건물 구입 공장의 확장
재 무 활 동	부채와 자본의 증가	부채와 자본의 감소 외상매입금 변제 은행차입금 상환 배당금 지급
영 업 활 동	제품매출액 수입	영업배용지출 법인세지출

(4) 주요 재무비율 분석지표

재무비율분석(財務比率分析)의 주요지표인 유동성관계비율 지표, 활동성관계 지표, 성장성관계 지표 및 생산성관계 지표 하나하나를 제시하면 다음과 같다.

Ⅰ. 유동성 관계비율(%)

① 자기자본비율 = (자기자본/총자본) x 100
② 유동자본 = (유동자산/유동부채) x 100
③ 당좌비율 = (당좌자산/유동부채) x 100
④ 고정비율 = (고정자산/자기자본)x 100
⑤ 고정장기적합률 = 〔고정자산/(자기자본+고정부채)〕 x 100
⑥ 부채비율= (부채/총자본) x 100
⑦ 유동부채비율 = (유동부채/자기자본) x 100
⑧ 고정부채비율 = (고정부채/자기자본) x 100
⑨ 차입금의존도 = 〔(차입금+사채)/총자본〕 x 100
⑩ 매출채권 대 매입채무비율 = 〔(받음어음+외상매출금)/(지불어음+외상매입금)〕 x100

Ⅱ. 활동성 관계비율(회)

① 총자본회전율 = 매출액/총자산
② 자기자본회전율 = 매출액/자기자본
③ 자본금회전율 = 매출액/자본금
④ 고정자산회전율 = 매출액/고정자산
⑤ 재고자산회전율 = 매출액/재고자산
⑥ 매출채권회전율 = 매출액/매출채권
⑦ 매입채무회전율 = 매출액/(지불어음+외상매입금)

III. 성장성 관계비율 (%, 원)

① 총자산증가율 = (당기총자산/전기총자산) - 1
② 유형자산증가율 = (당기유형 고정자산/전기유형고정자산) - 1
③ 유동자산증가율 = (당기유동자산/전기유동자산) - 1
④ 재고자산증가율 = (당기재고자산/전기재고자산) - 1
⑤ 자기자본증가율 = (당기자기자본/전기자기자본) - 1
⑥ 매출액증가율 = (당기매출액/전기매출액) - 1

IV. 손익의 관계비율(%)

① 총자본경상이익율 = (경상이익/총자본) x 100 = 매출액경상이익률 x 총자본회전율
② 총자본순이익율 = (순이익/총자본) x 100
④ 경상이익률 =〔(경상이익+금융비용)/총자본〕x 100
⑤ 자기자본경상이익률 =〔(순이익+금융비용)자기자본〕x 100
⑥ 자기자본순이익률 = (경상이익/자기자본) x 100 = 매출액경상이익율 x 자기자본회전율
⑦ 자본금경상이익률 = (경상이익/자본금) x 100
⑧ 자본금순이익률 = (순이익/자본금) x 100
⑨ 매출액경상이익률 = (경상이익/매출액) x 100

⑩ 매출액순이익률 = (순이익/매출액) x 100
⑪ 매출액영업이익률 = (영업이익/매출액) x 100
⑫ 매출원가비율 = (매출원가/매출액) x 100
⑬ 변동비비율 = (변동비/매출액) x 100
⑭ 매출액 고정비비율 = (고정비/매출액) x 100
⑮ 감가상각률 =〔감가상각비(고정자산+감가상각비)〕x 100
⑯ 금융비용 대 부채비율 = (금융비용/부채총액) x 100
⑰ 차입금평균이자율 = 〔금융비용/(총차입금+사채)〕x 100
⑱ 금융비용 대 총비용비율 = (금융비용/총비용) x 100
⑲ 금융비용 대 매출액비율 = (금융비용/매출액) x 100

⑳ 손익분기점매출액 = [고정비/1 - (변동비/매출액)]
㉑ 손익분기점률 = (손익분기점매출액 x 매출액) x 100
㉒ 사내유보율 = [사내유보액/(당기미처분이익잉여금 + 임의적립금)] x 100
㉓ 배당률 = (배당금/자본금) x 100
㉔ 수지비율 = [(총원가 + 영업외비용 + 특별손실)/(매출액 + 영업외수익)] x 100
㉕ 인건비비율 = (인건비/총비용) x 100

V. 생산성 관계 지표 (%,원)

① 1인당 부가가치증가율 = (당기1인당부가가치액/전기1인당부가가치액) -1
② 1인당 매출액증가율 = (당기1인당매출액/전기1인당 매출액) -1
③ 1인당 인건비증가율 = (당기1인당인건비/전기1인당 인건비) -1
④ 노동장비율 = 유형고정자산/종업원수
⑤ 자본집약도 = 총자본/종업원수 -1
⑥ 총자본투자효율 = 부가가치액/총자본
⑦ 설비투자효율 = 부가가치액/설비투자액
⑧ 부가가치 = 세전순이익 + 인건비 + 금융비용 + 임차료 +조세공과금 +감가상각비
⑨ 부가가치율= 부가가치액/매출액

8. 수산기업의 배당정책

1) 이익처분과 배당정책

배당(配當,dividend)은 경영활동의 종합적 성과로서 얻어진 이익 가운데서 출자자들에게 출자액에 비례하여 배분하는 자본의 보수(報酬)를 말한다.

기업이 창출한 순이익은 출자자본에 대한 대가이므로 이것을 출자배당금으로 지급하는 것은 원칙이다. 그러나 자금의 사외유출을 억제하고, 가능한 많은 이익을 사내에 유보하여 자기자본을 축적하는 것도 중요하다. 그 뿐만 아니라 배당은 부채 또는 신주발행 등 외부로부터 자금을 조달하는 경우에는 이자지급과 배당지급에 대해 부담이 증가하고, 기존 주주의 경영지배권에 대해서도 위협 문제가 수반된다.

이와 같이 기업이 창출한 순이익을 출자자들에게 지급하는 배당과 미래의 재투자를 위해 사내에 유보되는 유보이익으로 나누는 재무적 의사결정을 배당정책(dividend policy)이

라 한다. 수산기업의 자본조달결정과 관련하여 또 다른 중요한 재무관리자의 기능이 배당정책이다. 수산경영자는 매 회계연도 말에 어느 정도의 배당이 적절한 수준인가를, 그리고 어떻게 지급하는 것이 가장 바람직한 것인가를 결정해야 한다. 당해연도 순이익 중에서 배당금액이 차지하는 비율을 배당성향(dividend payout ratio)이라고 정의한다.

현재까지 우리나라 증권거래소에 상장된 주식회사 형태의 수산기업 수는 많지 않으나, 수산회사의 배당성향은 일반 제조업과 서비스기업에 비해 대체로 낮은 수준이다. 이것은 현재 수산기업에 있어서는 배당정책이 중요한 재무의사결정 사항이 되고 있지 않다는 것을 의미한다.

예를 들어, 1996년과 1997년도 두 기간 동안 당해연도 순이익 중에서 배당금액이 차지하는 배당성향을 산업별로 살펴보면, 우리나라 산업평균이 30.0%와 24.7%, 음식료품업이 25.6%와 8.9%, 광업은 25.1%와 66.8%인데 반해, 수산업의 경우는 1.9%와 1.7% 수준에 불과한 것으로 나타난다. 즉 수산기업의 경우, 매년 순이익 중에서 출자자들에게 지급하는 배당비율이 2% 미만에 머물고 있는 것이다.

2) 배당의 유형

기업의 배당은 현금으로 지급하는 것이 가장 일반적이다. 그러나 주식회사에서는 때로는 현금대신 자기기업의 주식으로 배당하는 경우도 있으며, 이와 유사한 성격의 주식분할도 있다. 배당의 각 유형별 특성을 간단히 살펴보면 다음과 같다.

(1) 현금배당(cash dividend)

현금배당(現金配當)은 가장 일반적인 배당형태이며, 기업의 순이익을 현금으로 지급하는 것을 의미한다. 현금배당은 일년에 한번씩 정기적으로 지급하는 정규현금배당과 기업의 일시적인 이익의 증가와 과다한 유보이익이 있을 때 지급하는 특별현금배당(extra cash dividend)이 있다.

(2) 주식배당(stock dividend)

주식배당(株式配當)은 현금배당과는 달리 배당을 현금으로 지급하는 것이 아니라, 그 회사의 주식으로 지급하는 것을 의미한다. 예를 들어, 주식배당이 10%라고 할 때, 100주

보유한 주주들은 10주를 출자배당으로 받는 방법이다. 이것은 현금이 회사에서 유출되지 않는다는 이점이 있다.

(3) 주식분할(stock split)

주식분할(株式分割)은 기존의 한 개의 주식을 여러 개로 분할하는 것을 말한다. 예를 들어, 회사가 주식을 3대 1로 분할하면 100주를 보유하고 있던 주주는 300주의 새로운 주식을 갖게 된다. 이것은 결국 200% 주식배당과 동일한 결과를 갖는다. 이처럼 주식분할배당은 주식배당과 거의 동일한 경제적 의미를 지니고 있다.

3) 수산기업의 배당정책

(1) 배당의 결정요인

배당은 자기자본을 제공한 출자자에게는 기업에 대한 당연한 청구권이며, 반대로 유보되는 유보이익은 기업 성장의 중요한 재원이 된다. 따라서 이 두 가지 배당정책 모두는 기업의 입장에서는 바람직한 것이지만, 배당과 성장(成長)은 때로는 상충되는 것이기도 하다. 즉 배당을 많이 하게 되면 성장에 필요한 재원이 줄어들게 되고, 반대로 성장을 위해 내부유보를 늘리면 출자자들의 투자의욕을 감퇴시켜 외부자본 조달에 애로를 느끼게 된다.

수산기업이 순이익 중에서 얼마만큼을 배당금으로 지급하고, 또 얼마만큼을 기업 내에 유보하느냐 하는 것은 출자자와 채권자, 경영자 모두에게 중요한 문제이다. 현실적으로 이러한 배당정책의 결정에 영향을 미치는 주요 요인에는 다음과 같은 것이 있다.

① 당기순이익

배당결정에 있어서 중요한 요인은 기업의 당기순이익이 얼마나 발생하였는가 하는 것이다. 당기순이익(當期純利益)이 많이 발생하면 주주들은 많은 배당을 기대할 수 있다. 그러므로 기업은 이러한 점을 감안하여 배당액을 결정하는 것이 보통이다. 그러나 어느 특정 회기에만 순이익이 크고, 그 이전에는 경영성과가 부실하였다면, 당기순이익의 크기는 배당수준 결정에 그다지 큰 역할을 하지 못한다.

② 기업의 유동성

배당은 일반적으로 현금으로 지급되므로 기업의 현금 보유 상태, 즉 기업의 유동성(流動性)에 의해 결정되는 경우가 많다. 기업의 현금 사정이 좋지 않고 금융기관으로부터의 자금 차입이 곤란한 경우에는 배당금을 지급하지 않거나, 혹은 소액의 배당을 지급하는 것이 바람직하다. 수산기업이 주식회사 형태인 경우에는 현금배당 대신 주식배당도 고려해 볼 수 있다.

③ 새로운 투자기회

새로운 투자로부터 예상되는 수익률이 높을 때는 배당 대신에 사내유보(社內留保)를 하여 이 자금으로 재투자하는 것이 더 유리하다. 미래의 투자수익률이 높으면 기업은 성장할 수 있게 된다. 성장으로 인하여 기업의 시설 확장 속도가 빠르면 자금의 필요성은 더욱 커지게 되므로 이러한 기업에서는 배당을 되도록 줄이는 것이 더 타당한 배당정책일 것이다. 이와 같이 미래의 자금수요가 커질수록 배당성향은 낮아지고, 이익유보율은 커지는 것이 일반적이다.

④ 부채상환의 필요성

만약 기업이 부채가 많고 부채의 상환기일이 임박하게 되면, 기업은 부채 상환을 위해 유동성 있는 자산을 확보해 놓아야 하므로 이러한 경우에는 불가피하게 기업은 배당 지급을 억제해야 한다.

4) 수산업협동조합의 배당정책

협동조합(協同組合)은 자본적 결합체인 주식회사와는 달리 인적 결합체이며, 주식회사가 이익극대화 혹은 기업가치의 극대화를 추구하는 반면에, 협동조합은 조합원에 대한 봉사주의 경영이 목적이기 때문에 주식회사와는 경영목적이 확연히 구별되는 조직이다.

따라서 수산업협동조합이 지급하는 배당의 유형과 유형별 특성, 배당의 유형과 협동조합의 지도원칙과의 관계 등에 대해서는 별도로 살펴볼 필요가 있으며, 이들을 주식회사와 비교함으로써 수산업협동조합의 배당정책의 특수성을 이해하도록 한다.

(1) 수산업협동조합의 잉여금 배당과 그 유형

일반적으로 수산업협동조합이나 농업협동조합과 같은 협동조합 조직에 있어서는 결산결과 잉여금(剩餘金)이 발생하였을 때 법정 절차에 따라 먼저 결손금을 보전(補塡)하고, 다음에 법정적립금, 사업준비금 및 이월금을 공제한 후에 배당을 실시하도록 하고 있다.

잉여금에 대한 배당은 정관이 정하는 배당율에 의하여 납입출자액에 대해 출자배당(出

資配當)을 먼저 지급하며, 출자배당을 지급한 후에도 잉여금이 남아 있을 때에는 조합원(회원)의 사업이용 분량에 의해 이용고배당(利用高配當)을 할 수 있도록 규정하고 있다.

따라서 협동조합 관련 법률이나 정관(定款)에서 명시하고 있는 협동조합의 배당유형은 출자배당과 이용고배당으로 나누어져 있다. 따라서 전자의 배당이 우선되지만, 여기에는 기본적으로 "이자 제한의 원칙"이 있다. 후자는 조합원의 사업이용분량에 비례하여 배당하는 배당원칙을 지키고 있는데 이것은 협동조합의 지도원칙에 근거를 두고 있다. 따라서 수산업협동조합의 배당정책을 이해하기 위해서는 협동조합의 지도원칙(指導原則)이 배당정책에서 갖는 의미를 함께 이해해야 한다.

① 출자배당(dividend on capital)

현실적으로 조합원의 출자금도 조합에 대한 일종의 투자로 볼 수 있으며, 수산업협동조합도 경영조직인 이상 재무구조의 건실화를 위해서는 조합원의 출자를 통한 자기자본의 유지 확충에 노력하지 않으면 안 된다. 따라서 협동조합이 영리를 목적으로 하지는 않는다 하더라도 조합원이 불입한 출자액에 대한 재무적 보상을 위해, 그리고 조합원의 출자를 더욱 장려하기 위해 시장 이자율 수준의 출자배당(出資配當)은 실행하지 않을 수 없다.

협동조합에서는 일반적으로 출자배당의 배당률에 대해 최고 한도를 두어 출자배당의 규모를 제한하고 있다. 출자배당의 배당률의 최고 한도는 사업의 성격, 조합의 재무상태, 시장이자율 등을 고려하여 협동조합법이나 혹은 조합의 정관에 명시하고 있는데, 이러한 출자배당에 대한 최고 한도의 배당률 규정은 협동조합의 지도원칙 중의 하나인 「출자배당 제한의 원칙」이 이론적 근거가 되고 있다.

우리나라 수산업협동조합과 농업협동조합의 경우 각각 지구별수산업협동조합정관(예)와 지역농업협동조합정관(예)에서 출자배당의 배당률은 연 10% 이내로 제한하고 있다. 이와 마찬가지로, 일본의 수산업협동조합과 농업협동조합의 경우도 각각 수산업협동조합법과 농업협동조합법에서 연 8% 이내로 제한하고 있다.

수산업협동조합이 수산업협동조합법이나 조합정관에서 출자배당의 배당률에 대해 최고 한도를 두어 배당의 규모를 제한하고 있는 것은 협동조합이 잉여금 배당정책에 있어서 「출자배당 제한의 원칙」을 엄격히 적용하고 있다는 것을 강조하는 의미가 된다.

② 이용고 배당(dividend on purchase)

수산업협동조합에 있어서는 조합원이나 회원은 출자자인 동시에 조합이 영위하는 사업의 주요 고객으로서 조합의 수익창출에 직접 기여하는 활동주체이다. 그러므로 협동조합은 주식회사와 달리 사업을 이윤을 목적으로 실시하는 것이 아니라 조합원이나 회원에게 사업서비스를 제공하는 것이 주 임무이므로 실비주의(實費主義)원칙으로 사업을 하는 것이다.

그러나 실제에 있어서는 회계 기술적인 문제로 인하여 조합사업 이용에 대한 원가 또는 실비의 정확한 산정이 곤란하기 때문에 원가 이상의 가격으로 조합원이나 회원에게 서비스를 제공할 수밖에 없다. 따라서 조합원이나 회원이 조합의 사업 이용 시에 지불하는 수수료 및 원가와 시가와의 차액이 조합 내부에 유보되어 결과적으로 조합의 잉여금을 형성하게 된다.

수산업협동조합에 있어서 잉여금은 결국 이러한 과정과 사업운영 결과로 조합원이나 회원에 의해 창출된 것이므로 이것을 협동조합의 기본 이념에 비추어 조합원이나 회원이 이용한 사업 이용도에 따라 조합원이나 회원에게 환불(還拂)하는 것이 원칙이며, 이것이 바로 협동조합의 「이용고배당의 원칙」이다. 이러한 관점에서 본다면 수산업협동조합의 배당 중에서 가장 중요한 배당은 출자배당이 아니라 바로 이용고배당(利用高配當)이라 할 수 있다.

이에 따라 우리나라 수산업협동조합법은 잉여금의 배당은 정관이 정하는 배당율에 의하여 납입출자액에 따라 이를 먼저 행하고, 그 후 잉여가 있을 때에는 조합원 또는 회원의 사업이용 분량의 비율에 따라 결정하도록 규정하고 있다.

(2) 회전출자금제도

① 회전출자금(revolving funds)

협동조합의 회전출자금(回轉出資金)은 사업이용고에 따라 배당된 잉여금 배당금을 조합원이 환불해 가지 않고 다시 조합 출자금으로 납입하여 사용하게 하는 재출자금의 일종이다.

이것은 조합이 자기자본으로서 일정 기간 동안 사용한 후 다시 조합원 또는 회원에게 반환되는 출자금이라는 점에서 납입출자금과는 근본적으로 구분된다. 협동조합의 회전출자금제도는 자본구조가 빈약한 조합이 자기자본을 확충시켜 조합의 재무구조를 보다 건실하게 하기 위한 자본 조달 정책의 일환으로 이용되는 제도이다. 협동조합이 회전출자금을 조합의 사업자금으로서 이용하는 기간과, 조합원 또는 회원에게 다시 환불해 주는 기준 등의 차이에 따라 여러 가지 형태의 회전출자금제도를 운용할 수 있다.[145)]

② 수산업협동조합의 회전출자금제도

우리나라 수산업협동조합의 회전출자금제도는 1970년부터 실시되었으며, 수산업협동조

145) 정형찬, 부산 공동어시장의 배당정책, 수산경영론집 ,vol.xxvi, No.1,1995. 6.

합법에서 조합의 정관으로 사업 이용고배당의 전부 또는 일부를 당해 조합원 또는 회원으로 하여금 출자하게 할 수 있도록 규정하고 있다. 이것이 곧, 수산업협동조합의 회전출자금 제도이다. 이에 따라 단위 조합은 정관에 따라 사업이용고 배당을 실시할 경우, 조합원은 그 이용고배당의 전부를 이사회가 정하는 바에 따라 회전출자금 제도로 조합에 출자하도록 규정을 함으로써 사실상 회전출자는 조합정관상 거의 강제화 되어 있다.

수산업협동조합의 회전출자금은 납입출자금과는 달리 조합이 한시적 자본으로 사용한 후, 다시 조합원들에게 환불하는 것을 원칙으로 하고 있다. 이러한 의미에서 회전출자금을 엄밀히 말해 조합원의 특별 예금적 성격을 지닌 자본금의 일종이라 할 수 있다. 또한 조합은 회전출자금에 대해서는 이자를 지불하지 않으며, 특히, 출자금배당에 있어서 배당금 근거가 되지 않는다는 점에서 납입출자금(納入出資金)과는 성격을 달리 하고 있다. 그러나 회전출자금은 조합경영 손실보전에 충당할 수 있게 되어 있어, 이점에 있어서는 또한 자본의 자기자본으로 취급된다는 점이 납입 출자금과 유사하다.

일본과 네덜란드의 협동조합에서도 우리와 유사한 회전출자금제도를 두고 있으며, 이 제도를 협동조합의 자본조달 방안으로 활용하고 있다. 이들 국가에서는 조합의 사업경영 결과 발생한 잉여금의 일정 부분을 회전출자금으로 하여 조합원 계정으로 적립하고, 조합은 조합의 사업자금으로 이용하고 있다. 조합원이 특정 조건을 충족시킬 경우, 예를 들어 그가 일정한 연령에 도달했을 경우에는 자기계정의 회전출자금을 반환요구 할 수 있도록 되어 있다.[146]

수협중앙회의 회전출자금 조성실적을 보면 <표 Ⅸ-16>과 같다.

<표 Ⅸ-16> 수협중앙회의 출자금 납입상황

(단위 : 천원)

	납입출자	회전출자	합 계	조합평균	비 고
1962	2,675	-	26.2	2,675	회원수 102조합
1970	13,250	-	106	13,250	중앙회의 회전출자제는 1974년부터 실시
1980	2,091,210	210,584,500	2,473	212,675,710	회원수 86개조합
1990	12,724,110	210,410,236	2,861	223,134,346	회원수 78개조합
2000	220,988,330	-	2,540	220,988,330	2천년도에는 회전출자 전무 함

자료 : 수협중앙회, 수협업무통계, 2001.

146) Edward. Dulfer, Operational Efficiency of Agricultural Cooperatives in Development Countries, FAO, 1974, p.149.

X. 수산경영의 위험관리

1. 위험의 형태

1) 위험의 의미

위험(risks)이란 우리의 일상생활이나 경제활동과정에서 ① 자연적 재해, ② 개인의 부주의, ③ 주변여건의 변동, ④ 기술의 부족 등으로 개인이나 조직에 대해 신체적 장애나 경제적 손실을 초래하는 불확실성(uncertainty)을 말한다. 위험과 유사한 뜻을 갖는 것으로, 위기(crisis)라는 개념이 있다.

위기는 사회, 시장, 역사, 정치 등의 변화와 영향으로 개인이나 조직이 처하게 되는 어려운 상황 또는 국면을 말하는 것으로, 위험과는 의미가 다르다. 위기만으로는 경제적 손실을 예측할 수 있는 것이 못되므로 그것은 보험이나 공제의 대상이 되지 않는다. 그러나 위기가 장기에 걸쳐 진행되거나 조직 전반에 나쁜 영향을 미치게 되면 결국 커다란 경제적 손실을 가져다주는 위험상황으로 바뀌게 된다. 이러한 경우의 위기는 보험이나 공제의 대상이 되며, 이러한 위기적 위험을 대상으로 하는 보험업이 성립될 수 있다.

2) 위험의 형태

(1) 투기적 위험과 순수위험

투기적 위험(spequlative risks)이란 신제품을 개발하여 시장에 내놓았을 때 이것을 통해 경제적으로 큰 이익을 볼 수도 있고, 반대로 큰 손해를 볼 수도 있는 위험을 말한다. 이 점에서 투기적 위험은 인위적위험(人爲的危險)이라고도 한다. 따라서 투기적 위험은 이익의 기회가 되기도 하므로 보험대상이 될 수 없다.

순수위험(pure risks)은 그냥 두면 손실을 입을 수 있는 불확실한 상황을 말한다. 이러한 위험에는 사망, 노령, 질병, 상해, 실업, 그밖에 직접 물적 위험으로서 재산가치의 멸실 및 그 저하의 위험이 있다. 이러한 인적 및 물적 위험은 모두 보험의 대상이 된다.

(2) 기본 위험과 특수위험

기본위험(fundamental risk)이란 사회적, 자연적 원인에 의한 위험을 말한다.

예를 들어 전쟁, 기술적 실업, 인플레의 영향, 구조조정의 영향, 지진, 홍수, 태풍 등의 영향으로 받는 위험이다.

특수위험(particular risk)이란 개인적인 부주의 등의 원인에 의한 위험을 말하며, 예를 들어 화재, 선박좌초, 자동차사고, 은행강도 등에 의한 위험이 여기에 속한다. 이러한 위협은 모두 공제나 보험의 대상이 된다.

2. 수산경영의 위험

수산경영의 위험형태에는 크게 자연적 위험과 기술적 위험 및 시장위험의 3가지 유형이 있으며, 이 안에서 다시 <그림 X-1>에서 볼 수 있는 여러 형태의 위험이 따로 존재한다. 이러한 수산경영의 위험은 모두가 순수 위험으로서 그대로 방치하면 수산경영상에 커다란 손실을 초래하게 되므로 여기에 대한 적절한 사전 대비가 필요하다. 여기서 적절한 사전 대비란, 정부의 수산재해 보상제도와 수산공제 및 보험제도의 개발을 의미한다.

1) 자연적 위험

이것은 자연재해에 의한 수산경영상의 자연적 위험을 말한다.

수산업은 기상 변동 등 극심한 자연상태에 완전히 노출되어 있는 산업(exposed industry)이기 때문에 다른 산업과 비교하여 생산, 소득, 경영안정 등에 있어서 전혀 예상

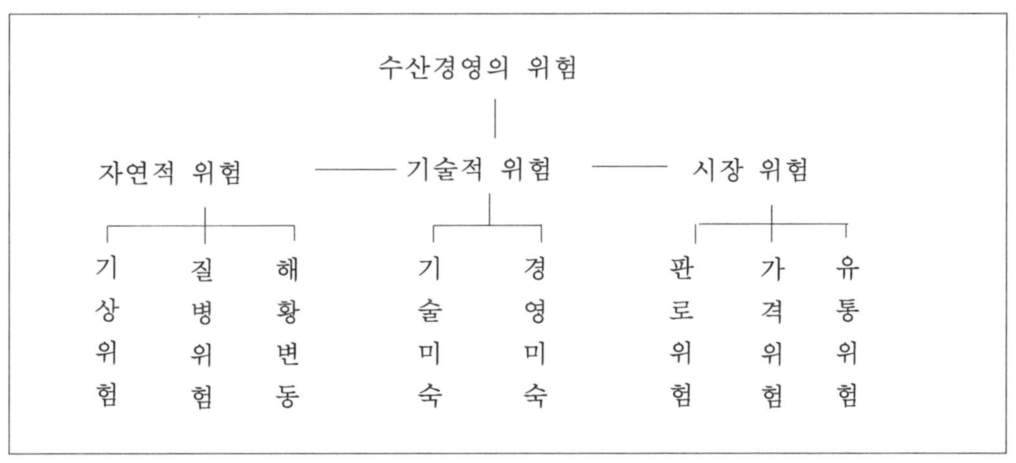

<그림 X-1> 수산경의 위험형태

할 수 없는 높은 자연적 위험을 항상 안고 있다.

이러한 수산업의 자연적 위험은 그대로 방치하면 수산경영상에 커다란 손실을 가져다주는 순수위험 내지 기본적 위험이 되므로 공제 및 보험의 대상이 된다. 수산업의 자연적 위험 형태에는 다음의 3가지 종류가 있다.[147)]

① 태풍 및 기후의 급격한 자연변동

② 대상생물의 질병(diseases)

③ 적조(red-tides) 등 바다 이상현상(sea blooms)

2) 기술적 위험(technological risks)

여기에는 크게 수산 기술의 미숙(technological inadquaces)과 어업경영기술의 부족(lack of managerial skills) 때문에 받는 두 가지 위험의 형태가 있다.[148)] 전자는 수산자원에 대한 자원생물학적 지식의 미숙으로서 수산생물의 생존, 산란, 회유, 성장 및 사망 등에 대한 과학적 지식, 어장의 자연환경에 대한 정보의 부족과 과학기술 수준의 미약 등으로 인하여 어업경영이 소기의 성과를 이루지 못하는 수산 경영 기술상의 손실이다.

후자에 속하는 위험은 소위 어업방법에 관한 문제로서, 어법, 어로작업기술, 노동력의 조달과 배분, 어기의 선택과 이용, 어획물의 처리, 출하시기의 잘못 선택 등으로 인해 입는 수산경영기술상의 위험이다.

3) 시장위험(market risks)

(1) 생산물 판로 위험

이것은 협의의 시장위험이라 할 수 있는데, 수산경영의 안정적 기반이 되는 수산물 시장의 존재와 사회적 구매력은 어업생산물의 가장 중요한 판로인데, 이러한 시장의 협소화 현상, 사회적 구매력의 감퇴화 현상 등은 수산물시장 위험과 직결되는 문제이다.

경제학적 의미의 시장위험은 기업이 시장행동(market conduct)을 해 나가는 과정에서 기대하는 시장성과(market performance)를 달성하지 못하므로 말미암아 입게되는 경영상의 손실로 정의된다. 다시 말해, 기업간에 벌여 나가는 과도한 시장경쟁으로 인해 초래되는 자사제품에 대한 수급, 판로 및 가격상의 예상 손실을 시장위험(Market risk)이라 한다.

---

147) T.V.R. Pillay, Aquaculture Development; Progress and Prospects, Fishing News Books, 1994, pp.112-113.
148) J.M.Meads, Aquaculture Management, Anavi Book, 1989, p.17.

수산물은 식품의 일종이기는 하여도 대체성이 강하여 수급의 영향을 많이 받는 상품이다. 그러나 사치품과 같은 것은 시장은 넓지 않지만, 대신에 왕성한 구매계층을 겨냥하는 상품이기 때문에 높은 판매마진율을 통해 시장성과를 유지해 나갈 수 있다.

(2) 가격위험

어떠한 상품이건 수요가 있으면 공급이 대응하게 되어 있으므로 가격하락이 일어난다. 다시 가격하락은 수요증대를 가져와 가격의 상승을 동반한다. 이와 같이 시장에서는 상품의 수급현상이 끊임없이 일어나면서 가격변동을 일으키게 되는데, 이때 수급조절의 역할을 하는 기구가 상품의 가격이다. 따라서 물자의 수급과 그의 시장가치 사이에는 서로 밀접한 관계를 갖게 되는데, 이 양자와 관계에 의해서 결정되는 재화의 객관적인 가격결정원리를 시장법칙(market principle)이라 한다.

시장이 완전 경쟁구조(perfect competition structure) 하에 있는 경우에는 수급의 불안과 가격 위험은 그다지 크지 않다. 그러나 불완전 경쟁구조하에서는 영세경영의 생산물, 자연제약적 산업 등은 더욱 높은 시장위험에 부딪히게 된다. 수산업은 자연 제약적 산업이며, 대부분의 경영체가 소규모로 분산된 상태에서 생산활동을 전개하므로 영세경영에 지배되고 있는 대표적인 산업이다. 이 때문에 시장에 있어서 이들 영세경영의 거래 지위(bargaining power)는 미약하기 짝이 없다. 이로 인해 수산물 판로확보와 가격보장을 기대하기 어려운 시장위험에 부딪히게 된다.

수산경영이 이러한 시장위험문제를 극복하는 방법으로는 수협과 같은 생산자단체를 구성하여 생산자들이 조직적으로 수산물시장을 개척하고 대응하며, 새로운 수산제품을 개발하여 시장 확대와 가격안정을 도모해 나가는 노력밖에 없다.

상품의 시장가격은 생산자의 입장에서는 원가이상의 고가격을, 소비자 입장에서는 더 낮은 가격을 원하며, 이것이 현대인의 엄격한 경제행동이다. 그러므로 가격은 어느 한쪽의 이익만을 대변할 수는 없고, 「생산자-소비자」 양쪽 모두를 만족시킬 수 있는 수준에서 결정되는 것이 가장 바람직스러운 일인데, 이러한 가격수준을 합리적 가격(reasonable price)이라 한다.

그러나 상품의 가격은 상품의 종류, 성격, 생산자의 형태와 생산방식 및 판매방식, 그리고 소비자의 경제수준과 구입행동 및 유통조직 등에 따라 결정방식이 일정하지 않으므로 이에 대한 가격수준을 항상 합리적으로 유지한다는 것은 좀처럼 쉬운 일이 아니다.

(3) 유통상의 위험

이것은 상품의 유통과정에 있어서 수송의 안전, 상품가치의 유지, 적기적량의 공급 등이 원활치 못하므로 말미암아 일어나는 경영체의 경제적 손실을 말한다.

수산물은 생물상품이기 때문에 선도가 가장 중요하며, 또한 식품으로서 건강상의 안정성과 맛을 잃지 않아야 하므로 유통방법과 수단, 그 과정은 이러한 측면에서 상품의 진정한 가치와 질을 보존하는 데 있어서 중요한 기능을 하게 된다. 그러나 실제로는 이 과정에서 상품가치의 저하로 인해 경제적 손실이 발생되는 경우가 많으므로 결국, 수산물 유통의 불합리성으로 인하여 수산경영은 여러 가지 위험에 부딪치게 되어 있다.

3. 보험과 위험관리

1) 위험의 평가

(1) 실험적 평가

위험관리의 1단계는 위험의 내용과 위험정도를 정확히 파악하는 위험평가의 단계이다. 이러한 위험평가방법으로는 실험적 평가와 통계적 평가가 있다.

수산경영의 모든 위험요인을 평가한다는 것은 불가능한 일이다. 위험요소 가운데서 수산경영의 존립에 결정적인 영향을 미치는 자연재해에 의한 위험요인에 한해서 이를 정확히 평가하는 것은 대단히 중요한 과제이다. 여기에는 기상이변으로 인한 피해빈도와 피해율, 그리고 어류질병과 적조 등의 발생으로 인한 어업 및 양식업피해율의 조사 등이 있다.

(2) 통계적 평가

여기서는 확률(probability)적 방법을 통해서 선박사고나 양식업의 피해현상이 일어날 가능성을 측정하는 것이다. 수산업 위험에 대한 간단한 확률모형은 다음 ①식과 같다.

$$P=\frac{a}{N} \text{---------------} ①$$

P : 자연요인에 의한 수산업의 피해확률

a : 피해의 실제빈도(선박사고 척수 또는 어류사망 계수)

N : 모집단(총어선수 또는 양식업의 총방양 미수)

예를 들어, 어류양식경영에 있어서 넙치의 방양미수를 10萬미라 하고, 그 가운데 최종조사결과 99,000미가 생존했다고 하면 사망미수는 1천미이므로 사망으로 인한 피해확률 P는 0.01이라는 값이 된다. 이는 생존율 0.99와 의미가 같은 것이다.

이러한 간단한 현상일 경우에는 피해정도를 파악하는데 있어서 큰 어려움이 없다. 그러나 실제로는 그렇지가 않기 때문에 현상에 대한 반복적인 관찰을 통해서 피해빈도를 정확히 추정하지 않으면 유용한 결과를 얻을 수가 없다. 이것은 상대빈도 a/N를 극한치 P에 접근시키는 것과 같은 것이므로 다음 ②식을 이용할 수 있다.

$$P= \lim_{N \to \infty} \frac{a}{N} \text{---------------②}$$

어떤 위험에 대해 관찰대상이 많을수록 실제결과는 예칙된 결과에 거의 일치하여, 보다 정확한 피해위험율을 평가할 수 있다. 곧 표본의 규모가 크면 그 오차는 0에 가까워진다는 大數法則이 여기에 적용된다. 위의 ①, ②식에서 a를 수 회의 실험과 관찰을 통해 얻은 평균값이라 할 때, 이 평균값이 얼마나 정확성을 갖느냐 하는 것이 문제이므로 이때 이용되는 것이 표준편차이다.

표준편차 공식은 다음 ③식과 같으며, 표준편차 값(s)이 크면 자료의 분산이 크고, 반대로 작으면 분산이 크지 않다는 의미가 된다.

$$S= \frac{\sqrt{\Sigma(X_i - \overline{X})^2}}{N} \text{-------③}$$

S : 표준편차

Xi : 관찰도수

$\overline{X}$: 평균

N : 모집단

2) 위험 관리의 방법

위험의 관리(risk management)란 위험 발생이 예상되는 경제적 또는 인위적 위험과 이로 인한 인적, 경제적 예상손실에 대해 어떻게 대처해 나가는가 하는 행위를 말한다. 이러한 위험관리 방법으로는 위험회피, 위험인수, 위험통제, 위험전가의 4가지 방법이 있다. 이 가운데서 공제사업과 보험업이 성립될 수 있는 위험관리방법은 위험전가(危險轉嫁)이다.

(1) 위험회피(risk-avoidance)

이것은 위험 그 자체를 올바로 인식하여 이를 분산시키거나 방지하고자 하는 노력을 하지 않고 속수무책으로 피해가고자 하는 방법이다. 곧, 가급적 위험상황에 놓이지 않도록 하거나 또는 자신에게 닥치는 위험을 그대로 받아들여 손해를 스스로 앉아서 입는 안일한 대처방법이다. 다시 말해, 위험에 대한 대응노력 자체를 포기하는 위험관리가 위험회피방법이다. 일상적인 활동에 있어서 위험은 상존하므로 위험회피만으로서는 개인이나 조직을 지키는 것이 불가능하다. 이 경우 위험인수(危險引受)는 그의 경제적 효과가 위험회피로부터 얻는 효과보다 크다고 하면, 위험관리는 위험회피 만으로서는 불충분 하다고 할 수 있을 것이다.

(2) 위험 인수(risk-assumption)

위험에 대비하여 스스로 저축을 하거나 별도의 자산을 형성하는 것이 위험인수이다. 그러나 이 방법은 위험발생의 빈도가 낮거나 위험의 피해규모가 작을 때에는 위험인수가 오히려 유리한 위험관리방법이 되지만, 위험발생률이 잦거나 위험에 의한 경제적 손실의 규모가 클 경우에는 이러한 위험관리로서는 합리적인 위험대비가 되지 못한다.

(3) 위험통제(risk-control)

위험이 발생하지 않도록 미리 예방하거나 위험의 발생을 전제로 하여 취해나가는 사전 사후조치((事前事後措置)를 말한다. 곧 위험에 대한 사전 사후조치 모두를 위험통제라 하는데, 사전조치에는 위험방지시설이, 사후조치로는 보험가입이 있다.

(4) 위험전가(risk-transfer)

위험이 발생할 것을 사전에 예상하고, 일정한 위험부담료를 지불하는 조건으로 그 위험을 제3자에게 전가, 인수시킴으로써 위험에 따른 손실보상을 받는 행위를 위험전가(危險轉嫁)라 한다.

여기에 의해 비로소 공제사업과 보험업과 같은 위험을 상품으로 하는 산업이 성립되며, 이것이 바로 현대인이 가장 보편적으로 활용하는 위험관리방법이다. 이러한 점에서 공제나 보험은 자신의 위험을 남에게 인수, 전가시키는 중요한 수단이 되며, 위험(risk), 그 자체를 상품(商品)으로 하여 공제사업 또는 보험사업과 같은 산업이 성립된다. 그리고 이러한 사업기관을 공제기관, 혹은 보험기관이라 한다.

4. 보험과 공제제도

1) 보험의 기능

보험(保險)이란 사고위험에 노출된 개인 혹은 기업들을 함께 모아서 집단적으로 관리함으로써 사고예측과 관련된 불확실성의 정도를 줄이고, 사고가 발생한 경우에 그 손실을 개인적 저축이나 친지의 도움에 의존하지 않고 널리 보험기관을 통하여 보상을 받기 위한 사회보장제도의 일종이다.

보험을 넓은 뜻으로 해석하면 공제제도까지 포함한다. 그러므로 여기에서 설명되는 보험의 정의와 분류는 공제제도에도 동일하게 적용된다.

보험이 무엇인가에 대한 정의는 보험제도의 측면에 따라 달라질 수 있는데, 보험의 경제적 기능에 초점을 맞추는 경우, 보험이란 비용의 재분배제도로서 동질적인 위험에 노출되어 있는 다수인이 실제 손실을 경험한 소수의 비용을 분담하는 제도라 할 수 있다. 다시 말해서, 특정 집단의 구성원 일부가 경험한 손실을 집단 구성원 모두에게 재분배시키는 제도가 보험이다.

보험의 또 다른 정의로서 보험계약이 이루어지는 법률적 측면에 초점을 둘 수 있는데, 이 경우, 보험제도는 위험에 노출된 특정인이 보험사업자 혹은 공제사업자와 보험(공제) 계약을 체결함으로써 사고발생에 따른 손실부담 위험을 보험(공제)사업자에게 전가하는 것을 의미한다.

보험사업자를 보험자(보험회사)라 부르며, 보험계약에 참여하는 사람을 보험계약자 혹은 보험가입자(保險加入者)라고 한다. 보험자는 보험사고 발생시 손실을 보상하는 보험금을 지불하고, 보험계약자(保險契約者)는 이에 대한 대가로 보험료(premium)를 지급한다.

보험계약에서 피보험자(被保險者)라고 하면, 일반적인 손해보험에서는 보험금 수령자를 의미한다. 생명보험에서는 사망 및 상해 등의 보험사고를 일으킨 사람을 피보험자라 하며, 보험금을 수령하는 사람을 보험금 수익자(受益者)라 부른다.

2) 공제제도(共濟制度)

수산업 협동조합 공제사업에 있어서는 가입자인 어선원이나 선주가 피공제자가 되며, 수협은 공제자(공제사업자)가 된다. 피공제자(被共濟者)인 어민은 공제료(共濟料)를 지불하고, 수협은 공제사고 발생시 공제금(公濟金)을 통해 그의 손실을 보상한다. 보험 및 공제계약이 사행성(邪行性)을 갖지 않도록 하기 위해서는 고의적인 보험사고 발생이 억제되어야 하며, 피보험자는 보험사고와 관련하여 피보험이익을 가져야만 보험계약이 유효하다.이는 피보험자(被保險者)가 보험사고 발생시 반드시 경제적인 손실을 경험하여야함을 의미한다.

다시 말해서 아무런 경제적 이해관계가 없는 건물을 대상으로 하는 화재보험계약 체결은 할 수 없게 되어 있다. 이는 그 사람이 그 건물에 대해 피보험이익이 없기 때문이다.

3) 보험의 종류

정부에서 운영하는 보험을 정책보험(政策保險)이라 하며, 여기에는 국민의 최저생활을 보장하기 위한 사회보장제의 일환인 사회보험(社會保險)과 수출 및 해외투자 촉진을 위한 수출보험 등이 있다. 사회보험에는 국민연금보험, 산업재해보상보험, 국민의료보험, 고용보험 등이 있으며, 이러한 사회보장제도는 경제가 발전하고 사회복지에 대한 관심이 증가함에 따라 그 범위와 종류는 확대된다.

그러나 정부가 운영하기로 부적합하거나 정부가 사회 경제활동의 모든 분야에 대해 보험정책을 실시할 수 없으므로 그와 같은 분야에 대해서는 사보험(私保險)을 적용시키거나 공제제도가 성립된다. 일반 민간보험사업자가 운영하는 사보험(私保險)은 위험의 형태에 따라 다음과 같이 분류할 수 있다.

(1) 인적보험(personal insurance)

일반적으로 생명보험과 건강보험이 여기에 포함된다. 생명보험(生命保險)의 대표적 상품으로, 피보험자의 사망시 유족에게 보험금을 지불하는 사망보험과 피보험자의 사망시 유족에게 보험금을 지불하고 피보험자가 생존시에도 피보험자에게 보험금을 지불하는 양로보험이 있다. 건강보험(accident & health insurance)에서는 피보험자의 사고나 질병으로 인하여 발생한 직·간접 손실을 보상한다.

(2) 재산 및 배상책임 보험(property & liability insurance)

이는 전술한 재산위험과 배상책임위험에 대응하는 보험으로, 상법상의 손해보험(損害保

險)이 여기에 속한다. 이 분야의 보험은 경제와 사회 발전에 대응하여 계속해서 새로운 보험상품이 개발되고 있다. 여기에는 다시 역사적으로 가장 오랜 해상보험과 역시 상당한 역사를 가진 화재보험이 있으며, 그 외의 모든 보험상품은 기타보험 혹은 광의의 재해보험(casualty insurance)에 포함시킬 수 있다. 광의의 재해보험에는 자동차보험, 건설공사보험, 도난보험, 기업휴지(企業休止)보험, 가정생활보험, 동산종합보험, 원자력보험, 상해보험, 보증보험 등 다수의 보험이 있다.

4) 보증보험

보증보험은 계약상의 의무 이행을 보증하거나 법령에 의한 의무이행을 보증하는 보험이다. 일반 손해보험의 경우 보험자와 피보험자로 계약관계자가 성립되는데 대하여, 보증보험은 채무자(피보증인), 채권자(피보험자), 보증인(보험자)의 3자가 계약당사자로 참여하며, 채무자가 채권자에 대한 계약상의 약속을 이행하지 못함으로써 생긴 채권자의 손실을 보증인이 채무자를 대신하여 보상하게 된다.

보증보험상품으로서는 신원보증보험이 있고, 공사입찰에서 발생하는 입찰보증보험과 이행보증보험이 있으며, 납세보증을 위한 납세보증보험이 있다. 이 밖에도 할부판매보증보험, 하자보증보험, 인허가 보증보험, 사채(社債)보증보증 등 많은 보증보험 상품이 개발되어 있다.

5. 수산업협동조합의 공제사업

1) 수협공제 사업의 의의

수산업협동조합에서는 특별히 어업인을 대상으로 하는 보험의 일종으로, 공제사업을 실시하고 있는데, 이것을 수협공제(水協共濟)라 한다.

우리나라의 보험업법에서는 보험사업을 영위할 수 있는 기관을 주식회사와 상호회사형태에 국한시키고 있으므로 개인보험사업자, 농업협동조합, 수산업협동조합 등을 포함한 다른 형태의 기관에 대해서는 보험업을 허용하지 않고 있다.

수협, 농협은 그들의 조합원들에게 보험서비스를 제공할 필요성이 있는데도, 상기와 같은 법률적인 제약으로 인해 조합원을 위해 보험사업을 영위할수 없으므로 보험업법의 범위안에서 조합공제(組合共濟)라는 명목으로 보험사업을 영위해 나갈 수밖에 없으며, 여기에 농·수협의 공제사업이 성립되는 것이다.

수협공제는 협동조합의 기본정신인 1인은 만인을 위하여, 만인은 1인을 위하여로 표현되는 상호부조정신을 공제사업에 구현하고자 하는 일종의 보험사업이다. 이의 특징은 첫째, 일반 민영보험이 보험업법에 근거하여 동법에 규정된 정부감독, 특히 재정경제원의 규제에 구속되는데 반하여, 수협공제는 수산업협동조합법에 근거하며, 보험업법에 근거한 정부규제를 배제하고 소속 관청의 감독을 받게 된다.

둘째, 민영보험이 보험가입대상에 제한을 두지 않은 반면, 수협공제의 경우는 조합원에 대해서 공제가입을 허용하고 있다. 그러나 실제적으로 공제가입은 비조합원인 어민에 대해서도 확대하고 있다.

셋째, 보험가입자인 조합원들의 위험이 상당히 동질적이어서 보험료에 해당하는 공제료 부담의 공평성을 제고할 수 있다. 넷째, 조합원에 관련된 정보가 조합원 상호간의 인간관계 혹은 수협에 관련된 다른 사업과 관련하여 공개된 상황에서 공제계약이 이루어지므로 공제가입자의 인격적·도덕적 결함을 민영보험보다 상대적으로 쉽게 파악할 수 있는 장점이 있다.

다섯째, 민영보험회사는 보험업법의 규정에 따라서 손해보험사업과 생명보험사업을 겸영할 수 없으나, 수협공제사업은 보험업법의 적용을 배제하고 있기 때문에 이 두 사업을 함께 영위할 수 있다.

민영보험에 있어서 보험사업의 겸영이 허용되지 않는 이유는 생명보험과 손해보험에서 취급하는 위험의 성질과 내용이 판이하고, 보험사업경영과 관련하여 보험마케팅, 보험계약 인수, 보험료 산출, 보험료 수입의 운용, 보험금 지불과 관련된 준비금 적립 등에 있어서 상당한 차이를 갖기 때문이다.

그러나 수협공제사업의 경우에는 보험사업의 겸영이 허용되고 있는데, 이것은 모든 공제가입자가 조합원으로 되어 있고 상호부조의 기본정신에 입각하여 운영되므로 보험사업 겸영이 이루어진다 하더라도 손해보험가입자와 생명보험가입자간의 이해갈등이 그다지 문제될 정도로 심각하지 않다고 보기 때문이다.

여기에다가 겸영을 하는 경우 공제가입자들이 필요로 하는 모든 보험 상품을 수협조직 한 곳에서 구입할 수 있으므로 어업인들 입장에서는 대단히 편리한 것이다. 이것은 수협의 입장에서도 공제사업에 투입되는 고정비를 분산시킬 수 있으므로 공제사업의 효율성을 높일 수 있고, 두 보험사업부문의 수지가 완전상관관계를 가지지 않기 때문에 공제사업의 안정성뿐만 아니라 공제사업 수입을 재원의 일부로 하고 있는 수협 신용사업 등의 안정성 제고에도 기여할 수 있는 장점이 있다.

여섯째, 보험가입자가 조합원에 국한되므로 이들이 요구하는 공제상품을 전문적으로 개발하여 제공할 수 있으며, 영리를 목적으로 하지 아니하는 공제조직이므로 동일한 조건의 민간영리 보험회사의 보험료보다 저렴한 공제료를 받고 공제가입자의 위험을 보호할 수 있다. 또 수협의 계통조직을 공제사업의 마케팅 경로로 이용할 수 있으며, 생명보험과 손해보험을 겸영함으로써 공제사업의 운영에 필요한 고정비의 부담을 줄일 수 있어 공제료가 그만큼 낮아질 수 있다.

마지막으로, 수협공제는 보험가입자의 도덕성과 신뢰도에 대한 정보를 어렵지 않게 확보할 수 있으므로 공제금을 목적으로 하는 의도적인 보험사고를 사전에 견제할 수 있다. 이는 곧 그만큼 수협공제에서 지불하는 총공제금 혹은 전체손실보상이 감소하고, 공제가입자 개인의 공제료 수준이 낮아질 수 있음을 의미한다.

그러나 수협 공제사업이 보험회사보다 전문적인 경영이 이루어지지 못하고, 조합원에 국한된 공제사업인 점으로 인하여 사업규모의 경제성을 충분히 향유하는 데는 한계가 있다. 또 보험자인 수협과 피보험자인 일부 조합원의 밀접한 인간관계로 인하여 손실보상이 공정성을 잃거나 불법적으로 이루어질 수 있어, 그 결과 공제료가 보험회사의 보험료보다 높아질 수 있는 가능성도 배제할 수 없다.

2) 수협 공제상품의 종류

(1) 손해공제

① 어선보통공제

어선보통공제는 상기 전술한 해상보험의 선박보험과 유사하나 공제계약내용을 어선에 보다 적합하도록 수정한 것이 특징이다. 피공제자의 어선에 해상의 고유위험인 풍파의 이례적인 상태, 좌초, 침몰, 충돌 등에 의하여 손상이 발생한 경우, 그 손해를 보상하는 것이 어선보통공제이다.

어선보통공제(漁船普通共濟)에 가입할 수 있는 어선가운데서 선령제한을 두고 있는데 이것은 손상위험이 지나치게 높은 어선인 경우에는 가입을 허용하지 않음으로써 공제료의 인상요인을 통제하는데 목적이 있다. 선령제한은 목선의 경우 진수후 15년, 강선은 25년, 기타 어선은 20년 이내를 원칙으로 하고 있다.

공제금 지급은 어선이 침몰하거나 손상이 심각하여 전손(全損)으로 처리되는 경우 공제계약에서 정한 최대지급공제금인 공제(가입)금액 전액이 된다. 어선가액의 일부에 그치는 분손(分損)이 발생한 경우에는 공제가입금액에 손해율(=손상액/어선가액)을 곱하여 지불공제금을 산출한다. 그리고 어선이 행방불명이 되어 일정기간 경과 이후에도 찾지 못하면 전손(全損)으로 추정하여 공제금전액을 지급한다.

② 어선만기공제

어선만기공제(漁船滿期共濟)의 피공제자는 공제계약에서 정한 일정기간 동안 해상사고로 인하여 어선의 멸실이나 손상이 있는 경우 그 손해를 보상받을 수 있으며, 일정기간 동안 손해가 발생하지 않고 기간이 만료되면 어선의 재건조비용을 지급받게 된다. 이는 순수위험보호와 저축기능을 결합한 공제상품이며, 공제료는 손해보상에 해당하는 손해공제료에 만기에 받게 되는 재건조비용과 관련된 적립공제료가 추가된다.

③ 어선건조공제

어선건조공제(漁船建造共濟)에서는 어선의 건조상태에 따라 어선이 육상 혹은 해상에서 계약이 정한 담보위험으로 인하여 손상되었을 때 피공제자인 선주가 입게 되는 손해를 보상하는 공제이다. 공제사업자가 손실을 보상하는 공제기간은 공제목적어선의 건조착공일로부터 선주에게 인도되는 날까지의 기간 이내로 정하며, 목선은 6개월, 강선은 1년을 초과할 수 없다.

④ 선원보통공제

선원보통공제(船員普通共濟)는 일반보험계약의 상해보험과 유사한 성격을 가지며, 피공제자인 선원이 직무수행중 발생된 사고로 말미암아 사망하거나 생명에 손상을 입은 경우에 공제금을 지급하는 공제이다. 그러나 이는 사고에 따른 치료비나 치료기간 중의 생계비, 선원이 사망한 경우의 장례비용 등은 포함되어 있지 않으므로 이러한 비용에 대하여 보상받기를 원하는 경우에는 선원보통공제 주계약에 추가적으로 관련 특약(特約)을 체결할 수 있다.

⑤ 선원특수공제

선원법 제85조부터 98조까지에는 선주의 재해보상책임을 규정하고 있는데, 이에 따르면 선주는 선원이 직무상 부상하거나 질병에 걸린 때에는 그 부상이나 질병이 치유될 때까지 요양비를 지급하고, 요양중에도 일정금액의 임금을 지불해야 하며, 선원 사망시에는 유족들에게 일정액을 보상하고, 장례비를 지급해야 한다라고 규정되어 있다. 선원특수공제(船員特殊共濟)는 이렇게 선원법에 의하여 재해보상책임을 부담하는 선주나 용선자가 피공제자가 되며, 어선원이 직무상 재해를 입는 경우에 그들의 배상책임을 보상하게 하는 공제이다.

⑥ 보통화재공제

이는 일반보험의 화재보험에 해당하며, 보험목적인 동산 및 부동산이 화재나 번개로 인하여 피공제자가 손해를 입은 경우 이를 보상한다. 산화(散火)에 기인하는 손해뿐만 아니라 화재 진화에 따라 발생하는 소방손해와 손해규모를 줄이기 위한 노력의 결과 발생한 손해에 대해도 보상의 범위에 포함된다.

⑦ 주택화재공제

주택화재공제에서는 주택 및 그 수용동산이 화재뿐만 아니라 폭발이나 파열로 인하여 손해를 입은 경우에도 그 손해를 보상한다. 손해를 보상함에 있어서 기준이 되는 주택의 가치는 공제계약 시점이 아니라 손해발생 시점에 있어서의 주택가격이 된다.

⑧ 장기화재공제

장기화재공제에서는 공제목적이 화재나 벼락으로 손해를 입은 경우, 그 손해를 보상함은 물론, 공제기간이 만료되면 공제계약시에 약정한 만기환급금을 지불한다. 따라서 이는 위험에 대한 보호기능 뿐만 아니라 저축기능까지 수행하는 공제이다. 위험보장 기능만을 가지고 있는 일반 화재보험계약보다 공제기간이 3년 또는 5년으로 장기이기 때문에 장기화재 공제라고 불리운다. 이렇게 위험보장과 저축기능을 겸한 공제는 일반 위험보장 보험에 비교해서 공제료가 당연히 높다.

⑨ 신원보증공제

신원보증공제(身元保證共濟)는 전술한 보증보험의 신원보증보험에 해당한다. 다만 채권자 혹은 피공제인의 범위가 수산업협동조합법에 의하여 설립된 법인, 정부기관, 기타 수협중앙회장이 인정하는 수산단체로 국한되며, 채무자 또는 피보증인은 상기 피공제인의 피용자가 된다. 수협이 신원보증공제의 피공제인에게 피용인의 불성실행위에 기인한 손실을 보상한 경우에 수협은 공제금 지급범위 이내에서 피용인에 대하여 구상권을 갖는다.

(2) 생명공제상품

① 복지저축공제를 포함한 양로공제

복지저축공제(福祉貯蓄共濟)는 일반 생명보험의 양로보험과 유사하며, 피공제자가 공제기간내에 사망하거나 장해상태에 이른 경우 일정한 공제금을 지급하고, 공제기간 만료시까지 생존한 경우에도 약정된 공제금을 지불한다. 이것은 수협이 실시하고 있는 저축성 생명공제사업의 주종상품이며, 공제기간은 3년과 5년 만기의 두 종류가 있다. 이외 유사한 생명공제로서 생활복지공제, 복지양로공제 등이 있다.

② 돌고래 보장공제

상기의 양로공제와 유사하나 교통재해위험에 대하여 특별한 보상을 포함하고 있으며, 지불한 공제료에 대하여 소득세 감면혜택이 따른다. 유사한 공제상품으로 무지개공제가 있는데, 이는 교통재해위험에 관련한 특별한 보상은 없다.

③ 장학공제

장학공제는 피공제자에 해당하는 자녀가 생존하여 상급학교에 진학하는 경우 학자금을 보조하는 교육보험에 해당한다. 이는 피공제자의 상급학교 진학시 학자금뿐만 아니라 공제료를 부담하는 공제계약자가 공제기간 중 사망하거나 장해가 발생한 경우에는 생계비도 지급한다.

④ 재해보장공제

재해보장공제는 피공제자가 예기치 못한 재해 또는 제1종 법정전염병으로 사망하거나 폐질 혹은 장해상태가 되었을 때 약정된 공제금을 지급한다. 공제기간은 3년이며, 피공제자의 연령은 15세에서 70세까지로 제한되어 있다. 어선에 승선하여 어로작업을 하는 사람은 피공제자가 될 수 없다. 만기에 이르러 지급되는 공제금은 없으므로 이는 위험보장기능만을 가지는 순수보장성 공제상품에 속한다.

⑤ 치료공제

치료공제는 피공제자가 질병이나 상해로 입원하거나 수술을 받은 경우, 공제기간 내에 사망한 경우 공제수익자에게 각각 입원비, 수술비, 사망공제금을 지급한다.

6. 공제자금의 관리와 수협공제사업의 추이

1) 공제자금

일반적으로 공제에 가입하는 가입자는 일년치 혹은 수개월 치의 공제료를 사전에 수산업협동조합 공제사업부에 납입하고, 추후에 사고가 발생한 경우 공제금을 지급 받는다.

따라서 전체 공제가입자를 대상으로 하는 수협의 입장에서 보면 사고보상을 지급하기까지의 기간동안 상당규모의 공제료 수입이 축적되는데, 이를 공제자금(共濟資金)이라 한다.

수협은 이 자금을 적절히 운용함으로써 투자수익을 얻을 수 있다. 더구나 양로보험의 성격을 가지는 여러 생명공제와 같은 경우에는 단순히 위험보장 기능뿐만 아니라 저축의 기능을 함께 가지는 공제상품이므로 공제금이 지불되기까지 수협에서 운용할 수 있는 자금의 규모는 손해공제상품보다 더 크다.

2) 공제 준비금

공제사업에 있어서 자금의 유출입 혹은 조달과 운용은 다른 금융사업과 비교하여 큰 차이가 없다. 수협은 사전에 공제료를 받고, 사후에 공제금을 적시에 지불하는 약속을 지키지 못하는 경우가 발생하지 않도록 하기 위해 부채의 성격을 가지는 여러 공제준비금을 적립하고 있다.

수협의 공제금 지급능력을 유지하기 위한 이러한 공제준비금(共濟準備金)에는 책임준비금, 지급준비금 및 특별위험준비금이 있다. 책임준비금이란 보험사고가 아직 발생하지 않았지만 미래에 발생할 공제금 지급의무에 대비하여 수협이 축적하는 유보자금을 말한다. 한편, 지급준비금이란 결산시점에서 이미 사고발생 등으로 공제가입자에게 공제금을 지급할 사유가 발생하였으나 아직 지급되지 아니한 공제금이다.

특별위험준비금이란 일반적으로 1년 이하의 공제계약기간을 가지는 손해공제를 대상으로, 하여 그 공제사업과 관련된 실제 사고발생율이 수협에서 처음에 공제료를 산정할 때 예상했던 사고발생율을 상당히 초과함으로써 수협이 처할 수 있는 지급능력의 위기를 완화하기 위하여 수협이 받는 수입보험료의 일정부분을 적립하는 것을 말한다.

3) 공제자금의 운용

수협은 전술한 사전적 보험료 수입 등으로 축적된 자금을 여러 사업에 투자하고, 여기에서 얻어지는 투자수익을 공제료 산정에 반영하게 된다.

이러한 공제자금의 운영에 있어서는 투자의 안전성, 수익성 및 유동성이 적절히 조화되어야 하는데, 안전성이란 투자의 원리금이 기대한 시간에 기대한 금액이 회수되는 것을 의미하며, 수익성은 일정수준 이상의 수익률을 기대할 수 있는 투자대상을 선택하는 것과 관련된다.

유동성(流動性)이란 투자한 자산이 현금화될 수 있는 정도를 의미한다. 예컨대, 상장주식에 대한 투자는 곧 바로 현금화될 수 있으므로 유동성이 높은 반면, 부동산에 대한 투자는 시세대로 현금화시키는 데 상당한 기간이 소요되므로 유동성이 낮은 투자에 속한다.

이러한 투자자산이 갖는 속성은 수익성이 높으면 유동성이 낮다든지 하는 식으로 서로 상충관계에 있을 때가 대부분이므로, 수협에서 공제자금으로 투자포트폴리오를 형성하는 경우, 이들 속성에 대한 적절한 조화가 이루어져야 한다.

공제자금을 운용하는 구체적 형태, 혹은 투자대상으로서는 다음과 같은 것을 고려할 수 있다.

첫째, 일반 금융기관에 대한 예치 및 금전신탁

둘째, 주식 및 국공채 등의 유가증권 취득

셋째, 부동산 투자, 공제대출 등의 형태

특히, 공제대출의 경우에는 대출종류를 약관대출, 공제일반대출, 어선피해복구자금대출, 진료비대출 등으로 세분하여 운영해야 하며, 이때 자금의 운영은 단순한 수익적 운용 차원을 넘어서서 어업자들의 소득증대 및 피해복구에 기여하도록 해야 할 것이다.

4) 수협공제사업의 실적과 추이

수협의 공제사업실적, 공제 준비금(공제기금)의 조성 및 공제자산의 운영실적 등을 개설 연도인 1962년부터 최근까지 살펴보면 <표 X-1>과 같다.

<표 X-1> 수협의 공제 사업 실적과 추이

(단위 : 건, 백만원)

	공제가입실적			공 제 준비금	공제자산운용		
	건수	계약고	공제료		계	대출금	기타
1962	4,503	766	18	69	미상	-	-
1965	8,306	1,225	33	148	-	-	-
1970	16,655	17,325	336	1,053	-	-	-
1975	43,030	54,390	725	3,267	3,287	-	3,287
1980	84,628	260,401	5,034	11,128	11,166	-	11,166
1985	114,274	725,659	16,493	39,603	40,045	5,831	34,214
1990	116,740	1,646,551	31,198	64,941	66,808	11,309	55,499
1995	186,063	4,709,964	111,988	173,897	182,049	31,923	150,126
1998	207,978	6,657,421	227,166	290,535	290,535	59,169	231,366

주 : 1) 수협공제사업 최초개설은 1962년이다.
2) 공제금의 대출금 운용은 1982년부터 시작되었으며, 당시 대출금액 총액은 1,707백만원 이었음.

자료 : 수협중앙회, 수협업무통계, 1999, pp.85-89.

■ 저 자 소 개 ■

최 정 윤　부산수산대학교 수산경영학과 졸업
수산학 석사, 경제학 박사
현 부경대학교 해양산업정책학부 교수

수 산 경 영 학

초판 인쇄 2003년 11월 21일
초판 4쇄 2015년 3월 10일

저　　자 : 최 정 윤
발 행 인 : 박 철 수
발 행 처 : 도서출판 **해암**
출판등록 : 제325-2001-000007호
주　　소 : 부산 중구 백산길17 702호
전　　화 : 051)254-2260~1
팩　　스 : 051)246-1895
E-mail : haeambook@daum.net
ISBN : 978-89-91511-32-3 93520

정가 25,000원